仪征研究丛书

仪征运河和漕运

宋建友　宋　炜　著

广陵书社

图书在版编目（CIP）数据

仪征运河和漕运 / 宋建友，宋炜著. -- 扬州 ：广陵书社，2020.8
ISBN 978-7-5554-1496-4

Ⅰ. ①仪… Ⅱ. ①宋… ②宋… Ⅲ. ①运河－水利史－仪征－通俗读物②漕运－交通运输史－仪征－通俗读物 Ⅳ. ①TV882.853.4-49②F552.9-49

中国版本图书馆CIP数据核字(2020)第121892号

书　　名　仪征运河和漕运
著　　者　宋建友　宋　炜
责任编辑　孙语婧

出版发行　广陵书社
扬州市维扬路 349 号　邮编　225009
(0514)85228081(总编办)　85228088(发行部)
http://www.yzglpub.com　E-mail:yzglss@163.com

印　　刷　无锡市海得印务有限公司
装　　订　无锡市西新印刷有限公司

开　　本　889 毫米 × 1194 毫米　1/32
印　　张　10.25
字　　数　240 千字
版　　次　2020 年 8 月第 1 版
印　　次　2020 年 8 月第 1 次印刷
标准书号　ISBN 978-7-5554-1496-4
定　　价　55.00 元

代前言(一)

从历代河名看仪征运河的历史作用

历史上的仪征与大运河兴衰相依,运河兴盛,仪征繁华;漕运结束,仪征衰落。作为大运河(邗沟)的通江河段,仪征运河成河于东晋永和年间(345—356),历经了1600多年的漫长岁月,仪征的历史离不开运河,运河的历史同样少不了仪征。如今大运河作为中华文明的象征载体,成功申遗,被正式列入世界文化遗产名录,然而仪征运河却遗憾地缺席其中。为了传承和弘扬运河文化,我们有必要重温历史,为仪征运河正名。千百年间大运河变迁兴废,纷繁复杂,河名也屡经变化。清代水利学家傅泽洪在《行水金鉴》中说:"运道有迹之可寻,而通变则本乎时势。"历代变化的河名有如窗口,打开则可以显现隐于背后的时势,还原历史的真实。我们不妨通过理清历代河名,认清运河发展变化的脉络和趋势,从而弄清仪征运河和大运河的关系,正确认识和定位仪征运河的历史作用。

历代河名

邗沟是大运河最早的一段,历史上称谓众多,据统计有近四十个。如《左传》称邗沟,杜预注称韩江,《国语》称深沟,《吴越春秋》称渠,如此等等。仪征运河在不同的时期同样有不同的称谓。

东晋永和中，邗沟旧江水道阻断，仪征运河作为新的通江河段和口门现身于历史，成为邗沟的重要组成部分。因为临江口门建有用于拦水和过船的大型水工建筑物欧阳埭，河因埭名，史称欧阳埭。

隋时，开通了全长2400余公里、途经洛阳的南北大运河。《资治通鉴》载，炀帝大业元年(605)，“发淮南民十余万开邗沟，自山阳至杨子入江”。宋元之际史学家胡三省注：“杨子，今真州。”《扬州水道记》说：“《通鉴》谓‘开邗沟，自山阳至扬子’则自山阳以至扬子，皆谓之邗沟可知。”

隋唐以后，漕运逐步形成一种经济制度。唐代起国家对南方经济的依赖日益加深，“赋取所资，漕挽所出，军国大计，仰于江淮”[①]。因此隋时各段运河至唐代通称漕渠或漕河。《新唐书·食货志》：“初，扬州疏太子港、陈登塘，凡三十四陂，以益漕河，辄复堙塞。”邗沟、江南河则称官河。明隆庆《仪真县志》：“运河，即官河。”仪征运河时称漕河、官河。

宋时出现了运河的名称，同时漕河、漕渠的名称仍然广泛使用。古邗沟时称淮南漕渠、淮南运河，是当时漕运最繁忙的河道，因为主要由真州通楚州，又称真楚运河。《宋史·真宗纪》：“(天禧)三年六月癸未，浚淮南漕渠，废三堰。”《续资治通鉴·宋纪七十四》载，神宗元丰二年(1079)，“浚淮南运河，自邵伯堰至真州十四节”。《宋史·河渠志》：“(元丰)七年十月，浚真、楚运河。”

元代修凿完成北起大都(今北京)、南达杭州，贯通海河、黄河、淮河、长江和钱塘江五大水系的京杭大运河，全长三千多里，当时分为七个部分，其中从黄河到长江口河段，《元史》仍称邗沟，又称

① 〔唐〕权德舆：《论江淮水灾上疏》，《全唐文新编》卷四百八十六。

扬州漕河、淮东漕渠。《元史·世祖本纪》载,至元二十一年(1284)二月,"浚扬州漕河"。

明时东南漕运河道总称漕河,淮安、扬州至京口以南河道,通称转运河。由仪真、瓜洲直到淮安的河道称为南河。而漕河又因地为号,分为白漕、卫漕、闸漕、河漕、湖漕、江漕、浙漕。古邗沟"由淮安抵扬州三百七十里,地卑积水,汇为泽国……至扬子湾东,则分二道:一由仪真通(长)江口,以漕上江湖广、江西;一由瓜洲通西江嘴,以漕下江两浙。本非河道,专取诸湖之水,故曰湖漕"[①]。仪征运河属称南河、湖漕。

自宋至明,真州(仪真)至扬州河道称真扬漕河、真扬运河。明隆庆《仪真县志·卷之七·水利考》:"宣和二年(1120),真扬漕河涸,车挽畎浍,以济运舟。""元大德十年(1306),浚真扬漕河。"仪征运河亦单称真州漕河、真州运河或仪真漕河、仪真运河。《明实录·世宗实录》:"修自都城至仪真运河浅塞。"明末始称仪河。

清代运河名称的使用已经十分广泛。《清史稿》载:"运河自京师历直沽、山东,下达扬子江口,南北二千余里,又自京口抵杭州,首尾八百余里,通谓之运河。"由明至清,古邗沟称淮扬漕河、淮扬运河,《明史》有"淮扬漕道"之谓,《清史稿·河渠志》:"乾隆二年(1737),……大挑淮扬运河。"仪征运河、仪河的称谓普遍使用。《皇朝经世文编》:"运河……引宝应湖、高邮湖、邵伯湖,歧为二支:东曰瓜洲运河,西曰仪征运河,俱入于江。"《清史稿·河渠志》:"江漕自湖广、江西沿汉、沔、鄱阳而下,同入仪河。"

民国时期仪征运河称占运河、盐河,又称仪河。淮扬徐海平剖面测量局的《仪征县调查报告书》记载:"水道盐河,夏秋之季水

① 《明史·河渠三·运河上》卷八十五。

大,船只皆可通行,冬春水小,则大船不能通行。”民国时期水系图将仪征运河标为“古运河”。

1949年后,仪征运河始定名仪扬河。起初仪扬河东起湾头,西至仪征泗源沟入江口。后来湾头至瓜洲入江口改称“古运河”,仪扬河则为东起高旻寺(仪征段东自乌塔沟),西至泗源沟节制闸外长江口,地跨仪征市和邗江区,而以仪征运河为主体。

历史作用:军、漕、运

历代河名的历史变化证明,仪征运河自成河即与大运河(邗沟)连为一体,由于地理位置的重要,更是运道中的枢纽和咽喉。直到20世纪50年代末,大运河改道由六圩入江,始成为地方性河道。其历史作用可以概括为三个字,即“军”“漕”“运”。

“军”即军事作用。仪征运河成河于东晋,其形成后不久,中国即进入南北朝这一历史上南北对峙的特殊时期。由于“五胡乱华”,北方为少数民族掌控。当时的仪征一带背后是首都建康(今南京),对面是淮河北岸的北朝政权,在军事上具有非常重要的位置。在这样的大背景下,它发挥的主要是军事作用。东晋和南朝的宋、齐、梁、陈多次北伐都是通过仪征运河运兵和输送给养,长驱直入广陵城,进而北上。史载,东晋义熙十二年(416),太尉刘裕[①]西征长安,诗人谢灵运受命劳军,作《撰征赋》,曰“爰薄方与,乃届欧阳。入夫江都之域,次乎广陵之乡”。欧阳即欧阳埭,亦即仪征运河,该句清楚地说明了进军的路线。南朝宋大明三年

---

① 刘裕(363—422),字德舆,小名寄奴。祖籍彭城郡彭城县绥舆里,生于晋陵郡丹徒县京口里。东晋至南北朝时期杰出的政治家、改革家、军事家。永初元年(420),刘裕代晋自立,定都建康,国号“宋”。

(459),竟陵王刘诞[①]在广陵举兵反叛,朝廷派沈庆之[②]率兵讨伐,沈庆之的军队首先进入欧阳埭。齐延兴元年(494),萧鸾[③]派遣王广之[④]袭击南兖州(当时南兖州侨置于广陵)刺史萧子敬[⑤],王广之率军队至欧阳埭,然后派遣部将陈伯之[⑥]作为先驱进入广陵。梁太清二年(548),发生"侯景之乱"[⑦],各地起兵讨伐。侯景许诺推翻梁武帝后,奉萧正表[⑧]为皇帝。于是萧正表在欧阳埭立栅,断绝政府军从水上入援广陵。陈太建五年(573)北伐,都督徐敬成[⑨]率舰队同样由欧阳埭入邗沟北上。如此战例,史料记载颇多。

据相关史料称,欧阳之名源于欧冶子。欧冶子开创了中国冷兵器铸造的先河,其名字总是与铸剑联系在一起。河、埭以欧阳为名,或许正是寓意其在特定的年代在军事上发挥的重要作用。以后其军事作用一直存在,如南宋时期宋金划淮而治后,真楚运河是运军粮至楚州的漕运航道。《明史·河渠志》记载:"洪武中

---

① 刘诞(433—459),字休文,彭城绥舆里人,南朝宋文帝第六子。屡立功勋,被封为侍中、骠骑大将军、扬州刺史,开府仪同三司,改封竟陵王。

② 沈庆之(386—465),字弘先,吴兴武康(今浙江德清西)人。南朝宋名将,官至侍中、太尉、车骑大将军,封始兴郡公。

③ 萧鸾(452—498),字景栖,小名玄度,东海郡兰陵县(今山东临沂市)人。南北朝时期南朝齐第五任皇帝,即齐明帝。

④ 王广之(425—497),字士林,一字林之,沛郡相县(今安徽淮北)人。南北朝时期宋、齐将领,协助齐高帝建立南齐。

⑤ 萧子敬,南朝齐王室同宗,封安陆王。

⑥ 陈伯之,济阴睢陵(今江苏睢宁)人。跟随同乡车骑将军王广之征讨齐安陆王萧子敬有功,升迁为冠军将军、骠骑司马,封鱼复县伯,食邑500户。

⑦ 侯景之乱,又称太清之难,是指南朝梁将领侯景发动的武装叛乱事件。侯景于548年以清君侧名义在寿阳(今安徽寿县)起兵叛乱,549年攻占梁朝都城建康(今江苏南京),551年自立为帝,国号汉。552年叛乱平息,侯景被部下杀死。

⑧ 萧正表,字公仪,梁武帝萧衍弟临川王宣达之子。

⑨ 徐敬成,湖北安陆人。南朝梁、陈将领徐度之子,陈朝官至壮武将军,持节、都督安元潼三州诸军事、安州刺史,镇守在宿预。

（1368—1398），饷辽卒者，从仪真上淮安，由盐城泛海；饷梁、晋者，亦从仪真赴淮安，盘坝入淮。”只不过这已经不是主要作用，亦属漕运范畴。

“漕”即漕运，这是运河的基本功能，汉代“漕渠”名称出现，特指汉武帝时在关中开凿的西起长安、东通黄河的水利工程。《说文》解释曰：“漕，水转谷也。”即通过水路转运粮食。唐及其后各朝以“漕”为核心的漕河或漕渠的名称无疑突出了这种功能。唐时实行“转般法”，即分段运输的办法，形成以扬子、河阴、永丰三仓为枢纽的漕粮转运线。江南诸省上缴的税谷经长江运抵白沙（今仪征市区），再由白沙转运。宋代置江淮、两浙、荆湖发运使司于真州，掌漕诸路储廪输中都。“凡水运自江淮、剑南、两浙、荆湖南北路运，每岁租籴至真、扬、楚、泗四州，置转般仓受纳，分调舟船，计纲溯流入汴，至京师。”[①] 四州共有转般仓七所，三所在真州，“维扬、楚、泗俱称繁盛，而以真为首”[②]。《明史·河渠志》记载：“湖广漕舟由汉、沔下浔阳，江西漕舟出章江、鄱阳而会于湖口，暨南直隶宁、太、池、安、江宁、广德之舟，同浮大江，入仪真通江闸，以溯淮、扬入闸河。瓜、仪之间，运道之咽喉也。”清代乾隆进士程穆衡从太仓出发沿运河北上，虽然是从瓜洲过江，却在日记里特别写道：“（过了江）十里至三岔河，河上通仪征，凡江西、湖广粮船俱从此北河出。”[③]

---

① 彭云鹤《明清漕运史》。

② 〔南宋〕楼钥《真州修城记》，《攻媿集》卷五四。

③ 〔清〕程穆衡《燕程日记》，《瓜蒂庵藏明清掌故丛刊》本。程穆衡（1703—1793），字惟淳，太仓人。乾隆二年进士，授山西榆社知县，正月二十日从太仓出发，沿运河北上。此书为其旅行日记。

自唐起，仪征又是淮南盐集散地，唐盐铁兼转运使刘晏[①]于白沙置巡院，打击走私。宋时，发运使李沆[②]创"转仓法"，通泰各盐场生产的盐运到真州（建安军）储入盐仓，江南各地漕船到真州后，将粮食卸下，再装上盐返回，年转运量为7810多万斤。《元典章》记载，真州盐运办课总额达一万锭以上，"与杭州及其附近的两处一起，成为全国之最"。明时，淮南盐"十居七八，通赴仪真批验掣割，商贩江湖。洪武中，岁课二十五万余引，后增至七十余万引"[③]。清代，"自运司领引买盐，赴仪真批验所掣割者四分之三"[④]。清初每年集散盐在80万引至100万引之间，雍乾年间高达120万引至134万引。

"运"即水运，之所以离开漕而说"运"，是因为随着社会的发展，运河在保留漕运功能的同时，交通运输和贸易交流的职能进一步加强。"运河"一词在宋代出现并非偶然，当时货物流通和社会交流日益频繁，真州不仅是漕运重镇，同时也是两淮、江浙诸路的主要货物集散地，北宋政治家沈括[⑤]说真州"其俗少土著，以操

---

① 刘晏（716—780），字士安，曹州南华（今山东省菏泽市东明县）人。唐代经济改革家、理财家。他实施改革榷盐法、改革漕运和改革常平法等一系列的财政改革措施，为安史之乱后的唐朝经济发展做出重要的贡献。

② 李沆（947—1004），字太初，洺州肥乡（河北邯郸）人。宋太平兴国五年（980）进士，真宗朝参知政事，为北宋名相。

③ 清康熙《仪真县志·建置》。

④ 清顺治三年（1646）户部奏复巡盐御史李发元《疏》，载清道光《重修仪征县志》。

⑤ 沈括（1031—1095），字存中，号梦溪丈人，杭州钱塘县（今浙江杭州）人，北宋政治家、科学家。嘉祐八年（1063），进士及第，授扬州司理参军。历任太子中允、检正中书刑房、提举司天监、史馆检讨、三司使等职。后出知延州，兼任鄜延路经略安抚使，驻守边境，抵御西夏。晚年移居润州（今江苏镇江），隐居梦溪园。沈括一生致志于科学研究，在众多学科领域都有很深的造诣和卓越的成就，被誉为"中国整部科学史中最卓越的人物"。

舟通商贾卖为业”[1]。曾任扬子尉的胡宿[2]在《通江木闸记》里描述，真州“大聚四方之俗，操奇货而游市，号为万商之渊”。明时吏部尚书王僎《复闸记》说：“国家自迁都北平，岁漕江南粟百万斛，以供亿京师，而由仪真入运河者十七八。至于仕者之造于朝，商贾之趋于市，置传征徭之出于途，其往来络绎，亦多取道于斯焉。”越南使节阮辉僜《奉使燕京总歌并日记》记述，清乾隆三十年（1765），他率团向清廷进贡时，即取道广西、湖南走水路由南京渡江，经仪征入运河而北上。可见漕运以外的水上交通运输同样十分重要而又繁忙兴盛。

特殊时期的突出贡献

大运河历经沧桑，在历史的特殊时期，仪征运河更是曾经起到特殊的作用，作出突出的贡献。

东晋时期，欧阳埭挽救了邗沟。永和年间，邗沟旧的通江口湮废，向西在今天的仪征城东重新开辟了一条通江口门。《水经注》记载：“自永和中，江都水断，其水上承欧阳埭，引江入埭，六十里至广陵城。”《扬州水道记》说欧阳埭“即今仪征运河”，“此邗沟引欧阳埭江水入运之始”，“自后，由江达淮，皆由此河”。这是邗沟的一次重要西移，邗沟由此获得新生，没有欧阳埭，邗沟的航运功能或许就会消失。

---

① 清道光《重修仪征县志》，原载北宋沈括《长兴集》。

② 胡宿（995—1067），字武平，常州晋陵（今江苏常州）人。宋天圣二年（1024）进士。历官扬子尉、通判宣州、知湖州、两浙转运使、修起居注、知制诰、翰林学士、枢密副使。治平三年（1066）以尚书吏部侍郎、观文殿学士知杭州。四年（1067），除太子少师致仕，命未至已病逝，年七十三，谥文恭。

北宋时期,真州复闸引发大运河巨大变革性进步。唐宋以前,大运河地势南高北低,水流湍急,内河过堰不方便,运河入江口门船只进出更是十分艰难,风险很大。为调节水源、控制水位、兴利除弊、方便通航,仪征运河先后建设了不同功能的水工建筑,不断出现新的水工技术。东晋时有用于拦水和过船的欧阳埭,唐时在江口建成用于挡潮和通航的斗门。北宋时期仪征运河上创建的真州复闸,技术更是走在世界的前列,其运行原理已经与现代船闸基本相同。真州复闸的建成在运河上引发了一场变革潮流,《梦溪笔谈》说:“自后,北神、召伯、龙舟、茱萸诸埭,相次废革,至今为利。”大运河自此步入船闸时代,我国也成为世界上建造船闸最早的国家。

终清一朝,经过艰苦卓绝的努力,保证了运口畅通。清时沿江沙洲遍布,运道淤塞严重,漕船出江难行,保证运道畅通成为头等要务,疏通通江运口更是被放上了突出的位置。嘉庆二十年(1815),挑捞商盐转江洲捆河道(外河),仪征运河打开了新运道,开辟了新运口,实际上是在沿江特定的自然条件下经人工打造形成的夹江河道,是应对沿江形势变化的非凡之举。外河自河成直到道光二十八年(1848)的三十三年中,一共挑浚十三次,平均两年半大修一次,总共用银六十五万六千余两,平均每年达到近两万两。原来的运河河道被称作内河,除了每年捞浅外,每三年还要大挑一次,每次大挑大约需要用银一万零六百两。就是在这样极其艰难的形势下,保证了盐运畅通。仪征运河内外河并存、互为表里、内受淮水、外受江水的局面延续了近半个世纪,书写了运河和盐运史上不平凡的一页。

代前言(二)

坚定自信,弘扬仪征运河文化

2019年2月,中共中央办公厅、国务院办公厅印发了《大运河文化保护传承利用规划纲要》,标志着大运河文化带建设已经上升为国家战略。作为千年漕运古镇的仪征,面临着重要的历史性机遇。

自信来自历史

说自信,是因为发生了一些事,可能让人们产生错觉,因而对仪征与大运河的关系出现误读,似乎两者之间了无关联。20世纪50年代末,大运河改道,由六圩入江。起初仪扬河东起湾头,西至仪征泗源沟入江口。后来湾头至瓜洲入江口改称“古运河”,比瓜洲运河更加古老的仪征运河却保持了新中国建立后始定的河名——仪扬河。大运河申遗成功,仪扬河又没有被列入名录。在这样的情势下,仪征该不该或者说能不能参与大运河文化带建设?自信又从哪里来?

回答这个问题,有必要借用两句话。一是“从历史深处流出的大运河”,这是联合国科教文组织考察报告中对中国大运河的精妙称说。二是中共中央办公厅、国务院办公厅印发《大运河文化保护传承利用规划纲要》提出的,大运河文化具体可分为三个层次:大运河遗存承载的文化、大运河流淌伴生的文化、大运河历史凝练的文化。答案就在其中，自信来自于历史。

历史上的仪征与大运河联系紧密，兴衰相依，运河兴盛，仪征繁华；漕运结束，仪征衰落。漕运是大运河的基本功能，隋唐大运河的形成带动了扬州的高度繁华。因为建置的关系，当时史料中记载的一些扬州史事其实发生在仪征，如《旧唐书·食货志》记载，开元十八年(730)，宣州刺史裴耀卿[①]上便宜事条曰："窃见每州所送租及庸调等，本州正二月上道，至扬州入斗门，即逢水浅，已有阻碍，须留一月已上。"这时瓜洲运河还没有开通，江南漕船必须逆流西上，进入仪征运河才能到扬州，所以这里说的斗门必然是在仪征运河入江口。即便如此，历史上的仪征——白沙还是屡屡见诸于史料，如白沙巡院和扬州巡院并列于刘晏设置的十三巡院之中，不久一同被改为纳榷场，大约六十年后又同时"依旧为院"，可见当时的白沙在漕、盐运中的地位已经十分重要。

到了宋代，真州取代了隋唐时期扬州在漕运中的地位，成为江淮、两浙、荆湖发运使治所。转般仓一共有七所，三所在真州，两所在泗州，楚州(今淮安)、扬州各一所。《辞海》中"真州"词条注称"繁盛过于扬州"。宋时的真州"总天下之漕"[②]，地位自然也重于楚州。北宋时，楚州设淮南转运使司，初设副使两员，后一员移置庐州(今安徽合肥)。南宋时，因为战争，设置于真州达一百多年的江淮发运司于绍兴二年(1132)正月废罢，但是"真州系两淮、浙

---

① 裴耀卿(681—743)，字焕之，绛州稷山(今山西稷山)人。开元二十一年(733)，长安发生饥荒，唐玄宗特意召见时任京兆尹的裴耀卿，询问赈灾之策。裴耀卿建议疏通漕运，征调江淮粮赋，以充实关中。唐玄宗对此非常赞同。十月，裴耀卿被任命为黄门侍郎、同中书门下平章事，并充任江淮河南转运使。开元二十二年，升任侍中，沿黄河建置河阴仓、集津仓、三门仓，征集天下租粮，由孟津溯河西上，三年时间便积存粮米七百万石，省下运费三十万缗。

② 〔明〕蒋山卿《河渠论》，载清道光《重修仪征县志》。

江外,诸路商贾辐辏去处”[①]的地利犹在,在漕、盐中仍然占据重要位置。而楚州不再通漕,随即,治庐州者移治舒州(今安徽潜山),即为淮西转运司;治楚州者移治真州,是为淮东转运司。淮东即宋时淮南东路的简称,和淮西(淮南西路)相对。淮东所包括的范围有扬、楚、海、泰、泗、滁、真、通八州,也就是今天的扬州、淮安、南通、盐城、滁州、泰州、连云港、宿迁等地区。

此后元、明、清历代,仪征运河在漕运中仍然一直发挥着重要的作用,以明为例,《明史·河渠志》记载:“湖广漕舟由汉、沔下浔阳,江西漕舟出章江、鄱阳而会于湖口,暨南直隶宁、太、池、安、江宁、广德之舟,同浮大江,入仪真通江闸,以溯淮、扬入闸河。瓜仪之间,运道之咽喉也。”“瓜仪之间”指的是什么?就是仪征运河。如此等等,诸多史实,载于史,记于文,足以承载起仪征的运河文化自信。

漕盐俱兴是优势

大运河沿线城市众多,由于地理位置和历史角色不同,各有特色和优势。以淮安和扬州为例,淮安优势在漕,扬州优势在盐。仪征的优势,则在于两者兼备,漕盐俱兴。

唐代自刘晏起,盐铁和转运逐渐合一,用盐利补充漕运经费的不足,开创了漕运的全新局面。宋时将这一体制和制度发挥到了极致,李沆任发运使后,置仓建安(真州),淮盐自通(州)、泰(州)、楚(州)运至真州,江、浙、湖、广以船运米入真州,漕船回程则载盐,而散于江、浙、湖、广,史称“转仓法”。宋时著名学者黄履翁评价说:“此之发盐得船为便,彼之回船得盐为利。国不匮而民亦足,

---

① 〔清〕徐松《宋会要辑稿·食货三二》。

费益损而利益饶。漕盐统于一人,转运资其两便,此李沆之立法善也。”[①]此后仪征在很长时期内一直保持着这样的优势,漕运延续到清乾隆四十年前,城区盐运直到咸丰十年结束,十二圩自同治间起又延续了一个甲子。不过仪征漕、盐运并非始于宋,唐代时这里就已经成为重要运道和集散地,并且设置了管理机构。这些均有史为证。

为了加强管理,打击走私,刘晏在盐的主要产区和经销地区设置了十三个巡院。《新唐书·食货志》记载:“自淮北置巡院十三,曰扬州、陈许(今淮阳、许昌)、汴州(今开封)、庐寿(今合肥、寿县)、白沙(今仪征)、淮西(今汝光)、甬桥(今宿州)、浙西(今镇江)、宋州(今归德)、泗州(今泗县)、岭南(今广州)、兖郓(今滋阳、东平)、郑滑(今郑县、滑县),捕私盐者,奸盗为之衰息。”

后来又置扬子巡院。《资治通鉴》记载:“扬州扬子县,自大历以来,盐铁转运使置巡院于此,故置留后。”由于唐、宋两朝扬子县治不是在同一个地方,唐在今“新城以东、瓜洲以西境”,宋在今仪征城区,后世关于扬子院的地点存在不同的说法。不过郝经的《镜芗亭记》明确记载,宋使馆镜芗亭在真州子城内,“亭则真古扬子院,今运司后,其东南垣墉则扬子故县城也”。郝经作为学者,又在真州长达十多年,其说应该可信。

白沙巡院和扬子院是两个机构,并非一回事。白沙巡院起初主要职能是打击私盐,后来又有榷税和交易的职能,同时具备粮食的大型储藏转运功能。扬子院置留后,是江淮地区漕运和盐务的主管部门,属于国家机构,“帝命分留务,东南向楚天”[②]。扬子院的

---

① 清道光《重修仪征县志》。黄履翁,字吉甫,号西峰,宁德(今属福建)人,宋理宗绍定五年(1232)进士。

② 〔唐〕许棠《送李员外知扬子州留务》,《御定全唐诗》卷六百三。

管辖范围和权力远远大于白沙巡院,白沙巡院(纳榷场)是扬子院置留后辖下的管理机构。

江淮置扬子院后,形成扬子、河阴、永丰三仓为枢纽的漕粮转运线,江南诸省上缴的税谷经长江运抵白沙,再由白沙转运。仪征运河作为漕盐主要运道,发挥着不可替代的作用。建中二年(781),田悦反叛,动乱之时,仪征运河越显重要。《新唐书·食货志》记载:"南北漕引皆绝,京师大恐。江淮水陆转运使杜佑以秦、汉运路出浚仪十里入琵琶沟,绝蔡河,至陈州而合,自隋凿汴河,官漕不通,若导流培岸,功用甚寡;疏鸡鸣冈首尾,可以通舟,陆行才四十里,则江、湖、黔中、岭南、蜀、汉之粟可方舟而下,由白沙趣东关,历颍、蔡,涉汴抵东都,无浊河溯淮之阻,减故道二千余里。会李纳将李洧以徐州归命,淮路通而止。"

在地理位置上,仪征运河尤显突出。就古邗沟而言,仪征居江口,楚州居淮口。唐宋之前长江风险和运河"只患水少,不患水多"是主要矛盾,许多新技术和水工建筑应运而生,如东晋的欧阳埭、唐时的斗门、宋代的复闸以及"借塘济运""车畎助运"等,这些先进水工设施和技术都是首先出现在仪征运河上。直到明以后黄河夺淮,黄淮治理成为主要矛盾。仪征沿江保运口和运道畅通同样进行得艰苦卓绝,特别是清嘉庆后仪征运河形成内河、外河并存,互为表里,内受淮水,外受江水的特殊局面,书写了运河和盐运史上不平凡的一页。

"线""点""人"形成鲜明的仪征特色

《大运河文化保护传承利用规划纲要》明确大运河文化带建设的功能定位是打造"璀璨文化带、绿色生态带、缤纷旅游带"。各地应当具有个性化的地方元素,具备鲜明的地方特色。在这方面,仪征有不利因素,主要是受到战争和自然力的影响,许多历史遗迹几乎无存,一些重要历史资源已经十分模糊,甚至流失。但是有利条件也很明显,如前文所述,历史厚重,优势突出,现存"线""点"地方特色鲜明,加上众多历史人物,史料翔实,文化内涵丰富。

"线"即仪扬河,其前身就是自东晋永和中流淌而来的仪征运河。仪扬河的历史比定名"古运河"的瓜洲运河还要早近400年。东晋、南北朝叫"欧阳埭",隋唐时期称"漕河""官河",宋代名"淮南漕渠""真楚运河",元代为"淮东漕渠",明清时期属"淮扬运河"。今天的仪扬河仍然具备灌溉、防洪、航运和生态功能,是活化的历史文化遗产。河道还建有龙舟赛区景观公园。现在的重点是传承保护,提高工程标准,建设绿色生态长廊。作为文化带建设的主线,仪扬河具备串联起各个遗产点和历史人物的有利条件,成为闪耀着历史元素和地方特色的文化线、生态线、景观线。

"点"即遗产点,包括工程遗产、漕文化遗产和盐文化遗产。历史上为了调节水源,控制水位,兴利除弊,方便通航,仪征运河上先后建设了不同功能的水工建筑,不断出现新的水工技术,创造了以塘潴水、以渠行水、以坝止水、以涵泄水、以澳归水、以闸平水等过船通航的水工建筑联合运用的生动局面,工程遗产十分丰富。

漕文化遗产最具代表性的有东园和陈公塘。陈公塘筑于东汉,自唐至明长期为大运河补充水源,在漕运中发挥了重要的作用。陈公塘废毁于明代,残存的大堤遗址被称为"龙埂",葛嵛《五塘图说》云:"登龙埂,望三十余汉之水,甚为广衍。"民国《甘泉县续志》记载:"今白洋山西南地势低洼,塘田及龙埂犹存,陈公塘故址当在是。"2010年,仪征市文化部门将"陈公塘龙埂"列为不可移动文物。当地保留的"官塘""龙埂""塘田"等地名作为历史文化印记犹存。

东园与漕运关系极其紧密,欧阳修《东园记》说得很清楚:"真为州,当东南之水会,故为江淮、两浙、荆湖发运使之治所。龙图阁直学士施君正臣、侍御史许君子春之为使也,得监察御史里行马君仲涂为其判官。三人者,乐其相得之欢,而因其暇日,得州之监军废营以作东园,而日往游焉。岁秋八月,子春以其职事走京师,图其所谓东园者来以示予。""予以谓三君子之材贤足以相济,而又协于其职,知所后先,使上下给足,而东南六路之人无辛苦愁怨之声。然后休其余闲,又与四方之贤士大夫共乐于此。是皆可嘉也。乃为之书。"东园后来毁于宋金战火,但是仪征人始终不能忘却,尽管时世变迁,自南宋起多次重修复建,东园情结一直延续至今。

盐文化遗产主要有天池(大盐塘)、大码头、十二圩。天池的历史可以追溯到唐时的平津堰、北宋的澳河和南宋的莲花池,更与漕运有着紧密的联系。清时这里成为盐船集中停靠之地,是淮南盐掣验之所。大码头名称的由来直接与盐运有关,清道光《重修仪征县志》引旧志记载:"盐厅,即都会桥下大马头。"其名气明末清初已经响遍了大运河沿线。十二圩自清末起成为淮盐集散地,充当了一个甲子的"盐都"。

历史人物包括治水人物、漕文化和盐文化代表人物。古代仪征治水人物众多,如陈登①、乔惟岳②、陶鉴③、郭昇④等,为运河整

---

① 陈登,字元龙,江苏涟水人。在广陵郡太守任上致力于农事,筑"扬州五塘"。详见本书《治水人物篇·陈登》。

② 乔维岳,字伯周,北宋陈州南顾(今河南省项城县城西)人。淮南转运使任上整治运道颇有建树,最突出的功绩是在建安军运河上首创"二斗门"。详见本书《治水人物篇·乔维岳》。

③ 陶鉴,浔阳(今江西九江)人,北宋朝廷左监门卫大将军、右侍禁。监管真州排岸司任上建真州复闸。详见本书《治水人物篇·陶鉴》。

④ 郭昇,颍州人,明天顺四年(1460)进士。巡抚郎中任上建仪真罗泗、通济、响水、里河口四闸。详见本书《治水人物篇·郭昇》。

治和漕运保障作出了杰出的贡献。

仪征漕、盐运自唐宋直到明清以至民国，历史悠久，涉及人物数以百计。清道光《重修仪征县志》记载："宋时可考者发运使九十人，副使五十人，判官八十八人，运属二十二人，凡二百五十一人。"其中杨允恭[①]、李沆、许元[②]、薛向曾主持北宋历次漕运制度改革，也为真州繁华创造了条件。而论漕文化代表人物，当推许元、米芾[③]。许元在真州工作十三年，先后任判官、副使、发运使。建造东园是古代仪征重大的文化盛事，许元是此事最直接、最重要的策划者。米芾是发运司属官，虽然职位不高，在真州只工作、生活了一年多，但是却留下了为鉴远亭、壮观亭题的匾，还有他与苏轼等文化名家相聚的诸多佳话。

盐文化代表人物分为盐官和盐商两类。盐官中代表人物有曹寅[④]、曾燠[⑤]等。曹寅担任巡盐御史期间，常驻仪征八年，由于是与妻兄李煦轮值，严格地说是四年。曹寅在仪征理盐务，游山水，编诗集，做学问，可谓怡然自得，风流儒雅，足迹遍布天池、东关闸、沙

---

① 杨允恭(944—999)，汉州绵竹(今四川省绵竹市)人，北宋淳化(990—994)初任江淮制置发运使。

② 许元(989—1057)，字子春，宣州宣城(今属安徽)人。以荫补官，历仕国子监博士、三门发运判官，江淮两浙荆湖发运判官、发运副使、发运使。后历知扬州、越州、泰州。

③ 米芾(1051—1107)，初名黻，后改芾，字元章，湖北襄阳人。北宋书法家、画家、书画理论家，与蔡襄、苏轼、黄庭坚合称"宋四家"。宋徽宗建中靖国元年(1101)，在江淮间任发运司属官。

④ 曹寅(1658—1712)，字子清，号荔轩，又号楝亭。曹寅十六岁时入宫为康熙銮仪卫，康熙二十九(1690)年任苏州织造，三年后移任江宁织造。康熙四十二年(1703)起与李煦隔年轮管两淮盐务。

⑤ 曾燠(1759—1831)，字庶蕃，一字宾谷，晚号西溪渔隐，江西南城人。清代中叶著名诗人、骈文名家、书画家和典籍选刻家，被誉为清代骈文八大家之一。先后两次赴两淮任职，乾隆五十七年(1792)获特授两淮盐运使。道光二年(1822)以巡抚衔巡视两淮盐政。

漫洲等，为后世留下了许多珍贵的史料，更是盐文化和仪征地方历史文化闪亮的一页。曾燠先后两次赴两淮任职，时间长达十多年，经常“因公事小住真州”，重修都会桥，整修带子沟。同时，他还开展各种文化活动，“暇联宾从之欢，刁揽山川之胜”，曾为“西溪九曲之游”[①]，又为孝女张巧姑作长诗《仪征张孝女行》和纪念碑文。他因为提倡风雅，故有“东坡今日”之誉。

明代盐业实行商贩制度，因而形成了一个特殊的群体——盐商，其中又以徽商为主体，不少徽商举家迁徙后定居仪征。他们热心教育和社会公益，园林建设也进入兴盛时期。代表人物有汪士衡[②]、巴光诰[③]等等。

“仪真来往几经秋，风物淮南第一州。”[④]这是仪征人非常熟悉又引以自豪的诗句。愿仪征在新的历史机遇中，能够把保护、传承、利用大运河承载的优秀传统文化作为出发点和立足点，推动实现绿色发展、协调发展和高质量发展，无愧于历史，无愧于新的时代。

---

① 〔清〕吴锡麟《竹逸亭记》，载顾一平《扬州名园记》。

② 汪机，字士衡，明代仪真盐商，明末著名园林寤园主人。《仪真县志》（清康熙七年修）记载，崇祯间“汪机奉例助饷，授文华殿中书”。

③ 巴光诰，清代仪征盐商，其兴建的朴园，被江南名士钱泳的《履园丛话》认为是“淮南第一名园”。

④ 刘宰《送邵监酒兼柬仪真赵法曹呈潘使君》，《漫塘集》卷二。刘宰（1166—1239），字平国，号漫塘病叟，镇江金坛（今属常州）人，进士。南宋庆元初，任真州司法。

目 录

南宋篇　兵燹与运河

元代篇　开辟新的入江河段

明代篇　漕运空前繁荣

清代篇　由盛而衰

现代篇 仪征运河成为地方性河道

治水人物篇

东晋南北朝篇

欧阳埭挽救了邗沟

邗沟旧江水道

仪征运河作为邗沟的通江河段,始于东晋永和年间。不过永和前还有800多年也是值得探寻和研究的,有史料显示,古邗沟从一开始就可能与仪征有着必然的联系。为了全面研究和了解仪征运河和漕运,对此作简要的叙述。

邗沟是南北大运河开挖最早的河道,是后世运河之祖,建成于周敬王三十四年(前486)。

邗沟建成与漕运有着直接的联系。"'漕(者),水转谷也。''车运曰转,水运曰漕。'故而凡由水道运送粮食(主要指公粮)和其他公用物资的专业运输,均可称为'漕运';围绕这一活动所制定的各种制度,即谓之'漕运制度'。"① "邗沟的主要用途是'通粮道',即进行输送军粮和军用物资的漕运。至此,我国的漕运正式确立。"②

在欧阳埭之前,邗沟原先的通江口史称"旧江水道"。旧江水道在哪里引进江水呢?由于年代久远,长江河道经历了巨大变化,但是历史还是留下了大量的史料,虽然纷繁复杂,我们仍然可以从

①② 彭云鹤《明清漕运史》。

中探寻到相关的线索。

我国编年体史书《左传》记载了邗沟："吴城邗，沟通江、淮。"只有短短的七个字，可谓惜字如金。《水经注》说得详细一点："昔吴将伐齐，北霸中国，自广陵城东南筑邗城，城下掘深沟。"说吴王夫差[1]在蜀冈上筑邗城，并在城下开凿了邗沟。可见邗沟与邗城紧密相依。但是，长期以来关于邗城的位置一直争论不断，目前学术界主要有仪征六合、湾头、蜀冈东峰三种说法，由于缺少考古支撑，至今尚无定论。

《左传》之后，最早记载邗沟的史书是《汉书》，其《地理志》记载："渠水出江都，首受江。"说邗沟在汉代的江都县城附近引进江水。东汉应劭的《地理风俗记》亦说："县为一都之会，故曰江都也。县有江水祠，俗谓之伍相庙也。子胥但配食耳，岁三祭，与五岳同。旧江水道也。"清刘文淇《扬州水道记》引经据典，经过大量考证，也得出结论："按晋穆帝永和以前，邗沟水由江都故城首受江。"

史载秦楚之际，项羽欲在广陵临江建都，称为江都。自西汉景帝时（前153）建江都县，其历史沿革与扬州密切相关。1949年以后编纂的《仪征市志》说"西汉元狩六年（前117）建江都城"，"三国时坍没于江中"。这座坍没于江中的江都城史称"江都故城"。

江都故城坍没前在什么地方？北宋地理总志《太平寰宇记》记载："江都故城，在县西南四十六里。"据《扬州水道记》夹注，这里说的"县"是宋太宗时的江都县，由于当时仍然保持唐时旧制，

---

① 夫差（约前528—前473），姬姓，吴氏，春秋时期吴国末代国君。公元前486年，夫差在邗（今江苏扬州附近）筑城，又开凿邗沟，联结了长江、淮河。前473年吴国被越国所灭，夫差自刎。

所以也就是唐代的江都县。清道光《重修仪征县志·河渠志·水利》亦夹注，江都故城“在唐蜀冈江都县西南四十六里”，就是说汉时的江都故城在唐时江都县城西南四十六里。

再看唐时的江都县城，《新唐书·地理志》云：“（江都）东十一里有雷塘。”可知唐时江都县城在雷塘西十一里。雷塘有上下二塘，与陈公塘、句城塘、小新塘同属古代“扬州五塘”，为东汉广陵太守陈登所开。隋炀帝[①]曾三次巡游江都（今扬州）。第三次巡游时，被部将宇文化及等缢死于江都宫，殡于西院流珠堂内，不久移葬在吴公台下。唐武德五年（622），隋代旧臣又以帝礼改葬，相传地址在今扬州市邗江区槐泗镇槐二村，雷塘因此被后世误为隋炀帝陵寝所在，曾一度名扬于世。直到2013年4月，邗江区西湖镇曹庄村建筑工地发现了两座古墓，出土了墓志铭、金玉带等足以证明墓主人身份的大量文物。当年11月，国家文物局、中国考古学会确认，这里才是隋炀帝墓，是隋炀帝杨广和萧后的最后埋葬之地。

如此按照距离推算，江都故城当在今仪征境内，然而该城早已坍入江中，无遗迹可寻，现在只能推断，而不能确指具体方位。《仪征市志》说：“城（江都故城）在今真州镇和新城乡之间（当时新城尚未撤乡建镇）。”据此，欧阳埭之前古邗沟通江口门极有可能仍然是在今仪征市境内。

清初著名学者阎若璩编撰的《尚书古文疏证》指出：“邗，吴地也。于其地筑城，号邗城，城下掘深沟，引江水东北通射阳湖。其城应在大江滨。今仪真县南有上江口、下江口、旧江口，或者旧

① 隋炀帝杨广（569—618），本名杨英，弘农华阴（今陕西华阴市）人。隋朝第二位皇帝，在位期间，修建南北大运河。

江口为吴夫差所穿，故《班志》广陵江都县有渠水首受江是也……无复余址。乐史云：'江都县城临江，今圮于水。'”阎若璩不仅精通经史，而且“于地理尤精审，凡山川、形势、州郡沿革，了若指掌”。因为仪征旧江口名称恰与“旧江水道”相合，“旧江口为吴夫差所穿”，只是他据此作出的一个推测。有学者质疑春秋时仪征旧江口一带似尚未出水，不过由此可知“仪征说”在历史上由来已久。

仪征先贤、清代大学问家阮元和世界文化名人盛成也曾经作出古邗沟在仪征境内的推断和论述。阮元有《淝水诗》：

淝水淮南东至海，清流关应中陵称。
金陵在南中江北，秦皇由此出江乘。
对岸胥浦古舆浦，由此入淮广陵登。
汪中广陵曲江澄，故县在今之仪征。
夹广陵以入于海，邗沟贯之江淮间。
宋志留有三城里，浦东广陵浦西邗。
江都浦南蜀冈下，三城鼎立铁与盐。
汉改邗城为舆县，西属临淮江都坍。
三城西北义城里，邗后鄸成说文收。
城子山西魏文庙，广陵古城东巡留。
宋志东西广陵里，邗沟分界在真州。
冶山煮铁熬海水，吴王濞筑海陵城。
东晋永嘉南渡后，京城北府江乘轨。
瓜埠沙洲防运道，于是海陵即更名。
淮阴广陵俱东迁，江都邗沟亦东延。
邵伯也有邵关在，今湖古海后为先。

谢安后裔仪征籍，新城留有康乐园。
元代扬子故县治，我识明哥桃坞源。
屈指不觉五十载，生春酒献桑梓尊。
古稀海上祝双寿，让我招回广陵魂。

阮元（1764—1849），字伯元，号芸台，又号雷塘庵主。乾隆五十四年（1789）进士。历任礼、兵、户、工等部侍郎，浙江、河南、江西巡抚，湖广、两广、云贵总督，体仁阁大学士。阮元知识广博，在经史、文学、金石、校勘等方面有极高的造诣，尤以经学名重后世，诗文也颇负时誉，一生著作颇丰。前人赞誉他"身经乾嘉文物鼎盛之时，主持风会数十年，海内学者奉为山斗"。

他认为根据宋志记载，扬子县（今仪征）当时有"三城里（三城即广陵城、邗城和江都城）"的地名，还有东广陵乡和西广陵乡的行政建置，明确提出最初广陵城、邗城和江都城都是在仪征境内，境内设置的东西广陵乡即以邗沟分界。后来广陵移治淮阴，江都城东迁，邗沟也东延。

诗中两次提到的宋志，是指南宋年间编纂的两部仪征方志。他在清道光《重修仪征县志》序中写道："仪征志乘，修于宋南渡以后者，有绍熙、嘉定两志，今皆散失不存。（嘉庆己巳冬，余在翰林院检《永乐大典》，见其中有绍熙《仪真志》、嘉定《真州志》，命小史抄一副本，藏诸箧笥。道光癸卯春，里第为邻火所焚，此书遂遗失，惟门下士摘录之本仅存，殊堪惋惜。）"

盛成先生是集作家、诗人、翻译家、语言学家、汉学家于一身的著名学者。少年时代，他追随孙中山先生参加辛亥革命，是名扬一时的"辛亥革命三童子"之一。1919 年，他留法勤工俭学，潜心于学术研究。1928 年，他出版的自传体小说《我的母亲》震动法国文坛,先后被译成英、德、西、荷、希伯来等十六种文字在世界各地出版发行。1985年,盛成被法国总统密特朗授予"法兰西荣誉军团骑士勋章"。1978年归国后,他长期在北京语言学院担任一级教授。盛成《重刊〈真州竹枝词〉序》说:"真州,春秋有胥浦,即邗沟,楚汉为江都。"他认为,江都城在仪征江北沙地上,为"项羽之都,而未就国",后来坍入江中。曹丕置东巡台、临江观兵之城子山即广陵故城。广陵城后来逐步北移,迁至今仪征东北的科城庄,最后才迁到现在的扬州。

《三国志》记载,曹丕[①]"冬十月行幸广陵故城,临江观兵。戎卒十余万,旌旗数百里。是岁大寒,水道冰,舟不得入江。乃引还"。明隆庆《仪真县志》记载:"魏主丕率舟师击吴,筑东巡台于城子山。(立马赋诗,有'长江天限南北'之语。)"又载:"城子山在县北三里,状如城,故名。魏文帝筑东巡台于此。"城子山因此被称作曹山,曹山的地名至今犹存。不过,县志记载曹丕临江观兵为黄初三年(222),按《三国志》记载当为黄初六年。曹丕《至广陵于马上作》曰:

观兵临江水,水流何汤汤。
戈矛成山林,玄甲耀日光。
猛将怀暴怒,胆气正纵横。
谁云江水广,一苇可以航。
不战屈敌虏,戢兵称贤良。
古公宅岐邑,实始翦殷商。

---

① 曹丕(187—226),字子桓,豫州沛国谯县(今安徽省亳州市)人。三国时期曹魏开国皇帝。黄初六年十月,曹丕伐吴,行幸广陵(属今江苏扬州)故城。当年大寒,水道结冰,舟不得入江,乃引还。

孟献营虎牢，郑人惧稽颡。
充国务耕殖，先零自破亡。
兴农淮泗间，筑室都徐方。
量宜运权略，六军咸悦康。
岂如东山诗，悠悠多忧伤。

科城庄是一个自然村庄，今属刘集镇（原古井）百寿村。盛成先生1983年11月回故乡期间，曾专程前往探寻广陵故城遗址。他是一位语言学家，认为科城庄就是古城庄，“科”是“古”字的音转。据当地老人反映，早年这一带曾经挖出许多古城砖，庄上不少人家猪圈就是用古城砖砌的，证实当年这里曾是一座古城。

邗沟南运口西移仪征城东

东晋永和年间，由于自然条件发生变化，邗沟旧的通江口湮废，向西在今天的仪征城东重新开辟了一条通江口门。《水经注》记载了这件事：“自永和中，江都水断，其水上承欧阳埭，引江入埭，六十里至广陵城。”《扬州水道记》说欧阳埭“即今仪征运河”，“此邗沟引欧阳埭江水入运之始”，“自后，由江达淮，皆由此河”。这是邗沟的一次重要西移，邗沟由此获得新生，可以说是欧阳埭挽救了邗沟。欧阳埭作为仪扬河的前身，自此与邗沟紧密地联系在一起。仪征运河的建成，重新连接了邗沟和长江，从此在历史上发挥着重要的作用。

欧阳埭建成于东晋，不久，中国即进入南北朝这一中国历史上南北对峙的特殊时期。欧阳埭通江达淮，进入欧阳埭就可以长驱直入广陵城，进而北上，在军事上具有非常重要的位置。在这样的大背景下，欧阳埭发挥的主要是军事作用。东晋和南朝的宋、齐、梁、陈多次北伐都是通过欧阳埭运兵和输送给养。

东晋义熙十二年(416)，太尉刘裕西征长安，诗人谢灵运受命劳军，作《撰征赋》，其中有“爰薄方与，乃届欧阳。入夫江都之域，次乎广陵之乡”的句子，清楚地说明进军路线是从欧阳埭进入邗沟，经过江都和广陵，一路北上。

宋大明三年(459)，竟陵王刘诞在广陵举兵反叛，朝廷派沈庆之率兵讨伐，沈庆之的军队也是首先从欧阳埭进入。

齐延兴元年(494)，萧鸾(登基后为齐明帝)派遣王广之袭击南兖州刺史王子敬(当时南兖州侨置于广陵)，王广之率领军队至欧阳埭，然后派遣部将陈伯之作为先驱进入广陵。

梁太清二年(548)，发生“侯景之乱”，各地起兵讨伐。侯景许诺推翻梁武帝后，奉萧正表(梁武帝的侄儿)为皇帝，于是萧正表在欧阳埭立栅，断绝政府军从水上入援广陵。

陈太建五年(573)北伐，都督徐敬成率舰队同样由欧阳埭入邗沟北上。

如此战例，史料记载颇多。

由于欧阳埭在军事上的重要作用，其附近又设置有欧阳戍，作为驻军镇守要地。《读史方舆纪要》记载：“仪征有欧阳戍，在县东北十里。”

欧阳埭

欧阳埭本身是一座水工建筑物，位于仪征运河和长江相通处。查阅《辞海》，埭是“堵水的土堤”，其作用相当于现在的坝。那么，它为什么叫埭而不叫坝呢？因为“坝”这个专用名称是到了元代

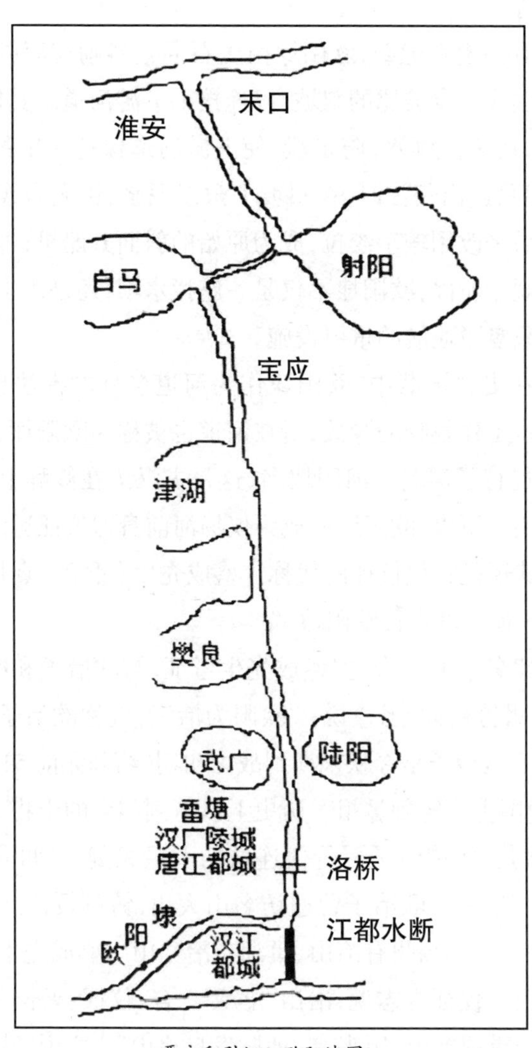

晋永和引江入欧阳埭图

以后才开始使用的，在此之前，这类水工建筑名称比较多，有堰、埭、遏、堨等等。

根据有关史料记载，欧阳埭由土石混合料砌筑而成，埭的上、下两侧各建成一定坡比的斜坡，以连接上下游河道。其作用有二：一是拦水，用来关潮水，防走泄，使上游河道保持一定的水位；二是通航，船只进出长江时，在斜坡上敷以泥浆，用人力或者畜力拖拉过埭。后来改用辘轳绞拉，成为原始的斜面升船机，过船时的景况十分壮观。所以，欧阳埭不仅是一座拦水坝，还是用于邗沟与长江之间船只盘驳通航的重要设施。

同时在史料记载中，欧阳埭作为河道名称的提法也很普遍。因为大型水工建筑物的缘故，所在河道也被称为欧阳埭，实际上是以欧阳埭代替了河名。河因埭名，这是古汉语在修辞上借代手法的习惯运用。所以，欧阳埭又成为仪扬河前身即仪征运河的名称。

欧阳埭还是古代仪征的代称。盛成先生《重刊〈真州竹枝词〉序》说："仪征县城古称欧阳埭。"

欧阳埭名字的由来，据盛成先生考证，与欧冶子和冶山有关。《重刊〈真州竹枝词〉序》说："欧阳为冶工，世称欧冶子。""冶山即欧阳山。"欧冶子是春秋末期到战国初期（约公元前514年前后）越国人，中国古代铸剑鼻祖。历史上以铸剑闻名的干将、莫邪是他的女婿、女儿，相传伍子胥价值连城的七星佩剑（又叫龙渊剑）就是欧冶子铸造的。欧冶子曾遍访名山大川，铸剑授艺。所以全国冶山不止一处，如福州有冶山、巢湖有冶父山。盛成先生此处指的是六合冶山。仪征方志说，冶山"磅礴六合、仪征、天长三县"。仪征先人十分重视冶山，历来有"地脉发自冶山"[1]之说，欧阳之名即

① 〔清〕王检心监修，刘文淇、张安保总纂《重修仪征县志》。

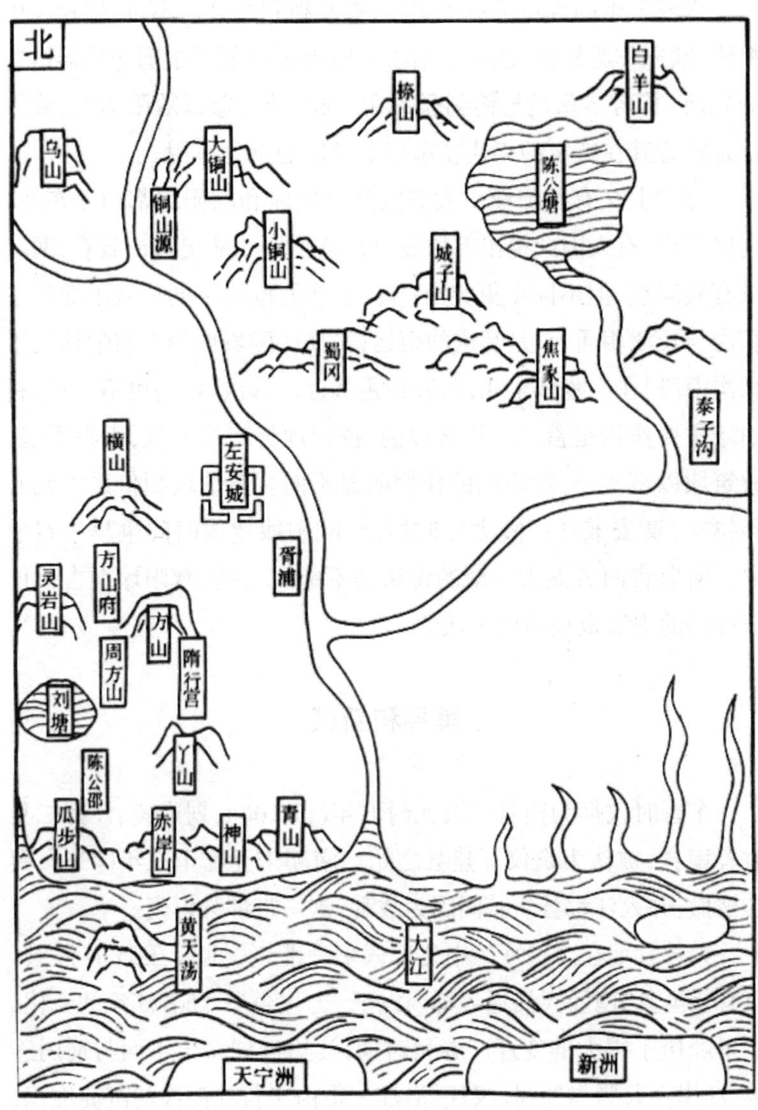
北
白羊山
㭽山
乌山
大铜山
铜山源
陈公塘
小铜山
城子山
蜀冈
焦家山
秦子沟
横山
左安城
胥浦
灵岩山
方山府
方山
周方山
隋行宫
刘塘
丫山
陈公邵
瓜步山
赤岸山
神山
青山
黄天荡
大江
天宁洲
新洲

南北朝仪征图

源于此。

盛成先生的观点不见于史籍,有其独到之处。不过,据相关史料称,欧阳作为姓氏,源于欧冶子。欧冶子开创了中国冷兵器铸造的先河,其名字总是与铸剑联系在一起。河、埭以欧阳为名,或许正是寓意其在特定的年代在军事上发挥的重要作用。

邗沟上又有召伯埭。大概因为召伯埭和欧阳埭都建于东晋,均属邗沟,有人因此提出召伯埭就是欧阳埭。从史料记载看,两者虽有共同点,但不同点更突出:首先,地处位置不同。欧阳埭处于邗沟与长江相通处,是邗沟的南运口,在广陵城西南。召伯埭处于邗沟中段,在广陵城东北,两者相距甚远。其次,作用也不一样,召伯埭主要作用是蓄水。唐宋以前,扬州地势南高北低,水易下泄,故筑埭以蓄水,与欧阳埭的作用明显不同。召伯埭相传系太元元年(376)谢安兼任广陵太守时所筑,欧阳埭建成时间也早于召伯埭。所以将两者混为一谈的说法是不能成立的,欧阳埭在古代仪征境内的史实也是不可否认的。

舆县和新城

东晋时仪征为舆县。汉元封五年(前106),划广陵、江都二县地置舆县,被认为是仪征建县之始。南朝宋元嘉十三年(436),舆县被撤,并入江都县。其间因为战乱,这一带郡县俱废。

舆县县境在今仪征的中北部偏东一带,东、北有江都、广陵县,西有棠邑县,南面大江逼近蜀冈以下。古往今来,随着江流的变化,江岸经历了很大的变迁。春秋时期,江边沙洲露出水面与蜀冈连接,江岸南移紧靠蜀冈。汉代,沿江一带由于长江泥沙的沉淀堆积,逐步形成冲积平原,出现新的居民村落。南北朝时,蜀冈以下形成冲积平原,今仪征城区一带为白沙洲。

南朝齐建元间(479—482),北魏经常南侵,驱掠江北居民。后来一遇北魏兵,百姓就十分惊恐,四散逃走。于是南齐在江北部署军队驻防,并于北沙洲置一军。

舆县县治所在地历史上没有明确的文字记载,据有关史料和专家考证,一说在今天的龙河集一带,一说在曹山或胥浦一带。《晋书·徐宁传》记载,桓彝至广陵,遇风停浦中,上岸见室宇,云是舆县。《宋书·符瑞志》记载,广陵太守范邈上书:“所领舆县,前有大浦,控引潮流,水常淤浊。自比以来,源流清洁,纤鳞呈形。古老相传,以为休瑞。”

这些记载虽然简略,但要点清楚,舆县地处沿江,县前有大浦通江,因为属舆县,又在县治相近之处,又称舆浦。据史料明确记载,仪征东部地区,龙河以北,东汉时期筑有陈公塘,龙河以南,东晋永和中建成东西流向的河道欧阳埭。仪征以西“一水萦回,南入大江,名曰胥浦河。一日三潮,俗曰伍子胥解剑渡江之所”[①]。阮元《淝水诗》亦有“胥浦古舆浦”之说。对照如此形势,“胥浦说”应该更具备条件。今天仪征城区万年大道有大浦塘,笔者遍查资料,并未见有关大浦塘的记载和传说,两者是否有关联,历史上的大浦是否残留遗存尚有待考证。

不过历史上还有其他说法。《扬州西山小志》根据《一统志》记载认为,舆县故城“当在陈集之迤东挞扒店(今铁牌)、蒲塘冈、界牌庵之间”。至于史载之大浦,该书认为:“西山一带,今无所谓‘大浦’者,惟蒲塘冈后西河影,当即是此。”

---

① 〔宋〕张舜民《郴行录》,葛剑雄、傅林祥主编《中华大典·交通运输典·交通路线与里程分典》。

又据史载，东晋谢安出镇广陵时筑垒新城，史称谢公城。当时会稽王司马道子专权，风云变幻，形势易变，因为这里背倚蜀冈，隆阜蜿蜒，能阻江险，谢安特地筑城以备不测。相传，谢公城即今仪征新城。

此说因无详考，一直存在争议。《扬州府志》记载谢安筑垒的新城在江都邵伯，而不是仪征的新城，其重要依据之一就是相传谢安筑垒新城时曾建成前文所述的邵伯埭。

但是，北宋著名科学家、政治家沈括的《梦溪笔谈》中有《真州复闸》一文，文章指出："淮南漕渠，筑埭以蓄水，不知始于何时，旧传召伯埭谢公所为。按李翱[①]《来南录》，唐时犹是流水，不应谢公时已作此埭。"对邵伯埭系谢安所筑持怀疑和否定的态度。

清雍正元年（1723）知县李昭治主修的《仪征县志》也有一说，认为既然是防变以备，谢安作为政治家和军事家，筑垒之城一定不止一处。不过，这一说法因"语无所本"，被府志否认。

岁月久远，世事沧桑，历史留下的诸多谜底等待人们去揭开。当今，一项历史文化名迹多地民间都有传说和存在多处遗存的现象并不少见，这是一种有着深刻社会意义的特殊的文化现象。不同的观点和意见可以探讨和交流，经过岁月积淀的传说和遗存可以互补和共存，而不应该影响我们对历史文化的研究、传承和开发利用。

---

① 李翱（772—841），字习之，唐陇西成纪（今甘肃秦安东）人，贞元年间（785—804）进士，历任国子博士、史馆修撰、考功员外郎、礼部郎中、中书舍人、桂州刺史、山南东道节度使等职。

隋唐篇

漕运兴起

南北大运河在扬子入江

隋朝在中国历史上是一个短命的朝代,但是隋时建成的大运河却流过了其后建立的一个个朝代,千古不废,造福后世。唐末著名诗人皮日修的《汴河怀古》诗曰:

尽道隋亡为此河,至今千里赖通波。
若无龙舟水殿事,与禹论功不较多。

隋时,数百万人大规模地开成通济渠和永济渠,又扩挖山阳渎、古邗沟和江南运河,终于建成我国东部地区唯一一条南北走向,纵穿海河、黄河、淮河、长江、钱塘江五大水系的水运大通道,全长 2400 余公里,后世称之为南北大运河。

古邗沟是其中的一段。大业元年,“发淮南民十余万开邗沟”,经过整治,“渠广四十步(大约合 70 米),渠旁皆筑御道,树以柳”[①]。

这是邗沟建成后的一次大规模扩建。邗沟自东晋永和中即西延从仪征的欧阳埭入江,这次扩建后入江口在哪里?有没有变

① 〔北宋〕司马光《资治通鉴·隋纪四》卷一百八十。

化呢？

《资治通鉴》记载，隋开古邗沟“自山阳至杨子入江”。宋元之际史学家胡三省标注：“杨子，今真州。”宋时的真州、扬子县即今仪征。

唐诗人顾况有《送大理张卿》：

春色依依惜解携，月卿今夜泊隋堤。
白沙洲上江蓠长，绿树村边谢豹啼。

“隋堤”当是指隋时所开的邗沟，白沙即今仪征城区一带。从诗句的描述看，邗沟与白沙洲必然有着紧密的联系。唐距隋近，其说法应该比较可信。

清时仪征学者刘文淇是对扬州境内运河进行全面详细考证的第一人。刘文淇（1789—1854），字孟瞻，嘉庆二十四年（1819）优贡生，终身未仕。他青年时代就精通经史，闻名江淮之间。因为家境贫寒，长年寄食在外，做地方官的幕僚，帮人编书校书。他在学术的许多方面作出了贡献，其中包括对邗沟开凿以来直到清道光年间扬州运河的研究考证。他博览群书，旁征博引，写成了具有重要史料价值的《扬州水道记》。难能可贵的是，该书不拘前贤之论，以严谨的态度，引经据典，辨明正误，纠正引书谬误七十多处，尤其是对重大历史讹传，考辨十分翔实。对于隋开邗沟，书中指出“亦不过开使深广”，主要是在旧河道的基础上，拓宽疏浚，恢复和提高标准。

据此可以认为，隋炀帝开邗沟后，邗沟的入江口还是利用原来的口门，没有也不必要重开新口门。所以，隋时扩建改造后的邗沟还是在仪征境内入江，南北大运河自然也是在仪征与长江相交汇。

隋时各段运河至唐代通称“漕渠”或“漕河”，邗沟、江南河被称为“官河”。其中以连接长安、洛阳与江、淮地区间的漕渠与汴河和淮南漕渠最为重要，构成了唐朝的生命线。仪征运河（欧阳埭）作为其中的重要河段，一头连接大运河，一头通往长江。因此仪征在这条大动脉上的位置十分特殊，北通运，南入江，下连京口（今镇江）江南运河，上接湖、广、江西运道，起着枢纽的作用。

唐开元间（713—741），大运河入江口有了新的变化。《旧唐书·齐澣传》记载，齐澣[①]于开元二十五年（737），“迁润州刺史，充江南东道采访处置使。润州北界隔吴江，至瓜步沙尾，纡汇六十里，船绕瓜步，多为风涛之所漂损。澣乃移其漕路，于京口塘下直渡江二十里，又开伊娄河二十五里，即达扬子县。自是免漂损之灾，岁减脚钱数十万。又立伊娄埭，官收其课，迄今利济焉”。说明一下，这里说的扬子县是指唐时扬子县，并非宋时扬子县。

由于漕运兴起，唐代水上运输已经十分繁忙。那时长江河面非常宽阔，风涛汹涌。由于仪征是唯一的通江运口，浙（江）东西诸郡漕船由镇江运河出口后，不能直接到扬州，必须先逆流西上几十里，从仪征进入大运河，这样受到江涛漂损的风险很大。为了解决这个问题，唐开元二十六年（738）润州刺史齐澣开通了伊娄河，此即后世所称的瓜洲运河。

瓜洲在江北，为什么会由润州刺史齐澣主持开河呢？史载：“伊娄埭虽设于扬州，而榷税之事，则仍属润州。”[②]直到大历三年（768），淮南节度使张延赏为了理顺关系，方便管理，向朝廷提出请求，瓜洲方才由扬州管理。

---

① 齐澣（675—746），字洗心，定州义丰（今河北安国）人。圣历（698—700）初，登进士第。开元间（713—741）任润州刺史。

② 〔清〕刘文淇《扬州水道记》。

瓜洲运口开通后，从此与仪征运口并用，这时仪征运口自东晋永和年间起已经使用了近四百年。不过，开伊娄河是为浙东西诸郡漕运船只安全考虑，有了瓜洲运口，京口到扬州的漕船不再绕道，可以少受逆流江涛风险，既缩短了航程，又可以减少运费。因此，下江船只入瓜洲，而上江船只入仪征运河，不入瓜洲。就是说，湖、广、江西等船只仍然是由仪征运口进出大运河。

岁月逝去，水道变迁，仪征运河古道在哪里？

清道光《重修仪征县志》记载："陆《志》（清康熙五十七年知县陆师主修《仪真县志》，下同）山川下云，按旧志唐兴元中（784）淮南节度使杜亚[①]自江都西循蜀江之左引渠入漕，以通大舟。至今传云北山寺旂旧有运河纬路。宋天禧中（1017—1021），发运使贾宗始开扬州古河，绕城南接运渠，毁三堰以均水势。此唐宋以来运河古道也。唐由城北，宋由城南。"

清时仪征人厉秀芳，系道光举人，曾经在山东武城县当了八年县令，后来以养亲为由申请引退回到家乡。从此，他纵情于家乡的山山水水，醉心于地方的乡风民俗，写成了"记录家乡旧事宜"的《梦谈随录》和《真州竹枝词》。《真州竹枝词》有《八蜡庙》诗，诗后注曰："故老云，冈（蜀冈）下即大江庙，乃古马头，今曹家山下闸石犹存。"诗云：

片帆飞到蜀岗收，此是停船旧码头。
不信试看山谷里，至今残闸枕寒流。

---

① 杜亚（725—798），字次公，京兆杜陵人（今陕西省西安市）。历吏部郎中、谏议大夫、刑部侍郎，拜淮南节度观察史。贞元五年（789）罢归。去世后赠太子少傅，谥曰肃。

方志记载仪征旧有堰河，因为唐元和间(806—820)淮南节度使李吉甫曾在河上建平津堰，故名。《扬州水道记》说："仪征旧志云：'堰河在东翼城外，与莲花池通。即今东关里文山祠前河阔处。'又云：'归水河，一名澳河，在堰河稍北。唐李吉甫[①]废闸置堰，治陂塘，泄有余，防不足，漕运通流。发运使曾孝蕴[②]严三日一启之制，复作归水澳，惜水如金。'是以仪征东关之堰河，即唐之平津堰。"可见唐元和间，运河古道已到后来的莲花池一带。

因此可以推断，仪征运河古道最早在蜀冈下，以后随着长江岸线的南移，由北向南逐步迁移。

漕运兴起

随着南北大运河的建成，隋唐以后漕运逐步成为一种经济制度，并且延续了一千多年，南北大运河成为历代王朝漕运的命根子。这时江淮下游经济繁荣，自唐代起，历代对南方经济的依赖日益加深，漕运日重。

《新唐书·食货志》记载："高祖、太宗之时，用物有节而易赡，水陆漕运，岁不过二十万石，故漕事简。自高宗已后，岁益增多。"这是因为，唐初中央政府机构相对简单，驻军采取府兵制，粮饷自备。唐高宗以后，政府组织日益庞大，内外文武官员激增，官吏的薪俸(折成米)不断增长。到唐玄宗开元十一年(723)，政府改府兵制为募兵制，兵农合一变为兵农分离，军队的给养全部由国家负担。在这种情况下，漕运量大幅上升，后来最多时达到每年四百

---

① 李吉甫(758—814)，字弘宪，赵郡赞皇(今河北赞皇)人。元和年间，一度出掌淮南节度使。详见本书《治水人物篇·李吉甫》。

② 曾孝蕴(1057—1121)，字处善，福建晋江人。

万石。

开元二十二年，裴耀卿任江淮、河南转运使后，着手改革，实行“转般法”，即分段运输的办法，船到地头卸下货物仓储起来，由下一站负责再运，三年时间运输漕粮七百万石。

广德二年(764)，刘晏领东部、河南、淮西、江南东西转运租庸盐铁使，按照“江船不入汴，汴船不入河，河船不入渭”的原则，改进完善转般法。他依据各航段水情分造运船，又在全国设立十三个巡院，其中有白沙巡院，后来又在江淮置扬子院，形成扬子、河阴、永丰三仓为枢纽的漕粮转运线。江南诸省上缴的税谷经长江运抵白沙，再由白沙转运。

漕运需要大批船只，刘晏又在扬子县江边设立了十个大型造船厂，差专知官十人监造。道光《重修仪征县志》引旧志说，造船厂“在南门外竹架巷，后徙归水河侧，有监官衙”。刘晏任职前后七年，在扬子县共造大船 2000 余艘，每艘可载粮 1000 石。宋苏轼《论纲稍利害奏状》说：“凡五十年，船无破坏，馈运亦不缺绝。”

扬子院

道光《重修仪征县志》记载：“江淮置扬子院，领盐官，置盐铁留后。”1949 年以后修纂的《仪征市志·大事记》记载：“唐广德二年盐铁兼转运使刘晏于诸道置十三巡院，其中白沙巡院设于扬子境内。”第八篇《交通、邮电、供电》第一章《漕运、盐运》则记载：“扬子巡院仓库设在白沙，为东南第一大转运仓。”这里涉及扬子院和白沙巡院。

根据史料记载，设置十三巡院是刘晏改革盐法的重大措施之一，起初主要是为了加强淮盐的缉私和管理。安史之乱后，北方遭到战事破坏,社会生产衰落,不少藩镇赋税不再上缴,朝廷财政几乎全靠江淮赋税盐利支撑。盐铁使刘晏提出"因民所急而税之,则国用足",意思是说食盐是老百姓生活必需品,在食盐领域征收重税一定可以迅速充填国库。他改革官产官销政策,推行"民制、官收、商运、商销"的食盐专营模式,官府既卖食盐赚取重利,又向商人征收重税。该政策实施后,盐税盐利的收入占财政总收入一半,可谓"天下之赋,盐利居半"。为了加强管理,打击走私,刘晏在盐的主要产区和经销地区设置了十三个巡院。

《新唐书·食货志》逐一记载了巡院设置的地方和职能:"自淮北置巡院十三,曰扬州、陈许、汴州、庐寿、白沙、淮西、甬桥、浙西、宋州、泗州、岭南、兖郓、郑滑,捕私盐者,奸盗为之衰息。"记载很明确,十三巡院中包含有白沙巡院和扬州巡院。白沙与扬州相距很近,两处同时分别设置巡院,是因为开元二十六年开通瓜洲运河后,大运河在扬州以南分为两汊,浙东西诸郡运输船只经由瓜洲运口,湖、广、江西等地船只经由仪征运口,两处都是重要运道。

扬州、白沙两处巡院曾一度改名为"纳榷场"。《旧唐书·食货志》记载,其后六十年即长庆元年(821)三月,"盐铁使王播[①]奏:'扬州、白沙两处纳榷场,请依旧为院'"。他同时还奏请了其他相关事项,结果"并从之"。由此可以确定,白沙巡院和扬州巡院在之前和其后是长期存在的,之所以"请依旧为院",可能是"纳榷场"职能比较单一,不能适应漕、盐运管理的需要。这时扬子院已经存在,史载韩洄、程异、韩匀等任扬子留后都是在长庆之前。所以,学界关于扬州巡院即扬子院的说法值得商榷。

---

① 王播(759—830),字明扬,并州太原(今山西太原市)人。元和年间,担任盐铁转运使,掌管国家财赋。长庆初年,拜中书侍郎、同平章事,成为宰相。

巡院的职能,《新唐书·食货志》记载主要是打击私盐,并且取得明显成效。《旧唐书·食货志》说是"纳榷",用现在的说法就是缴税或是缴纳交易费。韩愈《论变盐法事宜状》说:"国家榷盐,粜与商人;商人纳榷,粜与百姓,则是天下百姓,无贫贱富贵皆已输钱于官矣。"当时有"巡院纳榷"的说法,就是在巡院交付榷价后换取盐券,这样诸巡院往往积蓄大量钱币。由于巡院多设在便于转输的交通要道,因此所储钱币随时可以调入京师或就近赡军。白沙和扬州两处巡院改名"纳榷场",更加突出了征收专卖税费的功能。后来到了宋时,"榷场"成为在边境设置的同邻国互市市场的称谓。范文澜、蔡美彪等所著《中国通史》说:"宋金战争停止时,双方都在淮河沿岸及西部边地设立贸易的市场,称为'榷场'。"

《新唐书·班宏传》又说:"扬子院,盐铁转运之委藏也。"前文也有扬子巡院仓库在白沙语,可见又是仓储的场所。增加仓储的职能是因为朝廷相关管理体制有了变化。《旧唐书·食货志》记载,代宗时,刘晏由盐铁使成为盐铁、转运二使,凡漕事亦皆决于晏。"盐铁兼漕运,自晏始也。"自刘晏后,盐铁、转运逐渐合为一使,称"盐铁转运使"。这是体制上的一项重大变化,为后来加强和改善漕运创造了条件。刘晏统管盐漕运后,"始以盐利为漕佣",用盐利补充漕运经费的不足,开创了漕运的全新局面。所以,白沙设置了大型粮仓,为东南第一转运仓。不仅淮南盐在这里集散,江南诸省上缴的税谷经长江运抵后也由这里转运,白沙成为淮盐和漕粮中转的重要港口和集散地。

巡院还有一个重要职能,即市场调查,平抑物价。《资治通鉴》记载:"晏(刘晏)有精力,多机智,变通有无,曲尽其妙。常以厚直募善走者,置递相望,觇报四方物价。虽远方,不数日皆达使司。食货轻重之权,悉制在掌握,国家获利,而天下无甚贵甚贱之忧。"

意思是说,刘晏安排在各道设置的巡院官,高薪招募善走的人或是快骑,隔不远就设驿站,专门了解和汇报各地物价高低和市场动向,即使遥远的地方的物价,不用几天就知道了。这样就能够调节物价高低,让全国物价保持平稳。

扬子院的出现是在十三巡院设置之后,而且是作为中央盐铁使司的派出机构,机构性质和职能是明确的。

《资治通鉴》记载:“扬州扬子县,自大历以来,盐铁转运使置巡院于此,故置留后。”留后是唐代节度使、观察使缺位时设置的代理职称。而盐铁留后则是代本使主管漕运、盐利,往往还涉及财政税务等。如元和五年(810),以扬子盐铁留后为江淮以南两税使。八年,以崔倰为扬子留后,淮岭以东两税使。扬子留后的地位也是很高的,如韩洄以屯田员外郎知扬子留后。程异先是以虞部员外郎充扬子院留后,后来又以检校兵部郎中再次知扬子留后。正是因为其实际行使着发运使司的职责,“广明(880—881)初,高骈奏改扬子院为使”[①]。

史料记载,刘晏建立的管理体系务实高效。白沙巡院作为十三巡院之一,起初主要职能是打击私盐,后来又有榷税和交易的职能,同时具备粮食大型储藏转运功能。扬子院置留后,是江淮地区漕运和盐务的主管部门,属于国家机构,“帝命分留务,东南向楚天”。扬子院的管辖范围和权力远远大于白沙巡院,白沙巡院是扬子留后辖下的管理机构。

扬子院的地点,道光《重修仪征县志》说:“扬子院,在扬子县。”又说:“陆《志》云,‘在扬子县者,仍宋《志》旧文,乃宋之扬子县也,县即州之子城。’宋使馆镜芗亭,在子城内。郝经《记》云:

---

① 〔清〕王检心监修,刘文淇、张安保总纂《重修仪征县志》。

‘亭则真古扬子院。’可引为证。若唐之扬子县，张榘（明嘉靖《仪真县志》主撰，笔者注）曰：‘距润州不过二三十里。’即今新城以东，瓜洲以西境。今扬子桥去府甚迩，可求其故。”既说它是在白沙镇即今天的仪征城区，又没有否定在唐时扬子县治的可能。

郝经（1223—1275），字伯常，泽州陵川（今山西陵川县）人。元朝初年著名大儒。中统元年（1260），以翰林侍读学士，充任国信使，奉诏出使南宋，被奸相贾似道拘于真州十六年。至元十一年（1274），忽必烈兴兵攻宋，迎接郝经回归，他于途中患病，死于大都。郝经在真州被拘之地为子城内忠勇军营总制真州军马治所，其住馆之外东偏有一个水亭，叫作镜芗亭。郝经作《记》说：“自唐刘晏管盐铁，江淮之人仰食海盐，于是置扬子十院，漕盐以给江淮，而运行入于州中。”又说：“亭则真古扬子院，今运司后，其东南垣墉则扬子故县城也。”[1] 郝经作为学者，又在真州长达十多年，其说应该可信。

如方志所述，因为唐、宋两朝扬子县治不是在同一个地方，后世关于扬子院的地点存在不同的说法，另外还有扬州说。扬子院与十三巡院的关系同样需要进一步研究和探讨。但是扬子院和白沙巡院的历史存在，已经足以证明唐时仪征运河和扬子县及白沙镇在漕、盐运中的重要地位和作用。

借塘济运始于杜亚

唐时大运河水源十分紧缺，“止患水少，不患水多”。《旧唐书·食货志》有“至扬州入斗门，即逢水浅”“至四月已后，始渡淮入

---

① 〔清〕王检心监修，刘文淇、张安保总纂《重修仪征县志》。

汴,多属汴河干浅”的记载。为了解决水少的突出矛盾,当时多次整修“扬州五塘”,向运河补水。

据《广陵通典》记载,东汉时期陈登担任广陵太守时,在城西兴建了上雷、下雷、小新、句城、陈公五座水塘,史称“扬州五塘”。其中陈公塘最大,为五塘之首。句城塘次之。上雷、下雷、小新三塘相连,小新塘在上,上雷塘居中,下雷塘在下,三座水塘面积都比较小,当时均属江都(今扬州市维扬区境内)。

陈公、句城二塘在仪征境。陈公塘位于龙河集以北,白羊山以南。《宋史·河渠志》记载:“其塘周回百里,东、西、北三面,倚山为岸,其南带东,则系前人筑垒成堤,以受启闭。”明隆庆《仪真县志》说,塘堤“凡八百九十余丈,环汉三十六,毕汇于此”。大塘周长有九十余里,面积达万亩有零,正常年景能够解决周围九十多里农田的灌溉用水。其规模应该超过现在仪征最大的水库月塘水库,达到现代大型水库的标准。

句城塘又称勾城塘、勾城湖。据《辞源》释义:“勾,本作句。通钩。”其位置在今天的牌楼脚以北友谊河上,也就是仪征的刘集和新集镇以及扬州市邗江区的杨庙镇一带。唐贞观十八年(644),扬州大都督府长史李袭誉[①]在原有工程的基础上进行修筑,修筑后的句城塘东西宽三百五十丈,南北长一千一百六十余丈,灌溉农田达到八百顷。

起初,五塘主要用于农田灌溉,直到唐时起才用来发挥济运的作用,并一直延续到明代中叶。塘水济运,就是将五塘的水引入大运河,补充水源,保证通航水位。陈公塘水沿太子港(今龙河)、

① 李袭誉,字茂实,金州安康(今陕西安康)人。出仕隋朝,任冠军府司兵。入唐后任太府少卿、安康郡公、潞州总管,多次升迁至扬州大都督府长史、江南巡察大使,后召入朝廷任太府卿,再升任凉州都督,改任同州刺史。

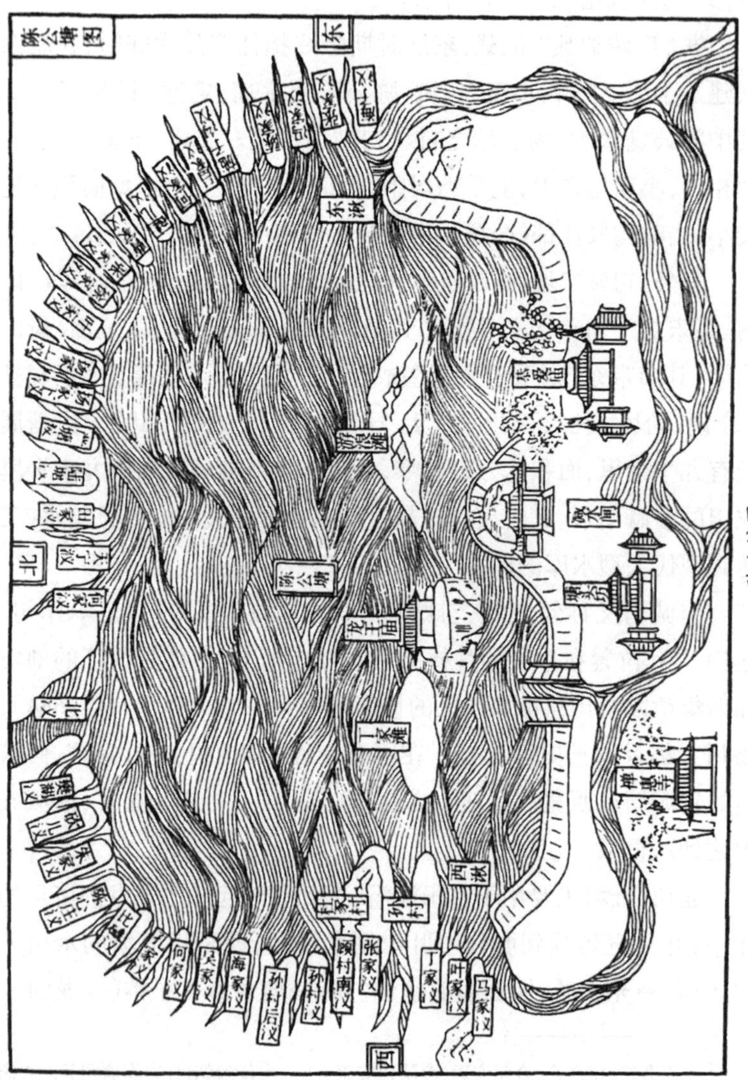

陈公塘图

句城塘水沿乌塔沟（今上游为友谊河，下游为乌塔沟）南流进入仪（征）扬（州）运河，上雷、下雷、小新三塘的水则沿槐子河流入湾头运河，借此“流通漕运”。

唐贞元四年（788），运河淤积，漕船堵塞，“淮南节度使杜亚乃浚渠蜀冈，疏句城湖、爱敬陂，起堤贯城，以通大舟”[①]。爱敬陂即陈公塘，大运河借塘济运就是从这时起揭开序幕。长庆年间（821—824），盐铁使王播自七里港引渠，东注官河，以便漕运。

元和年间，淮南节度使李吉甫在运河筑平津堰，平缓水流。同时，为了济运，又疏浚了太子港（今龙河）和陈公塘。

唐时南北大运河地势南高北下，与今天运河形势迥然不同。南北水头差大，水留不住，漕运就不能正常。为了使水平缓流，淮南节度使李吉甫在运河上建设平津堰，用以拦水蓄水，“泄有余，防不足”。李吉甫（758—814），字弘宪，赵郡赞皇（今河北赞皇）人。李吉甫早年以门荫入仕，补左司御率府仓曹参军，贞元初年，迁太常博士，转屯田员外郎、明州长史、忠州刺史、柳州刺史、考功郎中、中书舍人等职。元和年间，李吉甫两次拜相，一度担任淮南节度使，爵封赵国公，策划平定西川、镇海，削弱藩镇势力，裁汰冗官、巩固边防，辅佐唐宪宗开创“元和中兴”。元和九年，李吉甫去世，追赠司空，谥号忠懿。李吉甫著有《元和郡县图志》，是我国现存最早的一部地理总志。

如前文所述，过去仪征有堰河，就是明、清时文山祠前面河道开阔的地方。堰河在东翼城外与莲花池相通，唐时的平津堰就筑在堰河上。不过，由于时代久远，现在已经无法确定其具体位置了。

平津堰是什么样的水利工程，历史上曾经引发争论。高邮、江

---

① 〔北宋〕欧阳修、宋祁等撰《新唐书》。

都、仪征方志的记载也不一致。《高邮州志》记载,淮南节度使李吉甫“虑漕渠庳下,不能居水,乃筑堤,名曰平津堰,即今官河堤”,说平津堰是运河河堤。今天高邮市尚存的平津堰遗址,其实是明代为了实现河湖分离所开凿的康济河的西堤,并非是最早的唐时平津堰。《江都县志》记载,平津堰北自高邮、宝应,西经仪征,南至瓜洲,行回二百里,也说平津堰是漕河河堤。《重修仪征县志》记载:“唐李吉甫废闸置堰,治陂塘,泄有余,防不足,漕运流通。”言简意赅,不仅说明了平津堰是堰坝,而且把它的功能作用也说得很清楚,是为了拦水保水,水多则泄,水少则蓄。

清代仪征籍学者刘文淇为此作了大量的研究考证后认定,平津堰是“置堰于河中,使上下之水得其平,水不得下走,有余始泄之,故谓之平津堰,水平则无流”。因此他在《扬州水道记》中断言,平津堰“绝非今日之高宝运堤也”,解释了历史悬疑,辨明了正误。

筑了平津堰以后,效果怎么样呢?唐代散文家、哲学家李翱《来南录》写道:“自邵伯至江,九十里。自润州至杭州,八百里,渠有高下,水皆不流。”李书是日记体文集,书中所记都是作者亲身所历。既然河渠有高低落差,而水却保持平缓不流。为什么呢?当然是因为有堰在河中,可见筑平津堰取得了预期的效果。

据史书记载,李吉甫在淮南节度使任内有两件突出的事,一是筑平津堰;二是筑堤修塘,灌溉农田数千顷。后人可能把这两件事混淆在一起,以至出现了记载的错误。

在运河上筑平津堰有利也有弊。它解决了河水往下流走的问题,同时也给过往船只增添了过堰的麻烦。但是在当时的条件下,利弊相比,利大于弊,只能取利存弊,或者说两弊相比取其轻。

为了控制水流,蓄水保水,便利通航,唐时运河上配套建设了不少水工建筑物。开元十九年(731),仪征运河入江口已经出现了用于挡潮和通航的斗门。这种斗门是用坚木拼成,关闭时能够拦潮挡水,打开则可以让船只通行。唐朝法典《水部式》记载的“扬州扬子津斗门二所”,是我国初期的船闸。虽然它还不是真正意义上的船闸,但是在当时已经非常先进,在漕运中发挥了积极的作用。

白沙和扬子

唐时今仪征县城一带为白沙镇,原属江都,后属扬子县。

白沙的地名最早出现在汉武帝元狩六年,汉武帝立子刘胥为广陵王,广陵国辖广陵、江都、高邮、平安四个县。白沙在广陵、江都之间,因为地多白沙,故名。这个说法直到南宋时仍有史料可以佐证。开禧间,在讨论维修加固真州城时,枢密院有札子云:“真州旧城多白沙不实,须是取北山黄土夹筑。”后来由于远处取土代价太大,这个意见没有被采纳,但古时真州城多白沙却是无疑的。

元封五年,仪征一带置舆县,有白沙村、广陵乡。

南北朝时为白沙洲,属戍守要地。南齐建元初年曾在这里置一军,以防北魏南侵。

唐时为白沙镇。南宋陆游《入蜀记》记述经过真州情形时说:“真州,唐扬子县之白沙镇。”白沙镇的形成和发展顺应了我国早期市镇发展的一般规律,市是交换地点,镇为军事戍守地。早在东晋、南北朝时期,白沙就是军事设防之地。既然设镇驻军,各种供应便随之而来,久而久之便成为市井繁华所在。同时,白沙又是长江和运河交汇处的渡口良港,具有良好的地理优势。既为交通要道,商旅往来,群众往往自发组织起交易市场,即所谓草市。如杜牧《上李太尉论江贼书》说:“凡江淮草市,尽近水际,富室大户,

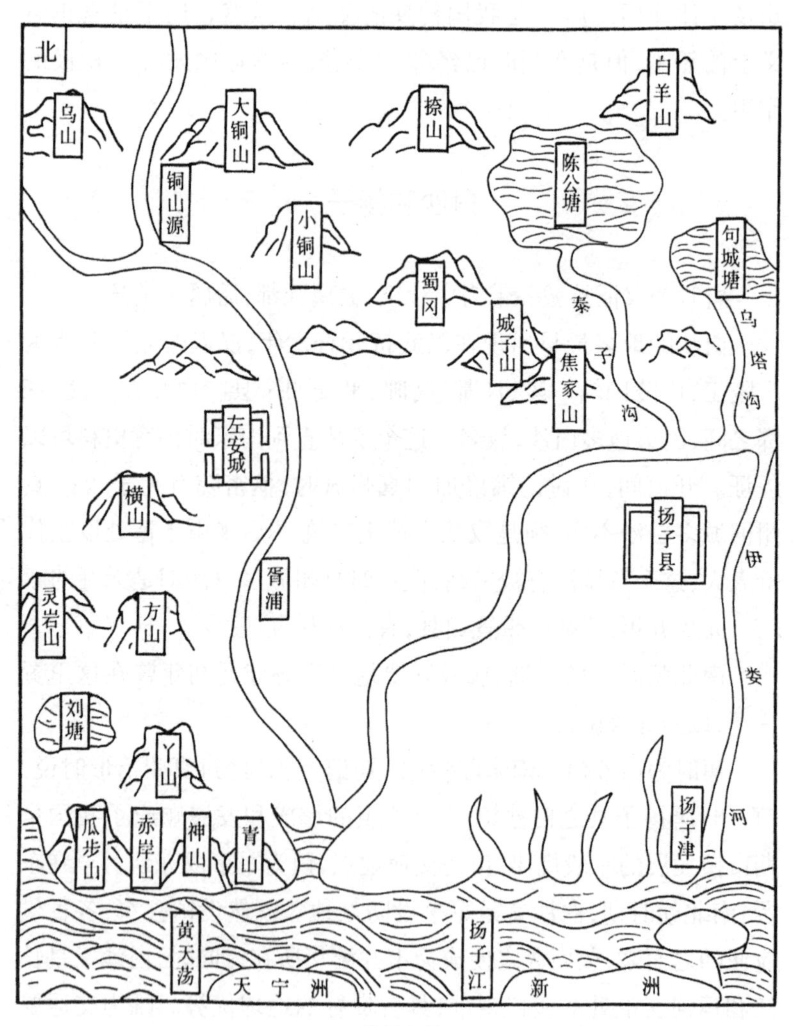
北
乌山
大铜山
掠山
白羊山
铜山源
陈公塘
小铜山
句城塘
蜀冈
秦
城子山
乌
子
焦家山
塔
沟
沟
左安城
横山
扬子县
胥浦
伊
灵岩山
方山
娄
刘塘
丫山
扬子津
河
瓜步山
赤岸山
神山
青山
黄天荡
扬子江
天宁洲
新
洲

唐仪征图

多居其间。”

淮南盐的集散和漕粮的转运，更加速了白沙的兴起和发展。方志史料的一个个片段记载，真实反映了当时的社会和经济状况。

道光《重修仪征县志》引旧志说：“真为寰宇达道，富庶于隋唐。”“仪真风俗见诸载籍者，随代而殊……唐之喜商善贾。”

扬子江楼，唐置转运使时建。南宋庆元间，郡守吴洪[1]因楼圮废，再建于鉴远亭北，更名“俯江楼”。开禧丙寅(1206)，毁于兵火。嘉定间，郡守丰有俊再建，易名“江淮伟观”。唐孙逖有《扬子江楼》诗：

扬子何年邑，雄楼作楚关。
江连二妃渚，云近八公山。
驿道青枫外，人烟绿屿间。
晚来潮正满，数处落帆还。

白沙亭，建于唐，在白沙洲境。南宋嘉定间，郡守方信孺[2]移于注目亭故址再建。唐代诗人韦应物游白沙，在白沙亭上遇到一位曾在皇宫里担任侍卫的吴地老人。韦应物年少时做过唐玄宗近侍，出入宫闱，后来曾任苏州刺史，人称“韦苏州”。相似的经历使两人大有他乡遇故知的感觉，于是脱衣沽酒，打开了话匣子，尽兴讲述宫中旧事。韦应物因此作《白沙亭逢吴叟歌》：

龙池宫里上皇时，罗衫宝带香风吹。

---

① 吴洪，字仲宽，天台人。详见本书《治水人物篇·吴洪》。

② 方信孺，字孚君，兴化军人。南宋嘉定间任发运判官，迁知真州，任上谋划以水御敌，筑北山塘。

满朝豪士今已尽，欲话旧游人不知。
白沙亭上逢吴叟，爱客脱衣且沽酒。
问之执戟亦先朝，零落难艰却负樵。
亲观文物蒙雨露，见我昔年侍丹霄。
冬狩春祠无一事，欢游洽宴多颁赐。
尝陪月夕竹宫斋，每返温泉灞陵醉。
星岁再周十二辰，尔来不语今为君。
盛时忽去良可恨，一身坎壈何足云。

弥陀院，在县治东南。观音院，在鼓楼西街。清修院，在小市街。释迦院，在大市街。四院皆唐善慧公主清修之所。南宋绍兴间（1131—1162）复建，后废。明洪武间，相继修复。

佛塔（天宁塔），唐景龙三年（709）泗州和尚化缘在白沙镇所建，用来镇江沙，也就是镇水。可见，当时塔距离长江不远。建塔时又在塔后建永和庵。北宋崇宁中（1102—1106），永和庵改建成报恩光孝寺。苏轼在真州抄写《光明经》的楞迦院就是永和庵原址。政和中（1111—1117），改名为天宁禅院，塔以寺名，从此称为天宁塔。南宋绍兴年间，再更名为天宁万寿禅寺。佛塔建成后，几经兴废，现存的佛塔为清康熙二十七年（1688）重建。塔的内部为正方形，层层收缩，交错上升。外部为正八方形仿楼阁形状，层层有回廊，气势不凡，十分壮观。据说，过去塔高近 70 米，后来因为地面增高，塔座被埋，顶部宝刹相轮又被战火烧毁，现在的高度只有 47 米。天宁塔后来在太平天国战争中被焚烧，于是剩下今天光光的塔身。

可以想见，唐时白沙镇已经达到了相当的规模。

唐永淳元年（682），分江都县设扬子县，自扬子桥以西皆隶扬子县。即“废(扬子)镇置县,因镇为名”,陆《志》说“地为扬子县之白沙镇”。这是仪征在舆县撤销246年后又重新置县。据《汉唐方志辑佚》记载,唐人曾著有《扬子图经》,可惜早已失传。

扬子作为古地名,与仪征有着紧密的联系。扬子地名最早出现于南北朝。北宋郭茂倩《乐府诗集》卷七十二“杂曲歌辞”收录有南朝民歌《长干曲·古辞》:“逆浪故相邀,菱舟不怕摇。妾家扬子住,便弄广陵潮。”但是各书所录并不相同,如《唐诗三百首详注·李白·长干行》即注:“唐以前的《长干曲》仅无名氏一篇,如‘逆浪故相邀,菱舟不怕遥。妾家广陵住,便弄广陵潮’。从内容看是当地民间歌曲。到了唐代,文人仿作的不少。”《北齐书·段韶传》记载有“扬子栅”,指军队驻扎在扬子的营寨。

《隋书》卷四十八记载:“贼朱莫问[1]自称南徐州刺史,以盛兵据京口。(杨)素[2]率舟师入自杨子津,进击破之。”这是史书关于扬子津的最早记载。

不过,历史上关于扬子津所在地一直有不同的说法,一说在仪征,一说在邗江,明清之际著名学者顾炎武[3]的《天下郡国利病书》则两说并存,可见争论由来已久。有些史料说是在仪征下游邗江境内的扬子桥。如清时曹寅在《重修东关石闸记》中,把隋开邗沟“自山阳至扬子入江”,误成“至扬子桥入江”。扬子桥在今天的仪扬河与瓜洲运河交叉处的三汊河,往西通仪征,朝南达瓜洲。扬

① 朱莫问,江南人李稜等聚众为乱,朱莫问自称南徐州刺史,以盛兵据京口,为杨素所破。

② 杨素(544—606),字处道,弘农郡华阴县(今陕西华阴市)人。隋朝权臣、诗人、军事家。

③ 顾炎武(1613—1682),南直隶苏州府昆山(今江苏省昆山市)千灯镇人。明末清初的杰出的思想家、经学家、史地学家和音韵学家,与黄宗羲、王夫之并称为明末清初“三大儒”。

子桥最初为世人所知是因为宋建炎三年(1129)发生的一件大事。当时宋高宗赵构驻跸扬州,金兵奔袭南下,直取扬州,赵构仓皇逃跑,金兵一直追到扬子桥,在身边将士拼死掩护下,赵构才得以从瓜洲渡江逃到镇江。

《扬州水道记》说:“然伊娄河未开之先,扬子桥以南实不通舟楫。”“是伊娄河未开以前,凡渡江者皆由六合之瓜步、仪征之扬子津也。”又说:“唐梁肃《通爱敬陂水门记》云:‘当开元以前,京(口)江岸于扬子,海潮内于邗沟。’所谓‘扬子’者亦指扬子津而言,非谓今之扬子桥也。”明确指出扬子桥并非扬子津,否认扬子桥是隋朝和唐初时期南北大运河(邗沟)入江的口门。

史料记载中有一个情况值得研究探讨,南北朝时期邗沟入江口是欧阳埭,隋代变为扬子津。其间,从欧阳埭最后有载到扬子津最早出现,基本是连续的,几无间断,隋炀帝开邗沟“至扬子入江”尚在其后 15 年。盛成先生《重刊〈真州竹枝词〉序》说:“仪征县城古称欧阳埭,隋称扬子津。”根据诸多史料推测,扬子津当是欧阳埭的换名,东晋、南北朝时称为欧阳埭,隋或是南北朝与隋之交时叫作扬子津。

由于扬子津是沟通大江南北的津口要地,从来不甘寂寞的文人骚客也来凑热闹,李白有诗句“挥策扬子津”和“汉水东连扬子津”等,大家的诗作使扬子津的知名度跨越时空,声名远扬。瓜洲新河开通后,又有大量诗作吟诵,诗人把老津渡与新运口联系起来,留下了扬子津与瓜洲相属的印记。将扬子津之名用于瓜洲未尝不可,但是瓜洲的形成和伊娄河开挖的史实足以说明,瓜洲绝不可能是隋和唐初时期的扬子津。

扬子江之名也始于隋。隋诗人柳䛒有《奉和晚日杨子江应教诗》和《奉和晚日杨子江应制诗》,现录其前者:

大江都会所，长洲有旧名。
西流控岷蜀，东泛迩蓬瀛。
未睹纤罗动，先听远涛声。
空濛云色晦，泱坌浪华生。
欲知暮雨歇，当观飞旆轻。

扬子江最初是指长江仪征一带河段。新中国建立后编修的《江苏省志 · 水利志》记载："仪征至瓜洲长江河段古称扬子江。"唐时，扬子江的范围已经扩大到南京以下长江河段。《读史方舆纪要》引成书于唐元和年间的《元和郡县志》说："扬子江自黄天荡西牛步沙，与建康为界；由瓜步下小帆山，经仪征境内，东下至铁丁港、鹅翎蘸，与镇江分界。东北趋江都，径通州入海，所谓扬子江也。"此后，扬子江的名字越叫越响。清乾隆五十八年(1793)，英国使者马嘎尔尼到中国后，在与清政府交流的文件中将长江称为扬子江，其后国内外文献逐渐将长江称为扬子江。

隋又有扬子宫。隋炀帝开邗沟后，三下江都，沿途建造离宫四十余所。大业七年(611)，隋炀帝临扬子津时置扬子宫。扬子宫的地点也有两说。一说仪征以东有临江宫，又名扬子宫，但是南宋地理总志《舆地纪胜》在临江宫下又单立扬子宫。清道光《重修仪征县志》按："考旧府、县志，俱不载。惟乾隆《江都县志》云，临江宫，在扬子津，一名扬子宫。"一说在方山。明隆庆《仪真县志》记载："隋帝既幸江都，春二月遂临扬子津，置扬子宫于方山。"隋时有方州，治所位于今南京市六合区方山。清王士禛《方山》诗曰：

泊舟方山港，吊古方山亭。
隋宫罗绮尽，石上藓痕青。

唐时置扬子县,又有扬子院。据仪征方志记载,扬子县治所在“新城以东、瓜洲以西境”。广德二年,刘晏改革漕运,全国设立十三个巡院,负责缉私和管理,白沙镇即今仪征市区设有白沙巡院,后又设扬子院。南宋时郝经《镜芗亭记》记述,扬子院故址就在其拘押之所真州忠勇军营新馆附近。

其后扬子县的名称几经变化。南唐升元元年(937),因徐知诰恶扬子之名而改为永贞县。北宋大中祥符六年(1013),恢复扬子县名,并移治于真州(今仪征)。之后曾经两度升为扬子军,但不久又恢复为县。元代至元二十八年(1291),移扬子县治新城。明洪武二年(1369),撤销真州和扬子县,设仪真县。清雍正元年,避胤禛讳,改仪真县为仪征县。清宣统元年(1909),避溥仪讳,仪征县改称为扬子县。1912 年,扬子县又改为仪征县。如是,历史上仪征以扬子为县名长达 600 余年。可以说,扬子的根在仪征。

北宋篇

真州取代隋唐时期扬州地位

江淮、两浙、荆湖发运使驻跸真州

北宋定都开封,漕运线路较唐时缩短近半,又着力整治运河,所以运输能力大增,很快超过隋唐,年漕运量创造中国漕运史之最。以东南漕运而言,岁漕江淮米常在五六百万石,真宗、仁宗朝更达800万石。此外,金帛盐茶布等"东南杂运"均由运河运送。

为了有效地组织、管理漕运,特别是解决漫长而繁重的东南漕运出现的问题,宋时专门设置了独立的漕运官职。中央设三司使总领漕政,地方上的管理机构为转运司和发运司,转运司负责征解,发运司负责运输。但是,随着转运使遍布全国,逐渐成为路级行政区的财政及监察的主官,地方化倾向明显,发运司成为漕运管理中最关键的机构。

宋初由于发运使多为京官兼任,尚未置司,只在京师视事。太平兴国八年(983),初置水陆两路发运于京师,名称为江淮制置发运司。

淳化三年(992),置司真州,官一员。胡宿《通江木闸记》说:"淳化中始建外台,并置大使,领山海经画之重,督星火期会之严,九赋敛财,日以商夫,功利万艘衔尾,岁乃实于京师。"据载,其发运之权,比诸路为重。

除在真州置司外,泗州也曾置司。至道年间(995—997),置发运使和发运副使分驻真州、泗州,代表中央专门负责东南地区的漕运管理。真州者督促江浙等路的粮运,泗州者督促从真州到京城的粮运。

大中祥符间(1008—1016),置江淮、两浙、荆湖发运使司于真州,真州是发运使和副使驻跸的本司。清道光《重修仪征县志》引旧志记载:"在子城外东南隅,翼城内。"欧阳修《东园记》说:"真州当东南水会,故为江淮、两浙、荆湖发运使之治所。"明邑人蒋山卿《河渠论》说:"宋之转运,则尤以扬子为要区。乃置发运使治其地,以总天下之漕。"其实,发运司不但掌漕运之事,还兼制茶、盐之政,宋初朝廷即置茶务于真州榷税。

在漕运方法上,北宋承袭唐代转般法,但有新的发展。清道光《重修仪征县志》记载:"宋淳化初,仍以淮南发运使分调舟船,由真州溯流入汴。"杨允恭主持淮南漕运后,即着手进行改革,重点是明确规定漕运路线和确立完整的转般制度。明隆庆《仪真县志·官师考》"发运使"条目下记载:"杨允恭,绵竹人,淳化初任。改制置,大兴盐法,利以巨万计,号有'胆干'。"

当时,真、扬、楚、泗四州共有转般仓七所,三所在真州,两所在泗州,其余在楚州、扬州。具体分工为:真州接纳江南东西两路和湖广南北两路的上供粮物,扬州接纳两浙地区的上供粮物,泗州、楚州分别接纳淮西和淮东地区的漕粮。真州在漕运中的位置越显重要,史称"真州乃外江(指长江)纲运会集要口",成为两淮、江浙诸路的主要货物集散地,取代了隋唐时期扬州的地位。

史载"自仁宗朝至崇宁初,发运司常有六百余万石米、百余万缗之蓄;真、泗二仓,常有数千石之储"。因此,转般法更有深层意义，转运判官向子諲说："转般之法，寓平籴之意。江、湖有米，可籴于真；两浙有米，可籴于扬；宿、亳有麦，可籴于泗。坐视六路丰歉，有不登处，则以钱折斛，发运司得以斡旋之，不独无岁额不足之忧，因可以宽民力。"①

宋时沿用了唐代"漕盐统于一人"的管理体制，发运使兼制置茶盐事。比唐代更进步的是，宋代将转般法和般盐法结合起来。真州（建安军）是淮南盐的主要输出地，年转运量为7810多万斤。淮盐运输的线路，据明道间（1032—1033）参知政事王随说，是"自通（州）、泰（州）、楚（州）运至真州，自真运至江、浙、湖、广"②。明隆庆《仪真县志》说："维时盐为重货，系民食，然非扬子所产，特寄径转般，权征足国而已。"

真宗时，李沆任发运使后推行改革，实施漕盐结合的运输方法。李沆，字大初，洺州肥乡人，太平兴国五年进士，累进翰林学士，真宗朝参知政事。去世后，赠中书令，谥文靖。清道光《重修仪征县志》记载："宋初，盐钞未行，于建安军置盐仓，令发运。时李沆为发运使，运米转入仓，空船回，皆载盐，散于江、浙、湖、广。诸路各得盐，以资船运。"又载："转般仓，在州城宁江门外西南。宋天圣七年（1029）置，转漕诸路米达于汴，以发运司主之。"通泰各盐场生产的盐运到真州储入盐仓，江南各地漕船到真州后，将粮食卸下，再装上盐返回。卖盐所得充本路经费，使各路漕运得以补贴，大大提高了漕、盐运的效率和效益。这样的运输方法史称"转仓法"。《重修仪征县志》云："转般之法，始于唐。转仓之法，则始

① 〔元〕脱脱、阿鲁图等撰《宋史》。
② 〔清〕王检心监修，刘文淇、张安保总纂《重修仪征县志》。

于李沆也。”“是后，张纶[①]、徐的等为发运使，皆能疏通盐利，课额顿增。”

宋时著名学者黄履翁评价说：“盐者，吾民之日用不可有缺，所以天地间无地无之。然大农国计所仰，惟淮海最资国用。我宋盐钞未行，置仓建安，江、浙、湖、广以船运米入真州，因船回载盐，而散江、浙、湖、广。此之发盐得船为便，彼之回船得盐为利。国不匮而民亦足，费益损而利益饶。漕盐统于一人，转运资其两便，此李沆之立法善也。”[②]

庆历初，东南漕运出现了问题，导致京师粮食供应紧缺。参知政事范仲淹举荐许元为江淮发运判官。许元，字子春，宣州宣城（今属安徽）人。以荫补官，历仕国子监博士、三门发运判官。后来徙居泰州海陵，遂成海陵望族。又历知扬州、越州、泰州。许元到任后采取果断措施，创造性地发挥“和籴制”的作用，先火速调集濒江州县仓储的粮食，然后留足当地三个月的口粮，“远近以次相补，”其余集中安排千余艘船只从速北运进京。“未几，京师足食。”

其后，许元由判官升为副使，再升任发运使。皇祐时期，许元着手深化改革，重点是进一步强化“和籴制”的调节作用，改善和加强漕运的组织管理。许元吸取唐代刘晏的成功经验，在发运司备有巨款，充作“籴本”，每年都派人到丰收地区购粮储仓，每年都能籴存入仓粮食约200万石，用以暂补缺额，叫作“代发”。然后将代发的粮米，按数折变成钱币，称作“额斛”，再加一定数额的“水脚”运费，由代发地区的粮户如数交纳。这种固定代发制度，

① 张纶，字公信，宋代颍川汝阴（今安徽阜阳）人。出任江淮制置盐运副使，改革盐税旧制，增设盐场，使盐课扭亏为盈。

② 〔清〕王检心监修，刘文淇、张安保总纂《重修仪征县志》。

充分发挥了政府调剂补缺的功能,不仅稳定了国家所需的漕米和其他物资数额,而且还起到平衡有关地区物价的作用,也为王安石变法实行“均输法”奠定了基础。

接着,许元又改善了漕运的组织管理,增强各路转运司的相互配合作用。过去一度由发运司直接指挥各路及州县的漕运,并组成“团纲”,集中使用漕船,但是效果并不理想,不仅造成自身事务繁忙、管理混乱,各路转运使也因为失权而疏于配合,甚至有意掣肘。有鉴于此,许元奏准各路漕运仍由各路转运使管理,同时明确由发运司全权领导安排东南六路漕运,并进一步确定彼此的分工和权限,加强统一规划,坚定继续实行转般制度。这样,既解决了转运司官卑权小,无力监督和协调漕运事务的问题,又保护了各路转运使的主动性和积极性,全盘棋又重新走活起来,客观上也稳定和巩固了真州在漕运中的中心地位。

许元的改革整顿,稳定了东南六路的转般形式,增强了发运司统领全局和调动各方力量相互配合的作用,基本上扭转了北宋前期漕运管理上的混乱状况,收到了良好的效果。欧阳修评说许元:“公为吏,喜修废壤,其术长于治财。”[①]盛赞他“修前人久废之职,补京师匮乏之供,为之六年,厥绩大著”[②]。又说,许元“每岁终,会计来朝,天子必加恩礼。特赐进士出身,官至士部郎中、天章阁待制”[③],是为稳定国家经济作出重要贡献的朝廷重臣。许元也因此与真州结缘,在真州任职后即举家迁居真州,死后葬扬子县甘露乡,许氏即以扬子县甘露乡为茔地。

熙宁、元丰年间,王安石变法,发运使薛向顺应变法形势实行

①③ 欧阳修《尚书工部郎中充天章阁待制许公墓志铭》,《全宋文》卷七五五。
② 欧阳修《海陵许氏南园记》,《欧阳修集》卷四十。

漕运制度改革，主要内容是贯彻执行“均输法”，充分合理安排东南漕运。他还募集部分商船参与漕运，“与官船分运，以相检查”，减少官运过程中的侵盗现象。隆庆《仪真县志·官师考》“发运使”条目下记载：“薛向，字师正。募客舟分载，以察纲舟沉溺之假，夺官舟之冒占，立诸运等式而诛赏之。”

经过一系列的改革措施，北宋漕运各种制度和措施日臻完善，漕运充分发展，促进了社会经济的空前繁荣。在改革过程中，真州漕运中心的地位也不断得到巩固和提升。

自淳化初起，北宋转般法实行了110多年。崇宁以后发生了变化，蔡京“欲取岁漕以姿妄费，故力行直达”。直达法，即不再分段运输，“虽湖南、北，亦直至京师”。政和三年（1113），“毁拆转般诸仓”。至此，转般法被直达法取代，而“花石纲”等危害漕运事件又屡有发生，多种因素叠加导致漕运量大减，后来所入不及常数百分之一。蔡京，当朝被称为“六贼”之首。明隆庆《仪真县志·官师考》记载：“字符长，仙游人，进士，崇宁间任（发运使），变直达纲，漕事遂坏。”

盐法随之而变，改为钞法，废除东南六路官运官卖制，由商人任便向榷货务出钱购买盐钞，凭盐钞去产地领盐，再到指定的州县贩卖。榷货务是茶盐专卖机构，乾德二年（964），置于建安军，“旧在洲仓故址”。当时榷货务在全国只有六处，建安军是其中的一处。开宝二年（969），徙扬州。天圣元年（1023），再置于真州，靖康后废。盐钞实行后，榷货务已经类似于近代的商业金融机构。当商人把粮食运送到指定地点后，由“榷货务”发给“引券”，商人凭“引券”到京师领取粮款，或者换取凭证，到产盐区领盐销售。所以，真州又有了铸钱监、卖钞司。

盐钞，是宋代官府发给商人支领和运销食盐的有价凭证，后称

“盐引”“盐票”。盐钞法普遍推行于东南地区。随着官府加紧聚敛,滥发盐钞,钞与盐失去均衡,商人持钞往往不能领盐,经济秩序大乱,社会矛盾突出。不久,金兵攻入东京(今开封),北宋灭亡。

仪征运河进入船闸时代

由于漕运发展的需要,北宋非常重视南北大运河的修整改造。仪征运河也屡有整治维修的记载:天禧年间,江淮发运使鲁宗道[①]浚真扬漕河;熙宁年间,浚淮南运河,自邵伯至仪真;元符二年(1099),浚真扬运河;宣和二年,真扬运河浅涩,委陈亨伯措置;如此等等。水工技术进步尤为明显,创造了以塘潴水、以渠行水、以坝止水、以涵泄水、以澳归水、以闸平水过船通航的水工建筑联合运用新局面。尤其是船闸建设取得空前成就,复闸技术走在世界前列。

运河的名称也始见于北宋。天禧四年(1020)春,发运使贾宗开挖近堰漕路,以均水势,拆毁龙舟、新兴、茱萸三堰,开扬州运河,其线路绕城南接运渠。《宋史·真宗纪》记载:“丙寅,开扬州运河。”邗沟由此始称运河,并延续后世。

仪征运河时属淮南漕渠、淮南运河。因为属古邗沟,主要由真州通楚州,宋人又称真楚运河。真州至扬州河道称真扬漕河、真扬运河,真州河段称真州漕河、真州运河。当时航线经汴河至泗州(今江苏盱眙北,已淹没在洪泽湖中),进入淮河,至楚州南下,转入真楚运河至扬州、真州,是南北大运河的江淮段。真楚运河和汴河是

① 鲁宗道(966—1029),字贯之,亳州人。北宋著名谏臣,官至吏部侍郎、参知政事。

当时漕运最繁忙的河道。

繁忙的水运必然推动水工建筑物技术的发展和进步，真楚运河以堰闸控制水势已经相当普遍。景祐中，在真、楚、泰、高邮等州县置斗门 19 座。重和二年(1119)，造斗门 79 座。

北宋初，为了保水和平稳水流，真楚运河自“建安北至淮澨总五堰”，漕船经过每道堰上下时，“其重载者皆卸粮而过”，需要耗费大量的人力物力，又延长了运输周期，而且“舟时坏失粮”，造成许多损失。粮食反复装卸不免又带来弊端，“纲卒缘此为奸，潜有侵盗”，负责运输的一些不正派的人乘机偷盗粮食。

为了寻求破解漕运中这种不利的局面，雍熙年间，时任淮南转运使的乔维岳主持创建了“二斗门”。据载：“二门相距逾五十步(大约 77 米)，覆以厦屋，设悬门积水，俟潮平乃泄之。”并且在两座斗门之间“建横桥，岸上筑土累石，以牢其址”。[1]可见“二斗门”的结构已经有闸室、上下直升式闸门和交通桥。

古代的斗门类似现代的水闸，又称水门、陡门，可分为节水、进水、壅水、泄水、通航等多种。有些斗门虽然可以通航，但因为是单门，简称单闸，又称半船闸。所谓“二斗门”，就是将两座斗门组合起来，在斗门上设置输水设备，顺序启闭这两座斗门，通过控制两座斗门之间的水位以达到方便过船的目的，实际上构成了一座简易的复式船闸。这样，大大便利了船只通航，“自是弊尽革，而运舟往来无滞矣”。

据《宋史》记载，“二斗门”建造在真楚运河上“西河第三堰”，史称“西河闸”。西河和第三堰史载不详，历来有不同的说法。据载，五堰中楚州有一堰，其余在扬州和建安。据《扬州西山小志》

① 〔清〕刘文淇《扬州水道记》。

记载，陈集东蒲塘冈后有西河影。传说中谢集古时有地名西河冈。《江苏水利全书》的作者武同举[1]推测：“今按史称西河或因河在扬州城西得名。”

“二斗门”建造的地址，有一种说法是在今淮安河段上。明清之际的地理专著《天下郡国利病书》则说：“乔维岳于建安军并斗门二。”明确闸是建在建安军境内，也就是今天的仪征范围。清道光《重修仪征县志》说，宋代和明代的仪征旧志也有相同记载。综合诸多史料和学者意见，可以认为“二斗门”是建在仪征运河也就是今日仪扬河的前身之上。

乔维岳主持建造的“二斗门”在历史上具有首创意义。在国内，灵渠是世界上最早的有闸运河，秦代（前214）灵渠上就已经设有斗门（陡门），但是这种斗门属于单门船闸。而“二斗门”的上下游二门可以乘潮水退涨之机启闭，平水过船，代替堰闸，减免盘剥牵挽之劳，虽然简易，但已经是真正意义上的船闸，是现代船闸的雏形。

在国际上，欧洲出现船闸较早，荷兰最早于1373年在运河上出现复闸，乔维岳创建的“二斗门”比荷兰船闸还要早380多年。所以，“二斗门”不仅是我国国内最早的船闸，同时也是世界上最早的船闸；不仅是中国航运史上，而且也是世界航运史上的伟大创举。

“二斗门”出现后40年，水工技术又有了一个大的飞跃。北宋天圣四年（1026），监管真州排岸司、右侍禁陶鉴在真扬运河通江

---

① 武同举（1871—1944），字霞峰，别号两轩、一尘，海州（今江苏连云港）灌云县南城镇人。清光绪年间先后考中秀才、举人、拔贡，清末任海州直隶州通判。1911年以后，武同举曾任《江苏水利协会杂志》主编、国民政府江苏水利署主任，兼河海工科大学水利史教授，江苏建设厅第二科科长、“视察”等职。

的运道口上主持建造了真州复闸,整体构造技术比“二斗门”有了很大的进步,其运行原理已经与现代船闸基本相同。

当时,真州入江口有真阳堰。船只过堰时,必须先卸下货物,然后用人工、畜力或是辘轳绞拉上坝下坝,叫做盘坝,又叫车盘。曾经担任过扬子尉的胡宿在《通江木闸记》里描述了船只过堰进出长江的艰难:每当秋季来临时,江潮水位逐步低落,开始进入枯水期。而这时大批船只从上游来到这里,万里连樯,数以千计。这些船只要通过高高的堰进入内河,没有一定的江潮水位是不行的,所以只好日夜等待潮水的到来。潮水浅涸令人忧虑,牵引船只过堰同样非常辛苦,在堰上守卫的兵士往往通宵不能睡觉。秋冬的夜里鼓声阵阵敲响,人们一个个被折腾得疲惫不堪。官员们由于职责所在,浑身神经始终绷得紧紧的,一刻也不敢放松。一方面,船只过堰受到江潮水位的影响,往往因为潮位低不能及时通过而积压大批船只。另一方面,船只过坝的运行过程也非常艰难,人们引挽劳作十分辛苦。很显然,这样的基础设施和运输方式已经严重地制约着运输的效率和效益。

天圣年间,监管真州排岸司、右侍禁陶鉴提议修建复闸,节制水流,减省舟船过堰的劳力。排岸司属发运司,主管为排岸官,掌管纲船的调拨管理及诸仓交卸之事。工部郎中方仲荀和文思使张纶时任正、副发运使,他们完全赞同陶鉴的提议,并立即上表请求朝廷批准施行。建闸工程自天圣三年(1025)冬开工,到次年入夏时竣工。

陶鉴主持建造的是木闸,有外闸和内闸两闸。两座木闸以坚硬的条石为基础,上下游筑起牢固的堤防以防止浪水的冲刷,闸的上部以木结构为主,设置了叠梁式木门,整体构造技术比“二斗门”更加先进。

当年作为配套设施，又在澳水河上真州复闸旁侧建造了通江澳闸。“筑河开澳，制水立防”，澳闸是为复闸而建，其作用主要是利用归水澳（澳河）储蓄复闸放出来的水，实现水的循环利用。归水澳有上澳和下澳，下澳水位一般与闸室水位相平或更低，借助提水工具可以将下澳中的水提到上澳，补充水源，减少水的损耗，使复闸的运行和管理更加完备。

真州复闸建成后，极大地方便了过船，原来十分辛苦的过船一下子变得轻松了，过载能力大大提高。《梦溪笔谈》记载：“运舟旧法，舟载米不过三百石。闸成，始为四百石船。其后所载浸多，官船至七百石，私船受米八百余囊，囊二石。”“岁省冗卒五百人，杂费百二十五万。”“商旅息滞淫之叹，公私无怵迫之劳。”“岁省之费甚多，邦储之运益办。”“舟楫无阻，人皆以为利。”真州复闸的建成在运河上引发了一场变革，“自后，北神、召伯、龙舟、茱萸诸堰，相次废革，至今为利”。

陶鉴因此受到“优迁”。陶鉴，浔阳人，是朝廷左监门卫大将军。他于乾兴年间奉命来到仪征，职责是“掌水利于真州”。《通江木闸记》说他“掌临岸局，盘结必剖，精干有余”，是一个能够把握大局，遇事善于解剖分析，办事精明强干的人。

真州复闸建造的具体地址，方志记载，当时有堰河，就是唐代李吉甫建造平津堰的河段，真州闸就建造在堰河上，位置是在“县治正南三里城外”，大概在今天的城南一带。

木闸存在了近200年，对后世影响很大。北宋元丰年间，也就是闸建成50余年后，北宋科学家、著名学者沈括经过真州时实地作了考察，以“真州复闸”为题撰文，收入了其举平生所见所闻的巨著《梦溪笔谈》。南宋嘉泰元年（1201）改建石闸时，木闸已经运行了将近200年,吏部尚书张伯垓[①]《仪真石闸记》说:“陶侯鉴去堰而置闸,于是江河相入。”仍然充分肯定了木闸在历史上的贡献和作用。

真州复闸的建成虽然在乔维岳创建的“二斗门”之后,但仍然比欧洲荷兰运河上出现的复闸早347年,真州复闸和“二斗门”一样是世界上最早的船闸之一。

真州复闸是古代仪征的骄傲,它的结构已经十分接近于当代船闸,在当时的水运特别是漕运中发挥了极其重要的作用,在我国乃至世界船闸发展史上有着积极的意义。

塘水济运和车畎助运

宋时大运河“止患水少,不患水多”的局面没有改变,水源仍然十分紧缺。明隆庆《仪真县志》记载:“发运使严三日一启之制,始作归水澳河(今县东关北内河——志书原注),时有‘惜水如金’之谚,转漕赖焉。”说的是北宋绍圣间,发运使曾孝蕴注重复闸运行管理,严格启闭制度,规定船只必须定期集中过闸,以此控制水的损耗。又筑澳河储水,实现复闸排泄水源的回归利用。

又载,北宋末大旱,真、扬等州运河浅涩。朝廷责成江、淮发运使陈亨伯、内侍谭稹“讲究措置悠久之利”,拿出能够解决根本问题的方案供朝廷决策。同时还派出宦官担任中使,实地检查巡视。中使巡视后提出意见,要将运河疏浚到与江、淮一样平。但是主持讨论此事的内侍意见并不一致,对浚河的建议也不敢明确表示

① 张伯垓,南宋嘉兴府华亭(今上海松江)人,字德象。绍兴三十年(1160)进士。历任绍兴知府、国子祭酒、中书舍人兼实录院同修撰、吏部侍郎等职。嘉泰三年(1203),除吏部尚书。

可否。

于是,朝廷要求发运司研究论证,并拿出意见。发运使陈亨伯立即派遣其部属向子諲实地考察调研。向子諲考察后认为:“运河高江、淮数丈,自江至淮,凡数百里,人力难浚。”否定了浚河与江、淮平的意见。又提出在真州太子港筑坝一道,以复怀子河故道;在瓜洲河筑坝一道,以复龙舟堰;在海陵河口筑坝一道,以复茱萸、待贤堰。使真州诸塘之水,不为他河所分。他的方案被采纳实施后,运道果然畅通了。

北宋时,塘水济运已成常态。由于正常维护和运行,陈公塘保持良好的工程状态。由南唐入宋的徐铉有《寒食宿陈公塘上》诗:

垂杨界官道,茅屋倚高坡。
月下春塘水,风中牧竖歌。
折花闲立久,对酒远情多。
今夜孤亭梦,悠扬奈尔何。

大中祥符间,设置专管机构负责塘水济运的管理,“岁借此塘(陈公塘),灌注长河”,江淮制置发运使修陈公塘,建斗门、石础各1座。熙宁九年(1076),又专门修建陈公塘。靖康元年(1126),“诏淮南运使陈遘[①]引句城、陈公两塘达于沟渠”,再次借用陈公、句城塘水济运。

不过,塘水济运的前提是有塘水可用,当持续干旱大塘干涸时就无法实施了,于是北宋又曾经实行车畎助运。

宣和二年,淮南大旱,真州、扬州一带旱情尤为严重。到了秋

① 陈遘,字亨伯,零陵(今湖南永州)人。宋朝抗金将领,曾任河北、淮南转运使。

季,真扬运河水位不断下降,运道已经浅涩难行了。为了维持漕运,当时采取了一系列的措施。比如,严格禁止纲运船只擅自装载夹带其他货物,尽量控制运输船只的数量,以减少水的损耗;在支河口筑坝防止河水分流等等,也取得一定效果,缓解了一时之急。但是,由于长时间没有降雨,陈公塘等大塘存水无几,不可能向运河补充水源。所以,巧妇难为无米之炊,尽管想了不少办法,漕运的形势却越来越严峻了。

第二年开春后,旱情仍然持续。“江形刁下,河势踞高。”“岁漕多梗”,连岁大旱终于使运河航运面临全面中断状态。

漕运是国家的命脉所系,一旦京师的物资特别是粮食供应中断,其后果将是极其严重的。因此,朝廷高度重视,立即命令江淮发运副使赵亿迅速实施“车畎法”,补充运河水源,并且限定在三月中必须保证三十纲到京(宋时京城汴京,即今河南开封)。宋代官府运输以纲为单位,同类物资编组为纲,米 1 万石为一纲,铜钱万贯为一纲,金 2 万两为一纲,银 10 万两为一纲。大量货物分批起运,每批编立字号,分为若干组,一组为一纲。

“车畎法”,就是用水车人工提水,补充水源,抬高运河水位,帮助船只航运,史称“车畎助运”。

朝廷的要求显得有些操之过急,有一个叫作李琮的官员提出了自己的看法。他说,真州是外江纲运会集的重要口门,现在运河浅涩,要恢复航运不是马上就能做到的,需要制定有效的办法,实施也要有一个过程。按照他的建议,首先开挖了引水的河道。真扬运河南岸原先有 8 座泄水的斗门,与长江相距不到一里,于是选定在这里挖开斗门,形成河身,引江潮入河。又在距离长江大约十丈远的河身筑一道软坝,然后架设水车,使用大量的人工来车水,把江水翻进内河。

软坝，主要用于过船。坝的表层由土石料或软木草料组成，或者在坝身铺上柔性的柴草、树条等。古时用于通航的埭、堰、坝等均属软坝，这里修建的软坝则是为了车畎的需要，防止车水时水流侵蚀坝身。

车畎助运的场面非常宏大，又极其悲壮。数架水车一字排开，数百人集中在这里轮番上阵，夜以继日，其艰辛可想而知。“微涓注巨壑，岂足裨洪流。”可以想见，它必然是一场持久战、耐力战。所以，直到六月份旱情缓解，河水自然增涨，这悲壮的一幕才结束。

这次真州境内运河实施车畎助运，是见于史载最早的一次，但历史上并非仅此一次。明时吏部尚书、华盖殿大学士李东阳有一首诗，名为《扬子湾》，诗中形象生动地描述了天旱不雨、运河浅涩的大旱景象；漕船“拥塞如山丘”，“曳缆用巨牛”的窘迫境况；以及“谁为水车计，转汲春江头”的宏大场面，证明三百多年以后明代也曾经实施过车畎助运。由于北宋“车畎助运”史载过略，这里不妨借助李诗，来想见其宏大而悲壮的一幕：

扬州久枯旱，河水缩不流。
千夫力未强，曳缆用巨牛。
漕舟百万斛，拥塞如山丘。
将军令不行，士卒蹙额愁。
跻攀不可上，安难问归舟。
民船及贾泊，锁锁不足筹。
谁为水车计，转汲春江头。
微涓注巨壑，岂足裨洪流。
须知此天意，亦得参人谋。
坐视固非策，烦躯转为仇。

亢阳必终复，理数亦可求。
庶几沛甘雨，洗我苍生忧。[1]

与仪征和漕运有关的几条河道

真州作为东南水会冲要，湖、广、赣等地漕船都要从长江上游航行到真州，然后进入运河北上，长江上的不少浅滩险患给漕运带来了极大的风险和威胁。宋时真州一带长江江面比现在要宽阔许多，据载有18里，开阔的江面多风浪，常常波涛汹涌。上游从南京到真州，风波最急、最为险阻的是从乐官山李家漾到急流浊港口。船只航行经过时危险性很大，在这里失事的船只占到十分之一二。

因此，如何避开大江的风涛险浪，切实保障漕运安全，成为"体国体民者"们下决心要解决的难题。限于当时的科技条件，人们能够采取的最有效措施就是沿江平行开挖河道，让船只进入内河航行，尽可能减少船只在长江的航程。唐时，已经有成功的先例。开元二十六年，润州（今镇江）刺史齐浣开挖伊娄河（今瓜洲运河），使江南和两浙漕船出了江南运河，从润州过江就直接进入内河，不再逆流而上绕道仪征进入运河，避免了遭遇风涛漂损的风险，解决了下游的问题。

北宋时为了解决上游的漕运安全，先后在长江南北两岸平行开挖了三条河道——长芦口河、下新河和靖安河。其中，长芦口河和下新河在江北，靖安河在江南。

① 〔明〕李东阳《南行稿》，载明隆庆《仪真县志》。

最早开挖的是长芦口河。长芦口河从六合长芦镇附近引入江水，向东一直到瓜步(今瓜埠)以下，萦回入江。这样，漕船就可以避开大江风险处，保证航行安全。

长芦口河开于何年，由谁所开，《宋会要》和方志有载，但却不一致。《宋会要》载，北宋天圣三年，江淮发运使张纶开凿长芦口河。六合县志和仪真县志均载，北宋天禧中，范仲淹任江淮发运使，主持凿长芦口河。

虽然记载不一，但是长芦口河开挖完成了，便利了漕运，这个史实是一致的。据《六合县水利志》记载，长芦口河在清代逐渐堙塞，今南京市六合区长芦乡境内仍然有遗迹可寻。

长芦口河是在六合境内，由于青山一带有山，古时称作“铁板矶”，和江南的三江口(今南京市栖霞区境内)形成一对节点，故不宜开河。所以河道从瓜步(埠)以下至东沟一带又重新入江，绕过“铁板矶”，再从革家坡进入扬子境内，然后从真扬运河北上。

靖安河因始于靖安镇而名，由北宋宣和六年(1124)江淮发运使卢宗原[①]主持开挖。靖安镇在今南京长江大桥南，附近有古浊河。据南宋景定《建康志》说，古浊河又名靖安河。卢宗原即寻其故道，疏浚和开凿相结合，尽可能取直，经青沙夹出小江，穿过坍月港，由港尾越过北小江，入仪真新河。河道在长江南岸长约80里。

仪真新河是靖安河的配套工程，由卢宗原主持在长江北岸开凿，从黄沙潭直通真州城下，并与真扬运河相接，又在何家穴修筑了石堰。因为后来南宋在其上游也开挖了一条新河，为了便于区别，方志将北宋开的新河称为下新河，南宋挖的新河称作

① 卢宗原，北宋宣和五年(1123)任江淮、两浙、荆湖发运使。详见本书《治水人物篇·卢宗原》。

上新河。

靖安河和仪真新河的施工由上元、六合和扬子三县共同承担，各自负责所在区域内的工程。共用缗钱几万，斛米5千，21天就完工了。

上元县在长江南岸与仪征相毗邻。唐上元二年(761)，改江宁县为上元县。五代吴时，又将其分为上元和江宁两个县。自此至宋直到明清时，上元、江宁二县都是同城而治。1912年，上元县并入江宁县。靖安河故址就在今天的南京市江宁区境内。有史料称靖安河在宋时扬子县西长江北岸，其实有误。清道光《重修仪征县志》引南宋景定《建康志》说："考靖安一名河，一名镇，一名道，一名路，一地而有数名，上口可至城，下口可通江也。当宣和六年，发运使所开者，即此河，在大江之南。"

靖安河的建成，给漕运带来了福音，往来船只从此可以高枕安流80余里。所以，当时人们对这条河道工程赞誉有加，甚至说它是"万世利"。

长芦口河和靖安河都是境外河道，它们虽然不在扬子县境内，但是借以避险就安的漕船都要进入扬子，然后由运河北上，所以过去的史书方志在记载时都将其与扬子县联系在一起，认为"扬子分治之功十居八九"，这两项工程均可以直截了当地说是"功在扬子"。

还有禹王河和遇明河。清道光《重修仪征县志·纪闻》记载，过去有地师人称赖神仙，长期定居天长三元宫，他曾经走遍天长和仪征两县，察访地形，作短歌数章，并有刻本，可惜没有留存下来。据老人们相传，赖神仙走过月塘郭家冈禹王河大码头遗址时，吟诵道：

若要禹王河路开，除是禹王再出来。

过谢集北分水岭，又吟诵道：

要得真州河路通，须将湖水灌山中。
中间隔个分水岭，斩断来龙向北冲。
有人掘岭四十丈，南北通津妙无穷。
天长老河呵呵笑，从此百姓不受穷。

禹王河是否曾经流过郭冈，与谢集又有什么联系呢？清道光《重修仪征县志》作了说明：“（谢集北）分水岭横亘溪腰，岭南水归仪征，岭北水归天长。现有河影紧对，据故老云即禹王河别派也，旧由胥浦入江。”就是说，流过郭冈和谢集的是禹王河支流，直到清道光年间老河影仍然依稀可辨。

禹王河是一条什么样的河道？据《清史稿》记载，禹王古河自盱眙圣人山，历黑林桥、桐城镇、杨村、天长县，迄六合八里桥。因古河口与淮河不通流，顺治间，总河董安国接受泗州知州莫之翰的建议，提请朝廷开圣人山禹王河，导淮注江，以保大水时高邮湖不致泛滥。最终朝廷认为不可行而没有实施。《江宁府志》记载，禹王河“绕（六合）县境之金牛山，历新篑巷、木溪圩、堠子铺、王子庙数十里，而至东南山，下仪征之白茅坂，以达于江”。

白茅坂当为仪征方志之白茅墩，道光《重修仪征县志·武备志》“青山营”下记载有“白茅墩水汛，东沟水汛”，“西乡”下记载有“白茅墩屯田”，据此可知白茅墩（坂）在县西青山、东沟附近。《盱眙县志》、《天长县志》、民国六合学者张官倬《棠志拾遗》均记载，相传大禹治水，开辟挖掘河道，从盱眙圣人山，经天长铜城，杨村，经六合八里桥，去仪征。禹王古河在六合区还能辨认出的古河道边，还有铁牛墩遗址，20世纪90年代曾出土重达三四十吨的铁牛，村民说，还有更多铁牛在土中。新《六合县志》亦记载："古时六合东部曾有一条禹王河。"

盛成先生《重刊〈真州竹枝词〉序》也说到禹王河："天长旧迹有禹王河，西（北）与淮通，而东（南）出冶浦，以达于江，今已经湮没。"并且说："胥浦即天长志之冶浦。"盛成先生认为禹王河就是《宋史·河渠志》所记载的遇明河，最早的时候叫作吴王河，凿于春秋时期，后人误称禹王河。他解释道："遇明为禹王之音转，禹王为吴王之讹耳。"盛成先生精于汉学，晚年又研究马来语及其与汉语的关系，他从语音学的角度解读历史，观点独到，一些说法与史籍记载有所不同。

漫漫岁月虽然已经逝去，月塘当地还是有相关的传说流传了下来。据当地一些70岁以上的老人说，乌山到郭冈一带古时是一片汪洋，叫作燕塘湖。相传乌山是钓鱼台，郭冈是大码头。上个世纪70年代初建设乌山水库时，开挖涵洞曾经挖出古代船板，发现古河道遗迹。当地还有船塘，相传是古时船舶云集的地方。《仪征风土探略》记载："燕塘湖和燕子岗，都在月塘移居集（今属谢集镇）。燕塘湖又名雁荡湖，因湖四周风景优美，大雁常在此栖息游荡而得名。"这些传说与如今月塘的丘陵地貌形成强烈反差，正所谓沧海桑田。

再说遇明河。《宋史·河渠志》记载，崇宁二年（1103）十二月，皇帝诏令："淮南开修遇明河，自真州宣化镇江口至泗州淮河口，五年毕工。"但是，此后的史籍方志却始终不见这条遇明河的踪影。这是什么原因呢？《宋史·河渠志》又记载了17年后发生的一件与之不无关联的事情，从中不免可见端倪。

宣和年间，浙江一带发生了方腊领导的农民起义。起义军发展的势头十分迅猛，很快就控制了杭州、歙州等六州五十二县，东南震动。朝廷委任内侍童贯为宣抚使，谭稹为制置使，率军15万前往镇压。军队作战需要车辆等大批装备物资，由于运河水浅无法运输，童贯打算海运，谭稹则提出要开一条河道，从盱眙至宣化进入长江。

这里就出现了疑点，谭稹提出的开河线路和当初的遇明河基本是一致的，如果遇明河在崇宁年间已经实施并开挖成功，何须相距十几年后还要沿着同样的线路再开一条河呢？从地形分析，盱眙、天长、六合一线多丘陵，开挖河道工程难度很大。当年开浚玉明河的计划可能是因为不切合实际，或是相关条件不具备而被搁置了，或是只开挖了部分河段而没有全面完工。所以，时隔不久再次提出此议，结果还是因为不可行而没有实施。

遇明河与禹王河又是什么关系呢？从河道线路看，北端都始于盱眙（泗州）。众所周知，古泗州城在清康熙时陷入洪泽湖，遗址就在今盱眙县境内。南端禹王河口一说在六合八里，一说在仪征胥浦、白茅坂。遇明河口也有两说，《宋史》说是在宣化。明隆庆《仪真县志》则说，遇明河即“今六合东南河”，如此则走向与禹王河比较接近。

那么，《宋史》所说的真州宣化镇在哪里呢？宋时真州辖扬子和六合二县。宣化镇即隶属于当时真州治下的六合县，大致在今天的南京长江大桥北侧一带。宋时这里是长江下游水流最为湍急的河段之一。其地理位置也很重要，从滁州全椒出宣化渡就可以到达建康靖安镇。从泗州盱眙又有小道经由张店、磐城直通宣化，路程不满300里，金兀术曾经率军由这条路直奔六合下寨。所以，宣化历来是“有事时必守之地”。古时，从这里往下游一直到六合长江河段被称为“宣化江”。新中国建立后划归江浦县，现在属南京市浦口区。

遇明河与禹王河虽然按《宋史》说南口相距甚远，但是河道大体线路相似，部分河段重合的可能性并不能排除。甚至我们可以大胆推断，宋时开挖遇明河有可能借用禹王河的部分河段。这样看来，盛成先生认为遇明河就是禹王河的说法也不无道理。

遇明河没有能够全线建成，发挥预期的通航作用，仪征运河仍然是江淮沟通的正源，古代仪征得以保持东南水会、漕运枢纽的地位，继续发展、繁盛。

繁盛真州

北宋之前的五代是一个战乱的年代，今天的仪征和江淮一带属南吴及后来取而代之的南唐，那时仪征城区一带沿袭唐制为白沙镇。白沙镇凭借长江和运河交汇的重要地理位置，成为军事要地和重镇。

南吴在白沙镇设水军基地，吴顺义四年(924)，吴主杨溥[①]到这里检阅楼船和舟师，白沙因此改名迎銮。

后周显德四年(957)，周世宗于迎銮江口破南唐兵。五年(958)，周世宗多次到迎銮江口，派遣水军打击南唐兵。南唐主十分害怕，于是划江为界，以求息兵，每年供物数十万，江北从此平定。

赵匡胤时为后周大将，相传他随周世宗征战淮南，一次在迎銮

① 杨溥(900—938)，五代十国时期南吴太祖杨行密四子，南吴高祖杨隆演之弟。武义二年(920)杨隆演去世，杨溥为徐温所迎继吴王位。顺义七年(927)，即皇帝位，改元乾贞。天祚三年(937)，杨溥禅位徐知诰，南吴灭亡。

江亭作战时,江中有龙向着他跳跃奋起,这被认为是宋太祖出潜之兆。263 年后,文天祥从镇江脱险到真州,在一篇诗序中写道:“真州号迎銮,艺祖发迹于此。” 指的就是这个传说。

北宋建立后,迎銮镇在建置上连续升军、升州,仪真、真州之名也始于此时。古代仪征步入重要发展时期,开始了最为辉煌的历程。

建隆元年(960),宋太祖平定扬州,命令诸军在迎銮演习水战。

乾德二年,升迎銮为建安军。当时有建安渡,是五代时著名渡口,位于镇市西南。吴主杨溥到白沙检阅水军,金陵尹徐温来见,就是在建安渡上岸。宋太祖在迎銮练兵,南唐朝野人心惶惶,大臣杜著心生反意,化装成商人,带着手下薛良,偷偷乘船出逃迎銮,由建安渡上岸,投奔宋主,献平南策。宋太祖以其不忠为由,下令将杜著斩于建安渡,将薛良打发到庐州当了一名牙校。建安军即以渡为名。

建安升军当年筑城一千一百六十丈,形类“凸”字,置城门四道,东曰“行春”,西称“延丰”,南叫“宁江”,北为“来远”。不久又增“济川”“通阓”两门,共为六门。清道光《重修仪征县志》引胡志(清康熙七年知县胡崇伦[①]主修《仪真县志》,下同)说:“今鼓楼圈即宋宁江门。” 军城周回五里三十步。

雍熙三年(986),割扬州永贞县属建安军。永贞县原为扬子县,因为南唐先主李昪身世坎坷,自称是唐宪宗第八子建王李恪的四世孙,家族败落后来成为孤儿,被南吴杨行密在战争中掳掠收为养

---

① 胡崇伦,字昆鹄,山阴人。清康熙三年(1664),以河南汝宁府经历升任仪真知县。详见本书《治水人物篇·四知县多种形式兴水利》。

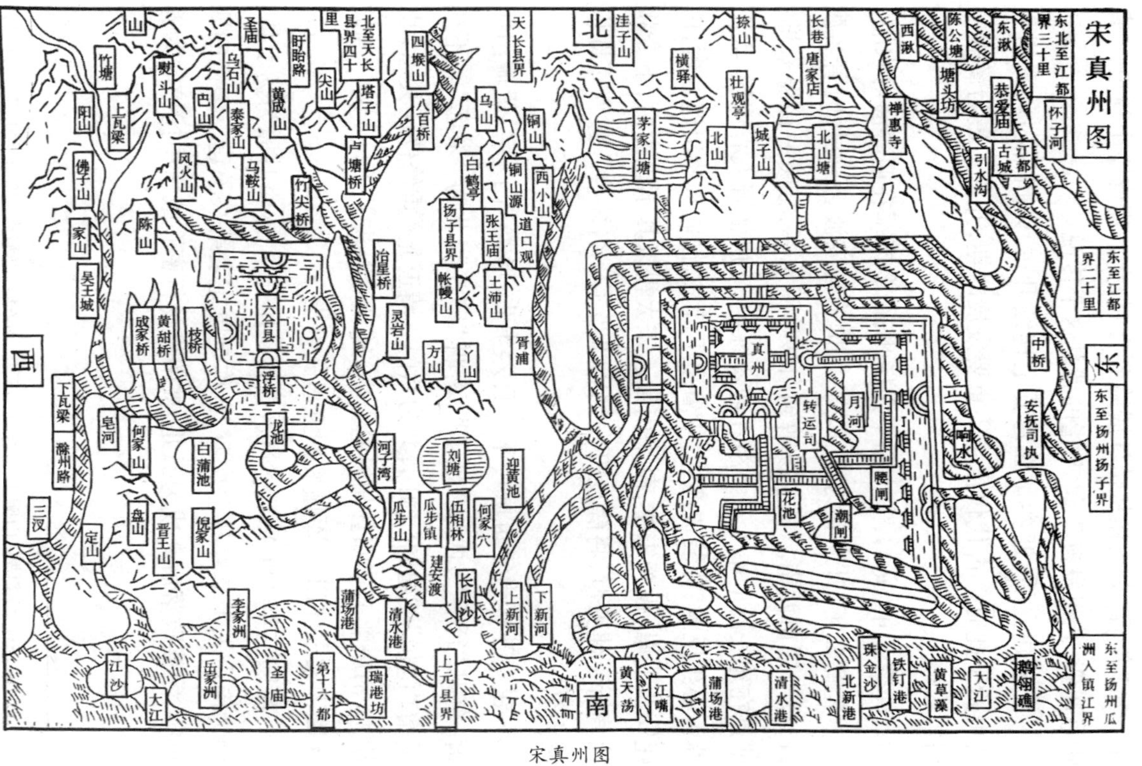
宋真州图
东北至江都界三十里
怀子河
东湫
恭爱庙
江都古城
引水沟
陈公塘
塘头坊
西湫
禅惠寺
长巷
唐家店
北山塘
城子山
掠山
壮观亭
北山
横驿
茅家山塘
洼子山
北
天长县界
西小山
道口观
铜山
铜山源
乌山
白鹤亭
张王庙
扬子县界
土沛山
帐幔山
胥浦
四堠山
八百桥
治星桥
灵岩山
方山
丫山
北至天长县界四十里
塔子山
卢塘桥
尖山
盱眙路
黄成山
竹尖桥
圣庙
乌石山
秦家山
马鞍山
巴山
凤火山
熨斗山
竹塘
上瓦梁
阳山
佛子山
家山
陈山
吴王城
六合县
浮桥
枝桥
黄甜桥
戚家桥
龙池
白蒲池
何家山
皂河
下瓦梁
滁州路
三汊
西
盘山
定山
晋王山
倪家山
河子湾
刘塘
迎黄池
瓜步山
瓜步镇
伍相林
何家穴
建安渡
长瓜沙
上新河
下新河
蒲场港
清水港
李家洲
江沙
大江
丘家洲
圣庙
第十六都
瑞港坊
上元县界
南
黄天荡
江嘴
蒲场港
清水港
北新港
珠金沙
铁钉港
黄草蓬
大江
东至扬州瓜洲入镇江界
东至江都界二十里
中桥
东
东至扬州扬子界
安抚司执
真州
转运司
月河
花池
潮闸
腰闸

宋真州图

子，却为杨行密诸子不能容，又将其送给徐温[①]为养子。扬子与杨子（杨行密之子）同音，又和养子谐音，戳到了他最敏感的神经和最耻辱的痛处，所以厌恶扬子之名。天祚三年（937），逼迫杨溥让位称帝后，李昪就迫不及待地下旨将扬子改名为永贞。

至道二年（996），划六合县属建安军。

大中祥符六年，朝廷史官报告，说是建安军西北有一座小山，山上出现王气，可以在那里铸造圣像。宋真宗立即派遣朝廷大员，挑选能工巧匠，设置冶炼熔炉，为玉帝和自己的祖父圣祖、伯父太祖、父亲太宗铸造圣像。由于圣像铸造得逼真生动，宋真宗非常高兴，下诏将建安军升为真州军事；将冶炼的地方建造成天庆仪真观，赐号"瑞应福地"。从此，仪征历史上有了真州和仪真的名称。

相传时有青鸾、白凤在冶炉上空盘绕，又在西北小山上建造了青鸾、白凤两座亭子，这座小山就叫作"二亭山"。

又传运送金像到京城时，原来已经浅涸的潮水，突然奇迹般地上涨，于是金像得以顺利运载，官河堰因此改名为"灵潮堰"。

大观元年（1107），升州为望，仍领县二，扬子、六合。此前在天圣元年，为避宋仁宗讳，永贞县已经恢复扬子县名。

政和七年（1117），修《元丰九域图志》，赐名仪真郡。

如此，昔日的上级永贞县成为属县，与原先永贞县的上级扬州成为平级，这一切靠的是什么呢？一方面，唐末五代，镇市的经济功能逐渐增强，白沙镇当江淮之要会，是长江和运河交汇处的渡口

---

① 徐温（862—927），字敦美，海州朐山（今江苏东海）人，五代十国时期吴国大臣，南唐烈祖徐知诰（李昪）的养父。少以贩盐为业，隶属杨行密帐下。开平二年（908）杀杨行密之子渥，立杨隆演，曾先后被封为温国公、齐国公，筑城于昇州（今江苏省南京市），遥制朝政，后又封为大丞相。顺义七年（927）病死。徐知诰建立南唐后，追谥为忠武皇帝。

良港,具有良好的地理优势,镇市已具规模,为后来成为军、州奠定了基础。

另一方面,宋代更为重视水运,大宗货物多走水路。水路交通又以长江、运河和汴水为主,长江和运河沿岸兴起众多大小城市,港口建设有所发展,对长江水道的利用更为充分。所以,宋代城市多建于水陆交通要道上,更成为货物中转和商品集散的中心。

真州是全国南北大通道上的枢纽,有"东南水会"之称。胡宿《通江木闸记》以浓彩重笔叙述真州位置之重、交通之要:"维迎銮之要区,乃濒江之剧郡。实势横野,压楚地之三千;大浸稽天吞云梦之八九。南逾五岭,远浮三湘。西自巴峡之津,东暨欧闽之域。经途咸出列壤,为雄据要会。"楼钥《真州修城记》记述:"州而实当江淮之要,会大漕建台,江湖米运转输京师,岁以千万计,维扬、楚、泗俱称繁盛,而以真为首。"同时,真州还连接着沿海的海上交通,朝廷曾从真州发"漕米三万石,由海路送潍(今潍坊)、密(今诸城)州"[①]。淮南盐在这里集散,漕粮在这里转运。城内建造起大批粮仓、盐栈、酒库,沿江有造船厂,每年为汴河造船百余艘。此外还有榷货务及金钞库、铸钱监等金融机构,冶炼、造船、酿酒、织造等业都很发达。著名政治家、科学家沈括对真州的印象是"其俗少土著,以抄舟通商贾为业"。商贾和过往车船从各地带来大批货物,其中不乏天南海北各种特产,可以说是大聚天下宾客,广揽海内财物,市场十分繁华。《通江木闸记》说:"观采大聚四方之俗,操奇货而游市,号为万商之渊。"此时的真州在漕运中的地位已经十分重要,因而取代了隋唐时扬州的地位,升军升州实为顺理成章。

① 白寿彝主编《中国通史》。

宋代国家从城市获得的主要财政收入是商税，征收商税的数量可以大致反映城市商业活动的发展水平和经济实力。北宋熙宁十年（1077），朝廷曾作商税统计，当时州府级城市有税额者共287个，首都东京作为特殊城市除外，按商税额多少排列次序为杭、秦、楚、真、苏、庐、江宁、扬州，杭州超过八万贯，其余诸州均在四万贯以上，真州排在第四位，与苏州、杭州、江宁（今南京）、扬州、楚州（今江苏淮安）、庐州（今合肥）、襄州（今湖北襄阳）一起是东南地区性的中心城市。

皇祐四年（1052），由江淮发运使司打造的真州东园建成，这是仪征历史上有明确记载的最早的名园。欧阳修作《真州东园记》：

> 真为州，当东南之水会，故为江淮、两浙、荆湖发运使之治所。龙图阁直学士施君正臣、侍御史许君子春之为使也，得监察御史里行马君仲涂为其判官。三人者，乐其相得之欢，而因其暇日得州之监军废营，以作东园，而日往游焉。
>
> 岁秋八月，子春以其职事走京师，图其所谓东园者来以示予，曰：园之广百亩，而流水横其前，清池浸其右，高台起其北。台，吾望以拂云之亭；池，吾俯以澄虚之阁；水，吾泛以画舫之舟。敞其中，以为清燕之堂；辟其后，以为射宾之圃。芙蕖芰荷之的历，幽兰白芷之芬芳，与夫佳花美木，列植而交阴，此前日之苍烟白露而荆棘也。高甍巨桷，水光日影动摇而下上，其宽闲深靓，可以答远响而生清风，此前日之颓垣断堑而荒墟也。嘉时令节，州人士女啸歌而管弦，此前日之晦冥风雨、鼪鼯鸟兽之嗥音也。吾于是信有力焉。凡图之所载，盖其一二之略也。若乃升于高以望江山之远近，嬉于水而逐鱼鸟之浮沉，其物象意趣，登临之乐，览者各自得焉。凡工之所不能画

者，吾亦不能言也，其为我书其大概焉。又曰：真，天下之冲也。四方之宾客往来者，吾与之共乐于此，岂独私吾三人者哉？然而池台日益以新，草树日益以茂，四方之士无日而不来，而吾三人者，有时而皆去也，岂不眷眷于是哉？不为之记，则后孰知其自吾三人始也。予以谓三君子之材贤足以相济，而又协于其职，知所后先，使上下给足，而东南六路之人无辛苦愁怨之声，然后休其余闲，又与四方之贤士大夫共乐于此。是皆可嘉也，乃为之书。

王安石有诗《真州东园作》：

十年遍历人间事，却绕新花认故丛。
南北此身知几日，山川长在泪痕中。

蔡襄书园名，他用颜鲁公笔法书褚遂良体，因而字写得遒媚异常。

明隆庆《仪真县志》引旧志说：后人因名园、名记、名书为“三绝”。南宋地理著作《方舆胜览》记载，名记、名诗、名书“时谓‘三绝’”。南宋后期诗人吴潜《暗香》词序则说：“园乃欧公记、君谟书，古今称二绝。”

当时梅尧臣、黄庭坚等多位名人纷纷诗咏东园。苏轼三到真州，第三次因病住在东园，留下了与米芾相聚的佳话。建中靖国元年，米芾任江淮发运司属官，在真州工作、生活了一年多。当时的真州来往官员很多，“士大夫经从冠盖相望”。州城在江边潮闸之西建有鉴远亭，北山之上建有壮观亭，既是官场迎来送往之所，又是当地休闲游玩的著名景点。米芾作为官场中人，经常应酬来往于此。作为书法大家，米芾应邀为鉴远亭题有“江流啮岸”匾额，为壮观亭题有“壮观”匾额。登临赏景，抒发情怀，米芾还著有《壮观赋》一篇、《登鉴远亭》诗三首、《登壮观亭》诗五首。其中《奉呈彦昭使君壮观之赏》诗曰：

邀宾壮观不辞寒，玉立风神气上千。
欲识谢公清兴处，千山万岭雪漫漫。

恰在米芾到真州的当年，苏轼从海南北归，五月初也到了真州。于是二人书法交流，诗歌唱和。不幸的是不久苏轼就生病了，米芾又悉心照料。苏轼需要调理肠胃，米芾送去麦门冬饮。苏轼服用后，病情好转，他深深为米芾的友情所感动，写下《睡起闻米元章冒热到东门送麦门冬饮子》诗：

馆寓东园，一日睡起，米元章冒热到园，急送麦门冬饮，因赋此诗。

一枕清风值万钱，无人肯买北窗眠。
开心暖胃门冬饮，知是东坡手自煎。

东园后来毁于宋金战火，但是仪征人始终不能忘却，尽管时世变迁，沧桑巨变，东园情结一直在仪征延续。自南宋起多次重修复建。明万历中，知县欧阳照（欧阳修裔孙）还在小教场建屋，石刻“东园”二字嵌于壁上。清康熙中，邑人吴炤吉按照欧阳修《东园记》为蓝本，建起一座园林，仍名东园。

真州民俗喜儒。嘉定《真州志》记述：“其民安土而乐业，其士好学而有文。”“讼狱稀简，俗皆喜儒。”庆历四年（1044）建州学，有贡院。明隆庆《仪真县志》载,“宋制科进士九十四人(含南宋)。”又载州城内有状元坊和宰相坊。

状元坊,在县西,“为蔡薿立”。蔡薿,字文饶。生于治平四年,卒于宣和六年,崇宁五年(1106)为进士第一人,即丙戌科状元。蔡薿的籍贯有“开封”和“仪真”两种说法。有资料称,形成这种情况,是因为蔡薿祖籍仪真,后来迁居开封。成书于南宋中期的地理总志《舆地纪胜》记载:“蔡薿自元祐中居真州塘下里,崇宁间魁天下。”明隆庆《仪真县志》记载,塘下里又称十都,属怀义乡。清道光《重修仪征县志》引旧志说:“翼城(南宋时筑)东曰怀义。”按照这个说法,蔡薿自 19 岁起,直到 39 岁中状元,一直居住在仪真。

仪征方志“选举志(考)”中,有崇宁间蔡薿中状元的记载,仪征学宫明伦堂忠臣孝子题名额有宋状元蔡薿额和宋文进士题名额。大码头有状元井,井栏为青石质,现存有五组高浮雕图案,以“新科状元”为主题,包括“骑马游街”“童子开道”等。市文物部门认为,井栏图案为典型的宋代风格画,确定其年代为北宋。

历史上蔡薿的名声不好。《宋史·蔡薿传》说,蔡薿中状元是走了权臣蔡京的门路。中状元后,蔡薿到蔡京家拜谢,尊称蔡京为“叔父大人”。蔡京叫儿子们出来相见,蔡薿急忙改口道:“叔公大人在上,孩儿再拜见两位叔父大人。”这件事为后世的许多书籍引用,如明代冯梦龙的《古今谭概》有“蔡薿巴结权贵”,讲的就是这个故事。

但是,有关蔡薿的史料记载并不一致,同样的事情,不同史料记载的说法甚至完全不同。同样是和蔡京的关系,《舆地纪胜》则记载,蔡薿“后任尚书,蔡京欲通族,薿不可,京由是恶之”。与《宋史》的说法截然相反。

宰相坊“为吴敏立”。吴敏(?—1133),字符中,真州人,大观二年(1108)进士。蔡京喜爱吴敏的文章,曾想把自己的女儿许配给他为妻。吴敏大概嫌蔡京的名声不佳,不愿攀附,所以推辞了。后来吴敏曾经任扬州知府,靖康时官至龙德宫副使,迁知枢密院事,拜少宰。靖康元年,吴敏请真州歇了禅师在北山建崇因永庆寺,后更名北山寺。寺内有井,时称宰相井,又称功德井。清道光二十五年(1845),仪征学宫明伦堂增立忠臣孝子题名额,其中有宋宰相吴敏额。

南宋篇

兵燹与运河

朝廷下诏拆毁堰闸及陈公塘

靖康二年(1127)五月,高宗在归德即位,紧接着新成立的南宋政府迁往扬州,并在真州设元帅府。但是,面对金兵的南侵,高宗在扬州只住了一年零三个月,接着又仓皇逃往杭州,在那里建立了都城。

真州成了宋、金战争的前线。绍兴四年(1134),宋高宗下诏:"宣抚使拆毁真(州)、扬(州)堰闸及真州陈公塘,无令走入运河,以资敌用。"[①] 这是宋高宗惧怕金兵乘船南侵,所以下令拆毁堰闸和塘堤,使运河水浅,也不让塘水注入运河补充水源。

方志因此有"故堰闸一时俱废"的说法。但是,一些记载却显示真州复闸并没有被拆毁,或是说是废而未毁。绍兴十四年(1144),陶鉴四世孙陶恺任龙图阁当值知鄂州。因为所藏的家集,记载了陶鉴建造真州复闸的事迹,家族后人世世代代引为自豪。所以,他在赴任途中专门取道真州。这时木闸建成已有一百多年,原来的碑记已经不存,陶恺向权真州军事张昌提出,重新刻石立于闸的旁侧,并自为之题曰:"夫为人子孙,汲汲于发祖考之德善功

① 〔清〕王检心监修,刘文淇、张安保总纂《重修仪征县志》。

烈，盖礼之所许，而前修之善，亦贤者之所乐闻也。”[1] 此时距离朝廷下诏已过去十年，据此分析真州复闸应该还在。

嘉泰间，木闸经过长期运行已经朽坏。吏部尚书张伯垓《仪真石闸记》说：“闸，木为之。阅岁久，日以朽腐。潮涨于外，颓决罔测；水潴于内，走泄弗留。补罅苴漏，从事一切，不暇为远虑。”细析其意，木闸主要是自然损坏，而非人为拆毁。

陈公塘情况又是怎样呢？近五十年后，楚州参军李梦传《重修陈公塘记》说：“刍交障湮，岁益浅淤。颓堤断洫，漫不可考。”可见陈公塘年久失修，已经残破不堪。此前在淳熙间，淮南漕臣钱冲之[2] 对陈公塘进行了一次全面的维修，恢复了其正常运行。

开禧二年（1206）金兵北来，又攻真州城。虽有宋军前来救援，却兵败胥浦桥。守将刘侹、常思敬、萧从德、莫子容被俘，真州城陷落在即，十余万士民奔逃渡江。

值此危急之际，民兵总辖唐璟亲率子弟及所部，断桥填堰，谋划以陈公塘之水抗拒金兵。这时陈公塘隶属转运司专管，擅自决塘放水为死罪。所以众人有所顾忌，主张先请示主司官。但是，当时情况万分紧急，根本容不得有半点迟疑。唐璟[3] 当机立断，毅然命令立刻挖开陈公塘堤放水。塘水下泄而来，与句城塘水汇合，大水一直漫至广陵城南，西连真州，南至运河，大地一片汪洋。金兵登焦家山望水而惊，只得撤军北归，真州城这才免遭摧残。

唐璟，字用章，扬子（今仪征）东乡人。据载，其父唐霆绍兴间

---

① 〔清〕王检心监修，刘文淇、张安保总纂《重修仪征县志》。

② 钱冲之，南宋淳熙间（1174—1189）任江淮发运判官。详见本书《治水人物篇·钱冲之》。

③ 唐璟，字用章，南宋扬子（今仪征）东乡人，扬子县民兵总辖。开禧间决塘放水阻遏金兵，保护了州城和百姓安全。

曾领兵抗金,获功补官。为了褒扬唐璟在生死存亡的紧要关头不顾个人荣辱得失,大义凛然,保护了州城和百姓安全的英雄事迹和正义之举,嘉定年间,真州知府方信孺在陈公塘畔为其建造了祠堂。

方信孺,字孚君,兴化军人。他在真州任上也积极筹划以水御敌的方略。他性格豪爽,大智大勇,曾经以枢密院参谋官的身份三次出使金国,坚定地驳回对方提出的无理条件,"以口舌折强敌"。面对敌人的威胁,他大义凛然地回答说:"吾将命出国门时,已置生死度外矣。"知真州后修筑了北山塘。嘉定十一年(1218),金兵再次来犯,屯聚在北山。后任知府袁申儒[①]决塘放水,大水浸没了田野和道路,金兵怀疑宋军有埋伏,观望了两天,终于还是没有敢进兵攻城,悄然退兵了。人们这才弄清方信孺筑塘的意图,无不钦佩他的深谋远虑。

袁申儒随后筑茆家山塘,同样也是出于以水卫城的考虑。他在《两塘水柜议》中说,为今之计,唯有以水来拦截金兵的进犯。根据以水当兵的特殊需要,袁申儒设计了减水石闸,排列了桩木、横板等,人为设置层层水头差,以保证在放水下泄时能够达到水流汹涌激荡的效果。由于北山塘和茆家山塘是在特殊的时期按照特殊的需要建设的,所以两座水塘都配套了水渠直通真州城濠,可以向城濠补充水源,因而两塘又被人们称为"北山水柜"。

水在真州城防御金兵时发挥了重要的作用。陈公塘用于抗御金兵入侵,一时造成堤坝毁、闸堰废、运河浅,保护了州城人民的生命财产安全,其利弊得失不言自明。但是战争对于水利设施和工程的破坏则是显而易见的。

---

① 袁申孺,南宋嘉定中,以朝请郎知真州,任上出于以水卫城的考虑,筑茆家山塘。

宋金议和后重修水利

绍兴十二年(1142),宋金议和以淮水为界。一度停歇的漕运,此后又恢复了真州至淮阴的通航,运河和相关水利工程逐步开始了维护修复。

陈公塘重新得到重视。淮南漕臣钱冲之《修塘奏》说,陈公塘"废坏岁久,见有古来基趾,可以修筑,为旱干溉田之备。凡诸场盐纲、粮食漕运、使命往还,舟舰皆仰之以通济,其利甚博"。李孟传[①]《重新陈公塘记》说,钱冲之"乃具以修复厉害,疏言以朝。且谓漕运所资,故凡沿塘之费,一不敢以干于大司农"。

淳熙九年(1182),钱冲之招募民众,以工代赈,大修陈公塘。自春三月至秋八月,"总工役,凡二万三千一百一十有二"。工程内容包括,修筑周围堤岸;旧有石础迁到原址稍西二十丈重建;疏浚东西两湫,修建斗门,仍在原址不变。另外,还重修龙祠,恢复其旧观;建筑新亭,以备官员随时考察;委任人员专职守护,安排士卒专门巡查守卫。为了加强正常的维修养护,钱冲之提出,在"扬子县尉阶衔内带'兼主管陈公塘'六字,或有损坏,随时补筑,庶几久远,责有所归"[②]。

工程完成之日,周围的百姓扶老携幼,争相到现场参观,人们载歌载舞,相与诵之曰:

---

① 李孟传(1136—1219),字文授,越州上虞(今浙江上虞东南)人。南宋学者、藏书家,以父荫官至太府丞。历任楚州司户参军,知象山县。李孟传励志于学,公事之余,专以治书。他藏书万余卷,通校勘学,多识文史典故出处,历史上各朝旧事、本末源流,均能条述。著有《磐溪诗文稿》《宏词类稿》《左氏说》《读史》《杂志》等。

② 〔明〕申嘉瑞、潘鉴、李文、陈国光修《仪真县志》。

新塘千步,膏流泽注。
长我禾黍,公为召父。
恭爱无偏,公后陈先。
甘棠之荫,共垂亿年。[①]

开禧间,民兵总辖唐璟利用塘水抗拒金兵,堤坝毁坏。不久即得以修复。嘉定间,知州李道传修陈公塘堤。十四年(1221),州守吴机[②]修筑陈公塘堤二百余丈,建石闸。沿西湫故道浚渠二十里,导塘水达城濠。

长江是东西向的主航道,南宋时西起嘉州,东至真州、京口分别转入真楚运河和浙西运河。陆游记述其赴任夔州通判,自真州乘坐载重2000斛(约合120吨)的大船西上时说:"发真州,岸下舟相先后发者甚众,烟帆映山,缥缈如画。"[③]

当时仪真一带长江江面十分宽阔,据载有18里,江面多风浪,常常波涛汹涌。上游从南京到真州,风波最急、最为险阻的是从乐官山李家漾到急流浊港口,一共有18处。特别是从六合瓜埠往下游到大河口、青山一带,江面相去有40里,自唐代起就有生洲的记载,沿江不断淤积,沙洲、浅滩滋生,是有名的南北险渡"黄天荡"。船只航行经过时风险很大,在这里失事的船只占到十分之一二。

有个叫作虞俦[④]的官员由合肥太守调任负责淮东漕事,乘船到真州赴任时曾经经过黄天荡水域。他这趟航行应该说是幸运的,

---

① 〔明〕申嘉瑞、潘鉴、李文、陈国光修《仪真县志》。

② 吴机,字子发,天台人(今属浙江)。南宋嘉定间,以淮南东路转运判官知真州。

③ 〔南宋〕陆游《陆游集》。

④ 虞俦,生卒年月不详,字寿老,宁国(今属安徽)人。南宋政治家、文学家。隆兴初中进士。曾任绩溪县令,湖州、平江知府。庆元六年(1200),召入太常少卿,提任兵部侍郎。工诗文,著有《尊白堂集》。

可能因为天气晴好,途中并没有遭遇多大的风涛。但是航船经过黄天荡时的情形,还是给他留下了非常深刻甚至可以说是刻骨铭心的记忆。后来他为上新河作记时写下了这一段经历,为我们留下了真实的记录:刚刚临近黄天荡,船上的人就显得非常紧张,甚至惶恐不已,不断地互相告诫,相互提醒,集中全部精力,进入警戒状态。船员们纷纷拿出事先准备的纸币、牲、酒等祭品抛向江中,心情忐忑地乞求江神的庇佑。平安经过黄天荡后,全船的人又显得欣喜不已,竟至相互庆贺。虞俦置身其中,深受感染,不免也有一种绝地逢生的感觉。

虞俦写道:"仪真之为州,大江经其南,实川、广、江东西、湖南北舟楫之冲也。而所号黄天荡者,盖江至此而愈阔,与天相际,无山可依,间遇风作,波涛汹涌。前既不可进,退亦无所止泊,覆溺之患悬于顷刻耳。平居暇日,每一念之,心犹悸惴。"[①]

那时常年有大量船舶从仪征进出运河,为了解决这个问题,虞俦尝试着与真州知府吴洪商量,吴洪欣然领会。庆元六年(1200),吴洪主持开挖了上新河,自董家渡至黄池山,长二十余里,河面宽十丈,深二丈,河道在今天的南京市六合区境内。然后,从革家坡转入真州运河。这样,船舶可以避开黄天荡,转入内河航行。工程由六合县令刘正和扬子县令赵续具体负责,用缗钱三万多,斛米五千余。

虞俦《上新河记》写道:"长江万里,何适非险,苟知其所可避而避之,夫何险之足虑?然必有爱人之心,而后能利人之事。"新河凿成,"转大江之险为平易之地,舳舻相衔,往来者皆歌舞其赐"。

① 〔明〕申嘉瑞、潘鉴、李文、陈国光修《仪真县志》。

据虞俦记载，这条河过去就有，不过早就淤塞了，“故迹仅存，水路不绝如线”。也有史料说上新河是长芦口河的上游河段。《六合县水利志》称这条河为“新河”。仪征方志称作上新河，是为了区别于北宋时卢宗原开挖的下新河。

北宋建成的真州复闸（木闸）仍然在运行使用，其间也进行了维修。清道光《重修仪征县志》记载：“孝宗淳熙十四年（1187），扬州守臣熊飞言：‘扬州运河，惟藉瓜洲、真州两闸潴积。今河水走泄，缘瓜洲上、中二闸久不修治，真州二闸亦复损漏。令有司葺治，以防走泄。’从之。”这里的真州二闸说的就是真州复闸。

到了嘉泰年间，由于长期运行，木闸“日以朽腐”。时任郡守的张颀[1]，下决心要对木闸进行改造。“镇扶之暇，经理钱谷”，经过潜心准备，终于在嘉泰元年，“乃凿他山之坚，悉更其旧”，将木闸改建成两座石闸。当年九月开工，于第二年入冬之际建成。

张颀主持建造的两座石闸，“其西通江涛曰潮闸，东曰腰闸”。与原来的木闸相对应，潮闸即外闸，腰闸即内闸。两闸“相望一百九十五丈”，“门之广二丈，高丈有六尺”，“屹然砥立，恍如地设”，十分高大，规模宏伟。

张伯垓《仪真石闸记》这样描述其工程结构和质量：“磨砻之初，铿然一声。甃砌之余，苍然一色。二柱特起，渴虹倒吸。两岸夹扶，劲翮旁舒。无峡之险，有墉之崇。波不可啮，蠹不可攻。”可见，石闸的结构已经有闸墩、翼墙与两岸紧密结合。在建筑材料上系选用上等石料砌筑，因而不怕浪蚀虫蛀，经久耐用。

据《仪真石闸记》所述，建造石闸共用“缗钱三万有奇”，资金完全由地方自筹，没有向朝廷要钱，也没有向百姓收钱。府郡一级

① 张颀，字叔靖，檇李（今浙江嘉兴西南）人。详见本书《治水人物篇·张颀》。

地方政府能够独立完成这样一项重大工程建设，在当时应该说是很不简单的，既反映了真州在经济上的实力，“郡计以饶”；也显示出郡守张颀超凡的管理能力、办事魄力、敬业精神和爱民之心，“有政事以足财用，举惠心以及民物”。

仪真石闸虽然重建，但是闸址没有变，《扬州水道记》说：“张颀所建之闸即陶鉴建闸之地”，“易其名，非易其地也”。闸的位置仍然在方志记载的“县治正南三里城外”。真州复闸先为木闸，后为石闸，陶鉴、张颀分别主持建成，功不可没，“其功名当与是闸并传不朽”。

淮东转运司

南宋偏安临安（今杭州），漕运随之作重大调整，即以临安为中心，以长江及江南运河为运输主干，以官运为主，商运辅之，岁漕量约600万石。那时江浙等地区最为富饶，有“苏湖熟，天下足”之说，而国都临安就处在这片水利发达、土地肥沃的地区，漕运路程因此比北宋短得多。江南运河也成为南宋时期最繁忙的内河航道，通航能力远大于真楚运河和汴河。

湖广、四川等地当时也是有名的富庶地区，这些地区的粮食，大多运往沿江各军事重镇，供应军队的需要。淮河以北属金朝，真楚运河是运军粮至楚州的漕运航道。

真州漕运中心的地位发生了变化。南宋半壁河山，北宋的辇运、拨发诸司自然不复存在，设置于真州达一百多年的江淮发运司亦于绍兴二年正月被废罢。此后于绍兴八年（1138）及乾道六年（1170）两次复置发运司，皆旋即又废。但是，运河入江口的水运交通优势没有变，“两淮浙江诸路商贾辐辏去处”的地利犹在，所以真州在漕、盐运中仍然占据重要位置。

不久，真州又设淮东转运司，主官为淮东转运使。淮东即宋时淮南东路的简称，和淮西（淮南西路）相对。淮东所包括的范围主要是扬、楚、海、泰、泗、滁、真、通八州，也就是今天的扬州、淮安、南通、盐城、滁州、泰州、连云港、宿迁等地区。当时真州州官又兼漕运官，即方志所说“漕臣兼知”，如嘉定间，吴机以运判兼知真州；宝庆间，上官焕友任发运判官，兼权州事；史岩之知真州，兼权运判。

北宋时楚州也是漕运要道，淮南转运使的办公地点就设在楚州，初设副使两员，后一员移置庐州。因为战争，楚州不再通漕，随即治楚州者移真州，治庐州者移舒州。

淮东转运司治真州，不少史料有明确记载。虞俦《上新河记》说：“余自合肥守，移漕淮东，江行半月，始至仪真置司之所。”后来在知州吴洪建设上新河时，虞俦不仅“亟怂成之，且以漕司米二千斛助费”。

开禧间，唐璟决陈公塘堤，以水抗拒金兵。明隆庆《仪真县志》说：“时，塘隶转运司。”

嘉定八年（1215），州守丰有俊向朝廷请求批准筑城的札子说：“若蒙采择，札下淮东转运使并真州，作急用工，以备缓急。”

2007 年 3 月，仪征市区东南隅清真寺河道东端在疏浚时发现东关水门遗址，发掘时出土了大量宋代钱币及南宋瓷器，重要的是还有“淮东运司”铭文砖。

如此等等，足以证实淮东转运司置司仪真。

南宋时真楚运河的漕运情况鲜有史料可考，但是从相关诗文叙述分析，可能存在不少问题，特别是漕粮安全难以保障。庆元间，真州司法刘宰有诗《赠漕幕赵居甫》，即叙及于此：

仪真在昔发运司，承平旧事犹可稽。
岁漕东南六百万，自淮入汴趋京师。
周原六辔光陆离，建台想像因遗基。
水浮陆走舟车凑，转输十九资残寇。
古今事异虽可悲，民力已困国不支。
长才入幕宜深思，皇华使者须良规。

真州榷货务和卖钞司

南宋时淮盐产量和朝廷盐利收库，都达到史上最高值，真州始终占据重要位置。北宋末年，转般法被直达法取代，漕、盐运分开，盐法随之改为钞法。盐钞法在南宋一直继续实行。南宋发行淮浙盐钞，在高宗称帝前就已经开始。靖康元年闰十一月，高宗还是兵马大元帅“募诸道兵勤王”时，就由元帅府印发盐钞，得缗钱五十万。卖钞换钱，本是权宜之计，但是高宗即位后在金军追逐下，竟然过了几十年流亡生活，于是变成惯用手段。

朝廷第一个中央专卖机构就是设在真州。高宗应天府称帝之初，汴梁的金兵虽解围而去，北方的商业交通却仍未恢复，于是由发运使及提领措置东南茶盐官梁扬祖[①]“即真州置司”。这一专卖机构的名称，先为“提领措置真州茶盐司”，后来改作“真州榷货

---

① 梁扬祖(1083—1151)，东平须城(今山东东平)人。他在江、淮发运使提领东南茶盐事任上，主张把专卖全国茶盐引机构榷货务安置在真州，原因有二：一是在中央买卖茶盐引，政府不能够避免大商人勾结大臣控制茶盐引的买卖，与政府争利；二是在茶盐产地设置办事机构便于东南各地商人进行茶盐交易。此举大大加强了政府对东南茶盐买卖的控制，使茶盐税收源源不断地流入国库，这些收入极大地缓解了南宋的财政紧张状况，支援了前线抗金部队的斗争。

务”。清道光《重修仪征县志》引旧志说:“建炎(1127—1130)初,于真州印钞,给卖东南茶盐,以提领真州茶盐为名。”

真州榷货务建立之际,虽然宣布停止大元帅府印钞卖引,但是汴京当初发行的淮浙盐钞仍然继续流通。这些京钞,无异于新朝廷的一张张债券。为了通过真州卖钞而直接获得较多的现钱,高宗于建炎元年(1127)六月十六日下令,将淮浙盐场的海盐,分为两半,一半支付给真州钞客,一半支付给持京钞者。其中,每天支付京钞的盐数,不得超过支付真州钞的盐数。又规定,从七月十五日起,“真州钞止用见钱入纳”。

建炎元年秋冬,金军大举入侵,高宗逃窜到扬州,又让该州通判印钞出卖。扬州离仪真极近,虽真、扬“两处出卖钞引”,商旅却“尽赴行在(专指天子巡行所到之地,这里指扬州),兴贩物货”,真州榷货务的存在实际上已失去意义。所以从建炎元年底至次年正月,“并真州榷货务都茶场于扬州”,“印卖钞引,并为一司”。

后来,随着高宗一路逃窜,江宁(今南京)、越州(今绍兴)、杭州、建康(今南京,建炎三年五月后更名)、镇江相继作过中央专卖机构榷货务的设置地。绍兴三年(1133)四月,镇江、杭州、建康并列,形成三个专卖中心共存的局面。

绍兴五年(1135),张浚[①]以右相出任都督,希望在真州聚集钱财,下令将镇江务场一部分官吏,分到真州“别置务场”,以便在该处专门办理出卖楚州盐钞的业务。真州这时又成了第八个专卖中心。至此,南宋出现四个专卖中心并存的局面。

不久,真州务于绍兴七年(1137)废罢,继续保留下来的专卖

① 张浚(1097—1164),字德远,世称紫岩先生。汉州绵竹县(今四川省绵竹市)人。南宋名臣、学者。

中心仍然是杭州、建康和镇江三处。其中,杭州、建康两务后来又在真州设置卖钞库。明隆庆《仪真县志》记载:“行在榷货务卖钞库(即杭州务)、建康榷货务卖钞库各一,并在义井坊。”清道光《重修仪征县志》引旧志说:“(盐钞)总为额六十万,收缗钱一千二百万。拨四之一为真钞,岁额十五万,收缗钱三百万。”

嘉定年间,真州又设置了卖钞司,与镇江、杭州、建康三务场并列,享有中央专卖机构的同等地位。

风物淮南第一州

南宋时,真州成为抗金前线,号“护风寒之地”。真州城失陷至少三次,遭受严重破坏。陆游《入蜀记》说:“辛巳之变,仪真焚荡无余。”明隆庆《仪真县志》记载:“自宋高宗辛巳,金兵入寇,迄开禧太定,再罹烽燹,诸署宇往迹,一切扫灭。”“辛巳之变”是指绍兴三十一年(1161)秋,金兵攻真州,宋步兵司统制邵宏渊与金兵在胥浦桥大战而败,真州城第一次失陷。最惨烈的是庆元二年(1196)十二月,真州城陷,宋军被斩首两万多人,诸多将领被擒。

在一个寒冷的夜晚,诗人黄机坐船停泊在仪真江湾。州城远远的灯火忽明忽暗,江风吹来使人顿生丝丝寒意,诗人的心情怎么也不能平静。想到真州原本是一座美丽的州城,宋廷南渡后,战争使生命遭受涂炭,城市化为瓦砾,百姓流离失所。他思绪万千,激愤不已,恨难消,意难平,吟成《霜天晓角·仪真江上夜泊》一首:

寒江夜宿。长啸江之曲。水底鱼龙惊动,风卷地、浪翻屋。

诗情吟未足。酒兴断还续。草草兴亡休问,功名泪、欲盈掬。

南宋末，真州又成宋元战场，多次发生激战。德祐二年(1276)三月初二，右丞相兼枢密使、信国公文天祥在赴皋亭山元营谈判时被无理扣留，又被押解北上燕京(今北京)，途中，他从镇江脱逃来到真州。在真州，文天祥积极谋划联合淮东、淮西宋军共同抗击元军，却因为元军的反间计而被迫离开。文天祥一生至少到过真州三次，在这里留下了充满爱国情怀和浩然正气的诗词二十多首，成为仪征珍贵的历史史料。明成化二十三年(1487)，仪真东关外河边建大忠节祠，祠后建楼三间，取名“望南楼”，后改名“正气楼”，以纪念文天祥。清时，翰林院编修邵泰《重修大忠节祠记》写道：“信国(公)家于吉，勤王临安，就义燕京。其自京口奔真州才二日，迫于李庭芝之购而去，至今真州人敬之、思之，过真州者亦无不敬之、思之。”[①] 反映了仪征人民对文天祥割舍不断的无限怀念和崇敬之情。

宋、金划淮而治后，真州城得到了一定程度的恢复和发展。乾道四年(1168)，郡守张郯修复城池，“凡城之度如其初”。原来的城门中，闭塞“通阓”，保留五门，“各建楼橹于上”。外凿城濠，南通长江，北接山溪。其后几任郡守亦连续凿城濠，建楼橹。

嘉定六年(1213)，郡守李道传向朝廷提出增筑东西两翼城的请求，主要还是从战争出发，考虑守城御敌的需要，实际上也是城市快速发展的要求。《申文》说：“淮东路程，自滁州取六合，自盱眙取天长，两路会于真州，两昼夜可到。既到真州，四十里可渡镇江，六十里可渡建康，实为陆路要冲。城内居民，比城外仅十分之一。自转运司以及富豪大贾之家、交易繁会之处，皆在城南。”

---

① 清道光《重修仪征县志》。邵泰(1690—1758)，字峙东，号北崖，清顺天府大兴县(今北京市大兴区)人，侨居江苏，康熙六十年进士，改庶吉士，授翰林院编修，曾主四川乡试。

《申文》说："照得州城狭窄，所以前任尝议增筑，包裹东、西两厢阛阓数千家于新城之内。然累任守臣莫敢申其说者，工役不小，用赋殷广。朝廷科降或艰，未免添贴。州郡分外责任，徒尔自劳。规模有绪，则后人享成终之名。工役中缀，则一身受罔功之责。""道传当先立规模，使后来可继。……后来者为之不缀，不患不成。"第二年，"再请于朝，颇从之。会迁官，未果"。

嘉定八年，知州丰有俊上札子提出规划："翼城足为东南之阻障，而未可尽包括之形胜。莫若南至潮河为准，由北山下至岳庙后，循古濠回环围绕，周流贯通。广阔深潜，与潮河一等，开掘深阔，通为一大河。以濠土积于濠之里岸，大濠既成，土城亦就。"经过再三申请，朝廷终于"诏许之"。因为费役繁大，丰有俊任内只完成东城部分工程，西城尚未涉及。

增筑真州东西两翼城由李道传"先立规制"，他很清楚"惟工役重大一说，诚不可忽。然道传前来所申，固不敢谓任内可以了毕"，明确主张"要当以果断立事而不牵以浮言，以持久成功而不责于近效，庶几财不大伤，人无虚扰"，着实是有大胸怀，属于想做事、会做事的人。继任丰有俊也对筑城作出具体规划，隆庆《仪真县志》说他"慷慨有大志"。虽然功成不在己任，他们却功不可没。

经过连续几任知州的努力，宝庆元年(1225)，郡守兼运判上官奂友全面完成了东西两翼城增筑工程，"两翼之形始备"。南城则因地制宜，依托潮河为天然屏障。因为"城之南，面江，其势缓，且重迁民居，难议版筑。乃即潮河之南，创开重濠，垒土为垄，与东、西两翼城形势相接，为城门、拖板桥各一"[①]。至此，实现了将城南的重要设施和繁华区包入翼城内，形成外濠内城、水阻屏蔽

---

① 〔明〕申嘉瑞、潘鉴、李文、陈国光修《仪真县志》。

的布局，达到遏金骚扰、守城居安的目的，真州城在原来建安军城的基础上也扩大了规模。刘宰《记》评价说："形势天成，江山改观。"2008年，仪征市区东南隅清真寺河道的东端发现东门水门遗址，水门的上半部砖砌券顶建筑已毁，水门的平面呈东西走向，主体部分由南北两厢的石壁、进出水口两侧的四摆手、门道及残存的夯土城墙等组成。水门东西长17.5米，西面进水口宽12米，东面出水口宽11.5米。南北两厢石壁长13.4米、宽2.2米、高3.8米。摆手长3.16米，与厢呈45度夹角。水门门洞宽7.7米，过道地面用青石板平铺而成，下为密集的木桩。水门上券顶及墙体与主城墙连为一体。根据地层叠压关系及文化层中出土的遗物，可分为近现代堆积、明清堆积、宋元堆积和泥沙冲积层。考古发掘发现，东门水门遗址位于南宋以来真州城的东城墙跨越河道的地方，水门跨河而建，用于城墙下船只通行及河道防御。其工艺讲究，制作精良，使用时间较长。考古情况与文献建筑吻合，可以确认遗址就是真州城东门水门遗址，水门的始建年代为南宋。

乾道六年(1170)，陆游赴夔州任通判，从山阴(今浙江绍兴)出发，乘船由运河、长江水路入蜀。途中在真州停留，由知州王察陪同游览，其《入蜀记》说，仪真"市邑、官寺比数年前颇盛"。

明隆庆《仪真县志》记载，宋时乡落坊巷二十有九。清道光《重修仪征县志》引陆志(康熙五十七年知县陆师主修《仪真县志》，下同)说："宋巷有十：曰石头，曰马公，曰洞庭，曰上水，曰下水，曰腰闸，曰仓，曰蒲，曰葫芦套，曰猫儿河。"又说："宋市有三：在朝宗门左曰黄池市，门外曰大开图画楼。左曰南市、北市。郡守吴机创屋七十楹，俾民就居，遂成阛阓。"

淳熙间，郡守左昌时重建毁于战火的壮观亭，并在其西北种植松树上万棵，在南谷种植桃、李、梅、杏、杨柳数千株。"仪真之士民

东门水门遗址

东门水门遗址平面图(引自《江苏水利文化丛书·水利瑰宝》)

登而乐之。”绍熙二年(1191)四月,杨万里《重建壮观亭记》写道:“仪真游观登临之胜处有二,发运司之东园,北山之壮观亭是也。”

在这里渡江时,杨万里为江上景色吸引,作《渡扬子江》诗:

只有清霜冻太空,更无半点荻花风。
天开云雾东南碧,日射波涛上下红。
千载英雄鸿去外,六朝形胜雪晴中。
携瓶自汲江中水,要试煎茶第一功。

咸淳年间(1265—1274),知州孙虎臣重建丽芳园,有记云:“滨湖一景,水绕烟闲,浮屠祠庐,金碧参差,桥堤起伏,互相映带,实尤一郡之胜。”[①] 因见旧亭圮陋,故拆而新之。新亭临湖,天气不同,景色各异。“荷秀于前,鸥狎于外,送夕阳,溯明月,此景之宜于晴者也。而或雨至天暝,楼阁空濛,树色浓淡,此又宜于阴者。及夫雨收云敛,天定水明,则有不可以形容者。”[②] 取名湖光亭。又在旧亭原址重建一亭,“杂植群卉、修竹”,定名丽芳亭。“二亭既就,每与客来游,把酒赋诗,必竟日而去。”[③] 据旧志记载,丽芳园可能在“城东水会处”。

南宋控制的疆土不及北宋的三分之二,但国家每年的岁入却与北宋相等,甚至高于北宋。如前文所述,占全国四分之一真钞的发行,反映了真州与盐的紧密联系和在全国的重要地位。庆元初,刘宰《送邵监酒兼柬仪真赵法曹呈潘使君》诗,从广阔的视角描绘了当时的概貌,留下了古城仪征水与城连为一体,市与舟互相彰显,水运繁忙、城市繁荣、市场兴旺的真实写照:

①②③ 〔宋〕孙虎臣《丽芳园记》,载顾一平《扬州名园记》。

仪真来往几经秋，风物淮南第一州。
山势北来开壮观，大江东下峙危楼。
沙头缥缈千家市，舻尾连翩万斛舟。
去去烦君问耆老，几人犹得守林丘。

喜儒崇文风气犹存，战争期间州学屡毁屡建。绍兴间，真州通判洪若拙《记》曰："六十余年，旧观湮没，岿然一新。学校之盛，甲于江淮。"乾道间(1165—1173)，著名词人、江东转运使韩元吉《记》曰："吾州之民得为士，而士自是安于学也。"南宋期间真州制科进士人数与北宋大致相仿，还有两位以医学和科技服务于当代，又有著作传世的专家人物。

一位是医学家许叔微，字知可。绍兴二年进士，曾任集贤院学士，后人称许学士。著述现存的有《伤寒发微论》《伤寒百证歌》《伤寒九十论》，对汉末著名医学家张仲景《伤寒论》的内容有所发挥。另有《普济本事方》，记录医案及经验诸方，为历代中医的重要学习资料。据载失传的还有《仲景脉法三十六图》《翼伤寒论》《治法》《辩类》等。

建炎初，仪真成为宋金战争前线，战火焚烧，瘟疫流行，人民缺医少药，生命受到严重威胁。许叔微正值中年，医药事业也进入成熟期，他亲自到里巷中送医送药，诊治救活的病人不计其数，显示了一个医药家强烈的社会责任感和职业精神，也为后人留下了宝贵的精神财富。

一位是农学家陈旉(1076—1156)，真州西山人，号西山隐居全真子。他博学多才，不求仕进，却亲事耕耘，用心钻研农业生产技术，在实践中摸索出不少改造山田的路子和粮食增产的措施。他首创了一种人造田块叫作"葑田"，就是用木头绑成木排放在沼

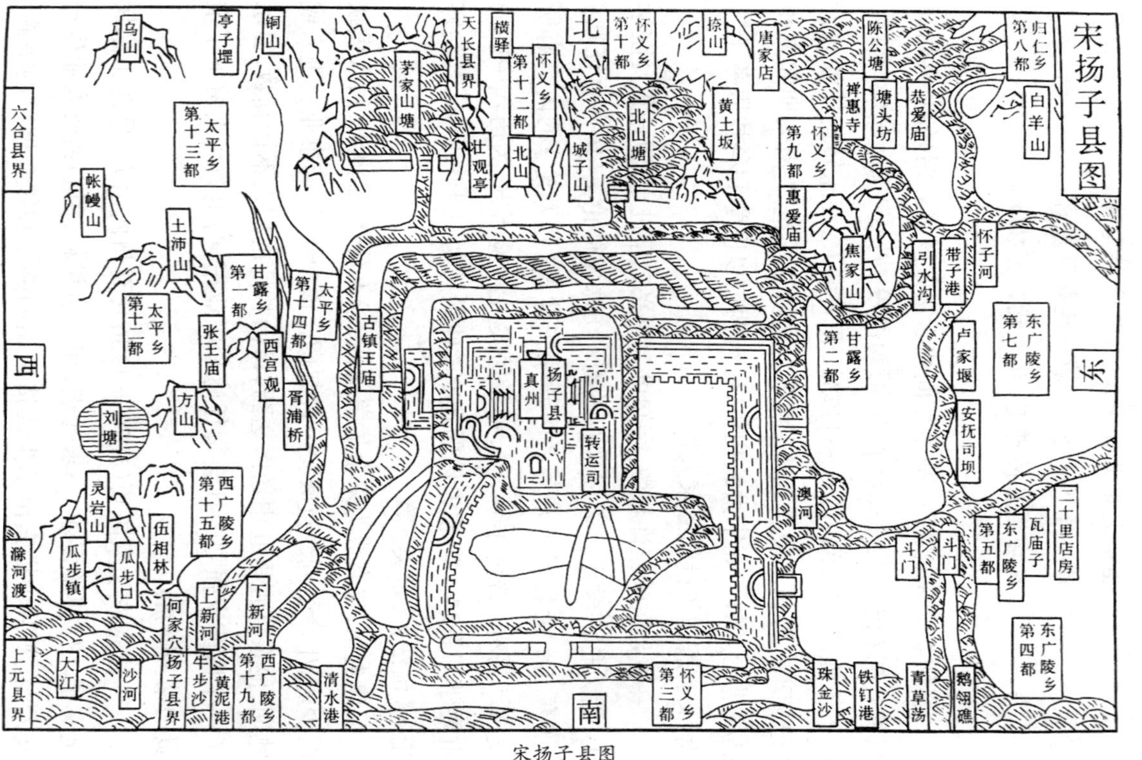
宋扬子县图
归仁乡第八都
白羊山
陈公塘
掉惠寺
塘头坊
恭爱庙
唐家店
捺山
怀义乡第十都
北
黄土坂
北山塘
城子山
怀义乡第十二都
北山
横驿
天长县界
壮观亭
茅家山塘
铜山
亭子堽
乌山
六合县界
太平乡第十三都
帐幔山
怀义乡第九都
惠爱庙
焦家山
引水沟
带子港
怀子河
东广陵乡第七都
卢家堰
安抚司坝
甘露乡第二都
东
古镇王庙
太平乡第十四都
甘露乡第一都
土沛山
太平乡第十二都
张王庙
西宫观
胥浦桥
西
方山
刘塘
扬子县
真州
转运司
澳河
二十里店房
瓦庙子
东广陵乡第五都
斗门
斗门
西广陵乡第十五都
灵岩山
伍相林
瓜步镇
瓜步口
滁河渡
上新河
下新河
何家穴
东广陵乡第四都
上元县界
大江
沙河
扬子县界
牛步沙
黄泥港
西广陵乡第十九都
清水港
南
怀义乡第三都
珠金沙
铁钉港
青草荡
鹅翎礁

宋扬子县图

泽处的水面上，然后在木排上堆积泥土，做成一丘一丘的水田种植水稻。因为当时周围生长着很多树木，木材资源很丰富。“葑田”浮在水面上，既不怕旱，又不怕淹，产量也不低，当时还被推广到江南去。

绍兴十九年(1149)，陈旉七十四岁时，写成《农书》三卷，计一万二千余字。上卷讲述水稻种植技术；中卷讲述水牛的饲养管理和疾病防治；下卷讲述植桑种麻，其中特别推荐桑麻套种。真州知州洪兴祖为之作序，在他的帮助下，陈旉《农书》得以刊印流传。洪兴祖还组织流民复业垦田七万余亩，推广陈旉《农书》的增产经验，获得好收成。明时，陈旉《农书》被收入《永乐大典》。清时，又被收入《四库全书》。新中国建立后，陈旉《农书》作为我国最早的古农书之一，经现代农学家万国鼎校注，由农业出版社出版发行。这是宋代流传下来的唯一农书，也是我国现存最早阐述南方水田耕作技术的综合性农书。

元代篇

开辟新的入江河段

珠金沙河·旧江口

元朝建都大都(今北京),京城粮食需要量大,同时元朝初年还不断进行对外战争,也需要供应大量的军粮。这些粮食,主要取自江浙地区。元朝刚灭南宋时,仍然利用隋唐运河旧道转运漕粮,因为运河河道多有壅塞,水陆转运颇多不便,于是元朝政府着手组织对大运河进行大规模的治理与修凿。

元廷内立都水监,外设各处河渠司,以兴举水利、修理河堤为务。至元年间,采取“弃弓取弦”的办法,将大运河从徐州改道直接往北,漕运不再绕道开封、洛阳。这样,大运河便由杭州经江苏、山东、河北、天津至北京,沟通海河、黄河、淮河、长江和钱塘江五大流域,全长1700余公里。《元史·河渠志》卷六十四载:“运河二千余里,漕公私物货,为利甚大。”这就是后世所称的京杭大运河,是元代对祖国漕运事业发展最突出的贡献。当时把运河分为七个部分,从黄河直到扬州入江口称作扬州运河,又称扬州漕河、淮东漕渠。

仪征运河也进行了多次疏通。至元末年,疏通宋之所称相当于古邗沟的真楚运河。大德十年正月,令盐商每引输钞二贯,作为佣工资费,疏浚真、扬等州漕河。延祐年间,大规模整治江北段运河。直到元末顺帝时,王都中[1]为两淮盐运使,还引海水入扬州漕河,以通江淮。修筑陈公、句城、上下雷塘及输水渠道,又疏浚珠金沙河,以保证船只行运。

元初在运河管理上,也沿袭了宋代的做法。大德三年(1299),自通州至两淮沿河设置巡防捕盗司共99所,负责管理运河。

前述珠金沙河是新城至旧港的通江运口,河道从珠金沙进入长江,所以取名珠金沙河。珠金沙是仪征东南十里临江的一处沙滩,地属珠金里,南宋时已经出现,文天祥有诗曰:“我作珠金沙上游。”《辞海》说,沙,细碎的石粒。引申为含沙质的水中滩或水旁地。明隆庆《仪真县志》说,珠金里在“怀义乡”,为“十一都”。

南宋末,珠金沙是真州的重要军港,宋元军队曾经在这里发生过激战。德祐元年(1275)七月,元军阿术部将忽剌出在珠金沙大败宋军,宋军阵亡二千多人。九月,阿术派遣部将张弘范等以拔都兵船千艘袭掠珠金沙。德祐二年五月,宋军冯都统等自真州率兵二千,船百艘,袭击瓜洲。阿术派遣部将昔里罕、阿塔赤迎战,大败宋军。元军追至珠金沙,夺得宋军船只七十余艘,冯都统等落水而死。景炎元年(1276),阿术率兵侵占珠金沙,知州苗再成及部属赵孟锦战死,元兵攻陷真州城。

隆庆《仪真县志》记载:“泰定元年(1324),珠金沙河淤堙,诏发民丁浚之。”这是方志中关于珠金沙河的最早记载,但是这次施工是疏浚,而非新开。那么珠金沙河开挖于什么时候呢?从方志记载看,南宋末屡提及珠金沙,却始终没有出现珠金沙河的身影。好在《全宋诗》收录有南宋诗人吴芾《到仪真沙河阻风》三首,为

---

① 王都中(1279—1341),字元俞,号本斋,元福宁(今福建宁德市霞浦)人。官至两任“行省参知政事”,史称“元时南人以政事之名闻天下,而位登省宪者,惟都中一人而已”。

我们提供了重要信息。诗云：

快意由来未易逢，顺流却值打头风。
篙师知是江神怒，引棹重回小浦中。

求退那知却冒迁，天心人意古难全。
今朝行役还堪笑，下水船为上水船。

连日狂风已作难，今朝浊浪更如山。
江神坚我归田志，故示危机一水间。

吴芾（1104—1183），字明可，号湖山居士，浙江台州府（今浙江省台州市仙居县田市吴桥村）人。绍兴二年进士，他先后官秘书正字、监察御史、吏部侍郎等，曾因揭露秦桧卖国专权被罢官。两淮抗金失利，吴芾力排众议，建议高宗亲征，驻跸建康，“以系中原之望”。他曾言，为官“视百姓当如父母，视公事当如私事；预期得罪于百姓，宁得罪于上官”，终为权臣所忌，出治太平州（今安徽当涂、芜湖辖境）。乾道五年（1169），吴芾以龙图阁直学士告老还乡。诗即“归田”途中所作。根据诗意，行程是从长江上游“顺流”而下，即水上行话所说的“下水”，然后从镇江转入江南运河。到仪真时，停泊沙河暂避风浪，重新出发又遭遇“打头风”，“浊浪更如山”，只得重回“小浦”暂避。无疑南宋初仪真已有沙河。

这时沙河是不是仪征运河的通江运口呢？方志记载，北宋建成的真州复闸（木闸）南宋仍然在运行使用，并于淳熙十四年进行了维修，嘉泰元年又改建为石闸。扬州守臣熊飞说：“扬州运河，惟藉瓜洲、真州两闸潴积。”[1]可见南宋时入江口门与北宋时相比没有变化。这时沙河与仪真运河可能并不连通，也可能连通但并不通航，只是与港口配套的通江港河，主要供江上船只停泊休憩和避风，故吴诗曰“引棹重回小浦中”。方志因此只记珠金沙，而不提沙河。又据方志记载，明代仪真才出现“旧江口”的说法，“旧”自然是旧时之谓。据此，可以推断珠金沙河作为运河通江口，始于元灭南宋以后不久，与元代漕运形势密切相关，可能也与扬子县治迁移至新城有关。

珠金沙河的开通是仪征运河建设中的一件大事，自此仪征运河开辟了新的入江河段和口门。隆庆《仪真县志》记载：“运河，即官河。自县治西南迤东行四十里，过乌塔沟，入江都界。旧志云：‘有南北两汊，一通灵潮堰，一通扬子江。’”清道光《重修仪征县志》引陆志亦说：“运河有二汊：一自汊河北，至城西南灵潮堰，旧于此转漕，久已湮废。一自汊河之南向西，越两闸出江。河之东五十里，达扬州官河。”汊河开挖于南宋，隆庆《仪真县志》说：“在县东一十里。其水出山涧，通官河。”

从方志记载可以看出，运河自汊河之南向西出江一汊就是珠金沙河，也就是现在沙河的前身。明末清初旧江口淤塞，渐成陆地，不再临江，入江口折向黄泥港，后来又移到今天的沙河口。清末前从旧江折向西从仪泗河入江。同治间开通了运盐河，基本形成现在河道形势——沙河、盐河、仪泗河三河在旧港相交。沙河和盐河北段由卧虎闸至旧港为合流河段，自旧港分流入江，沙河流向西南，盐河流向东南。

另一汊则是宋时运河入江河道。方志记载所谓“汊河北”，笔

---

① 〔清〕王检心监修，刘文淇、张安保总纂《重修仪征县志》。

者以为是相对于南向河道而言。因为汊河"水出山涧，通官河"，释其义，汊河自山涧汇流后向南入运河，河道应当是在运河北。如果说运河在汊河之北，那么山涧水就是直接入运河，而不是入汊河，这是说不通的。其入江口也多有变化，明代有闸河入江，后来又有上江口和下江口。清末经过多次"展宽"和浚捞，泗源沟由"方舟不足以容"的"小沟"，成为运河的通江河段和口门。民国末年以后，沙河口、仪泗河口和泗源沟入江口相继堵断。新中国建立后，开辟了新泗源沟，即现在的入江口。

元时仪征运河作用和地位如何？据《元史·河渠志》记载："自世祖屈群策，济万民，疏河渠，引清、济、汶、泗，立闸节水，以通燕蓟、江淮，舟楫万里，振古所无。"但是后来"久废不修，旧规渐坏，虽有智者，不能善后"。"都水监元立南北隘闸，各阔九尺，二百料下船梁头八尺五寸，可以入闸。愚民嗜利无厌，为隘闸所限，改造减舷添仓长船至八九十尺，甚至百尺，皆五六百料，入至闸内，不能回转，动辄浅阁，阻碍余舟，盖缘隘闸之法，不能限其长短。"泰定四年（1327）四月，御史台组织调研，"巡视河道，自通州至真、扬，会集都水分监及濒河州县官民，询考利病"。其中重点是在真州考察，"今卑职至真州，问得造船作头，称过闸船梁八尺五寸船，该长六丈五尺，计二百料。由是参详，宜于隘闸下岸立石则，遇船入闸，必须验量，长不过则，然后放入，违者罪之。闸内旧有长船，立限遣出"。于是，"省下都水监，委濠寨官约会济宁路委官同历视议拟，隘闸下约八十步河北立二石则，中间相离六十五尺，如舟至彼，验量如式，方许入闸，有长者罪遣退之。又与东昌路官亲诣议拟，于元立隘闸西约一里，依已定丈尺，置石则验量行舟，有不依元料者罪之"。为了制定相关规范，御史台进行了调研，尤以真州运河为主，可见其在运行管理中具有重要的代表性和示范作用。

漕运和淮南盐集散地

元代漕粮主要取自江南官田每年的收成。漕运的规模，至元、大德年间为百余万石，后来增加到三百余万石，最高为天历二年(1329)三百五十余万石。内河运输的线路，是由长江辗转入淮，逆黄河上达中滦旱站(今河南封丘西南)，陆运到淇门(今河南浚县西南)，再入御河(今卫河)水运到大都。由江入淮仍然是通过真扬运河和瓜洲伊娄河溯流而上。朝廷立京畿、江淮都漕运司二，各置分司，以督纲运。每岁令江淮漕运司运粮至中滦，京畿漕运司自中滦运至大都。《仪征市志》记载："元时真州每年中转漕粮下降到数十万石。"

由于运河漕运常因天旱水浅，河道淤塞不通，致使漕船不能如期到达。至元十九年(1282)，元廷采用太傅、丞相伯颜的建议，由海道北上。至元二十四年，始立行泉府司，专掌海运。数年后，海运数量增加到五十余万石，于是粮食运输逐步以海运为主，传统的内河运输退居次要地位。

据《元史·食货志》记载，直到至大四年(1311)，湖广、江西的漕粮都是运送到真州，然后泊入海船。由于海船船大底小，并非江中所宜。同时江东宁国、池、饶、建康等处运粮，都是由海船从长江逆流而上，江水湍急，又多石矶，走沙涨浅，粮船俱坏的情况屡屡发生。所以，此后改为在嘉兴、松江将江淮、江浙漕粮集中装运出海。"海漕之利，盖至是博矣。"清道光《重修仪征县志》说："元时，以海运为主，而疏于漕河。"又说："元至元二十年至天历二年，俱行海运法。亦有运自真者，无考。"

真州同时是淮南盐集散地。《元史·食货志》说："国之所资，其利最广者莫如盐。”元统治者深知盐利对国家财政的支撑作用，所以元宋战事未息，忽必烈即下令“从实恢办”茶、盐、酒、醋等南方各色课程。至元十三年(1276)，两淮及两浙、福建、两广盐区均被元朝控制，随即在南宋原有基础上设立了两淮、两浙等处的盐务管理机构。至元十四年，在扬州设两淮都转运盐使司，隶属江淮行省(治扬州)。大德四年(1300)，在真州、采石(安徽当涂)两处设置批验盐引所[①]。隆庆《仪真县志》记载：“批验盐引所，元大德间，置于本州。”真州设提领、大使、副使各一员，提领秩正七品，大使正八品，副使正九品。当时盐课未有定额，但从实恢办，自后累增至六十五万七十五引，至大年间达到九十五万七十五引，行盐江浙、江西、河南、湖广等地。意大利人马可·波罗在他的游记里记载：“大城镇真州，从这里出口的盐，足够供应所有临近的省份。大汗从这种海盐所收入的税款，数额之巨，简直令人不可相信。”[②]

课额全国之最

元朝实现统一后，曾经一度中断的运河又开始恢复昔日繁忙的景象，真州作为运河与长江衔接的重要口岸，成为“南北商旅聚集去处”。吴澄《复庵记》说：“望江中帆船，往来上下，梭织交错，络绎不绝。”真州到处停泊着南来北往满载货物的船只，是具有影响的重要城市。

2010年山东菏泽市区一处建筑工地发现一艘古代木质沉船，依据考古出土的文物推断为元代商船。据专家推测，此船雇主很

---

① 批验盐引所，官署名，清朝置于朝廷之中央机构，辖下设大使等官员，主要任务为改良盐务，并辅佐运盐司等主事单位。

② (意)马可波罗口述，鲁思梯谦笔录，陈开俊等译《马可波罗游记》。

可能是在南方做官的元朝官员，因战乱租船举家从真州出发向元大都搬迁，不料在“搬家”返京途中惨遭沉船，而这艘古船很可能就是扬州一带建造的。因为运河再度畅通的同时，扬州一带的造船业也有了极大发展。据史料记载，除了民间外，官方也办了很多造船厂，主要在仪征、高邮、兴化、通州、盐城、泰州和扬州。这一发现也可以佐证元代真州作为重要港口城市的地位。

元代真州建置不但保留，一度还升级为路。至元十三年，设立真州安抚司。十四年，改真州路总管府，设置录事司。二十年，撤销录事司，划入扬子县。二十一年，恢复真州建置，下辖扬子、六合二县。二十八年，扬子县治由真州附郭迁移至新城。至正十二年（1352），置淮南行省于扬州。当时河南兵起，两淮骚动，以赵琏[①]参知政事，移镇真州。

南北大运河与海运的全线打通，不同程度地带动了大批市镇的兴起与发展，当时的税额状况反映了真州的兴盛和地位的重要。大都作为首都，凭借特殊的地理位置和畅达四方的水陆通道，沟通南北两大经济区，并进而联结欧亚，是一个国际性大都市。元代中期大都商税为十万三千余锭，仅次于江浙、河南二行省。其余各行省的税收总数，尚不及大都一市。而真州作为一个地级市，办课总额已经达到一万锭以上。《元典章》称真州“与杭州及其附近的两处一起，成为全国之最”。

珠金沙河开通后，新城以南一带，也成为运河进入长江的运口，史称“旧江口”。漕、盐运从这里经过，商贩往来不绝，形成一个繁荣兴盛的商埠，至今仍然留有“旧港”的地名。新城，这个相

---

① 赵琏，字伯器。元至治元年（1321），登进士第。至正间，河南兵起，湖广、荆襄皆陷，两淮亦骚动。朝廷乃析河南地，立淮南江北行省于扬州，以琏参知政事。既至，分省镇淮安，又移镇真州。张士诚降而复反，赵琏为其所害。及乱定，归殡于真州。

北
乌山
大铜山
小铜山
白羊山
陈公塘
句城塘
铜山源
城子山
蜀山
秦子沟
乌塔沟河
运
古
左安城
横山
真州
扬子县
伊娄河
灵岩山
方山
胥浦
珠金沙河
刘塘
丫山
瓜步山
瓜步镇
神山
胥山
天宁洲
新洲
小帆山
黄天荡
扬子江

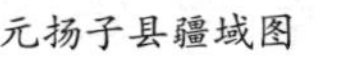
元扬子县疆域图

传由谢安筑于东晋时期的古镇,在元至元二十八年到明洪武二年的 78 年间,成为扬子县的县治所在,这是仪征历史上唯一州城和县城分治而又并存的时期。

隆庆《仪真县志》一则纪闻说,至大初,真州大疫,当时,孚惠先生恰好由浔阳云游到这里,“以道术治之,辄投效”。当时孚惠先生的寓居地在新城以南,相距旧江口大约一里。可以推测孚惠先生的活动主要是在扬子县城一带。

为了铭记孚惠先生的功德,人们在旧江口创建道宫,奉祀和纪念他。时间一长,道宫渐渐颓坏。他的徒弟五峰老人雷希复又在原址重建,规模扩大了很多,“殿堂、门廡、房室、园田、仓瘐,罔不毕备”,与其祖师真牧先生的九宫山瑞庆宫、师傅孚惠先生的浔阳寿圣观几乎不相上下,并更名为通真万寿观,又称通真万寿宫。明洪武初,雷希复的徒弟中有曾经受教于孚惠先生的,在新城镇附近择址兴建都天司药神祠,专祀司疫之神。庙在鼎盛时颇具规模,殿宇、神楼、斗坛俱全,还有庙前石坊、临河石坊、石岸等配套建筑,就是方志记载的都天庙。这是关于元时扬子县极少见的一项记载,对于今天研究其社会、文化和宗教活动状况不无裨益。

虽然元时史料缺乏,方志仍然可见真州文士云集和尊儒崇文方面的记载。当时有一个著名学者,即前文提及的吴澄。史载,吴澄名气很大,“出登朝廊,退居于家,所经,士大夫皆迎请执业。四方之士来学者,千数百人”。清道光《重修仪征县志》引胡志记载:“大德七年(1303)秋,吴澄至真州。淮东宣慰使珊竹介、工部侍郎贾钧、湖广廉访使卢挚、淮西佥事赵琰、南台御史詹士龙及翰林学士元文敏诸公皆致币,率子弟请澄讲学。”后来吴澄于皇庆元年(1312)春和延祐五年(1318)秋又两次到真州讲学。

还有一个著名学者张䇓,字达善,授建康路教授,改孔颜孟三氏教授。不久朝廷再授他为文林郎、东平教授。张䇓称病不就，而“归于仪真，依江东宣慰使珊竹介以处，远近翕然，尊为硕师”。死后即安葬在真州三城里。隆庆《仪真县志》记载，至元中，真州守臣因为郝经、吴澄、张䇓曾经在这里久居过，故建三贤祠祭祀。明宣德七年（1432），知县李升重建于文庙之东。

一代书画大家赵孟頫与仪征也有关联，隆庆《仪真县志》有传。赵孟頫是宋太祖赵匡胤的第十一世孙，字子昂，号松雪道人，生于吴兴（今浙江湖州）。14 岁时，“用父荫补官，试中吏部铨法，调真州司户参军”。因为年少，仍然在老家读书。不满 20 岁时，“试中国子监”，才正式到真州任职。这时还是南宋，三年后真州被元军攻陷，赵孟頫即离开了真州。

宋亡后，赵孟頫两次拒绝出仕。直到十年后才奉诏出山。至大二年（1309），由两浙儒学提举奉太子诏令到翰林院任职，在乘船由杭州北上大都路过真州时，赵孟頫应邀为“元刑曹尚书江东宣慰使珊竹介墓”书写墓碑并篆额。赵孟頫书法和绘画成就最高，开创元代新画风，被称为“元人冠冕”，与颜真卿、柳公权、欧阳询并称楷书“四大家”。他善篆、隶、真、行、草书，尤以楷、行书著称于世。他书写的墓碑并篆额自然备受关注和追捧，据载，碑文“因摹搨者众，今石虽丰隆，而下方渐泐矣”[1]。

这里有必要介绍一下前文屡屡提及的珊竹介。珊竹介，字仲清，蒙古名拔不忽，官至刑曹尚书、江东宣慰使。后因目疾辞官，没有北归而定居真州，相继聘请张䇓、吴澄当老师，教授诸子，“朝夕闻其诵说，遂致知义理之学而笃行之，身屡如是修之”。临终前，

① 〔明〕申嘉瑞、潘鉴、李文、陈国光修《仪真县志》。

对子女交代:“蜀冈土腴,予预为兆矣,不可他茔。”[①]死后即葬在城西北义城里。

清道光《重修仪征县志》记载:“泰定二年(1325),知州张震新庙学。广教养,铸祭器,以饰祀事。至正末,河南兵起,江淮骚乱,乃迁祭器,寄润州学,遂为彼有。”

由于史料缺失,今天对元代真州和扬子县知之甚少。但是真州的重要地位由现存片断史料仍然可见一二,因此也引起学界关注。在扬州城庆 2500 周年举办的“马可·波罗与丝绸之路”国际学术研讨会上,有学者将《马可·波罗行纪》与元代汉文史料相结合,讨论了真州的盐政、粮食运输和经济地位。

不过扬子县城具体在什么位置,还有没有遗存,至今仍然鲜有发现。2016 年 2 月,仪征市博物馆在新城镇冷红村一处水塘工地组织考古发掘,出土大量元代瓷片,还有生活用井栏等,可以确定这是元代先民的聚居地,成果颇丰,填补了长期以来元代考古和出土实物的不足。相信随着考古和地方史研究工作的不断深入,元代扬子县终将被揭开神秘的面纱。

---

① 〔明〕申嘉瑞、潘鉴、李文、陈国光修《仪真县志》。

明代篇

漕运空前繁荣

岁漕由仪真入运者十七八

明朝刚刚明建立的时候,曾经定都应天府,就是今天的南京。当时因为大规模北伐,北方一时聚集了众多的军队,庞大的军需粮饷必须仰给于富庶的江南和东南沿海。这时的仪真紧邻京师,仍然是漕、盐运的重要运口。清道光《重修仪征县志》引胡志说:“明洪武间,江南之漕,有从太仓过洋达直姑者。有从仪真达淮,由盐城开洋者。”“永乐九年(1411),平江伯陈瑄[①]请半仍海运,半由河运。其河运者,由仪真达淮、入河。”

《明太祖实录》记载,湖、广、江西等处运粮船由仪真县城西南的大江黄泥滩口过南坝,驶入运河,过淮安坝,以达凤阳及以北州县。凤阳因为是皇室先世陵墓所在,明初改立府置,建为中都,地位已经显得十分重要。浙江等处运粮船,从下江入深港,过扬子桥至运河。凡运砖木船只,皆自瓜洲过堰,不相混杂。

黄泥滩是仪真运河入江口。道光《重修仪征县志》引陆志载:“在县西南四里,水通大江,入十字河。”又载,有黄泥滩渡、黄泥滩

① 陈瑄(1365—1433),字彦纯,合肥(今安徽合肥)人。明代军事将领、水利专家,明清漕运制度的确立者。

坊。根据方志记载，过黄泥滩即进入十字河，关王庙在十字河东北岸，大码头都会桥在关王庙右。黄泥滩作为历史上著名的运口（渡口），始于元，延于明清，特别在明初是漕运重要的通江口门。元代教育家许谦有《过黄泥滩》诗：

夜深风息水安流，白雁黄芦满眼秋。
行李萧萧官棹稳，卧看明月过真州。

永乐十九年（1421），迁都顺天府（今北京）后，朝廷官僚人数不断扩充，其俸饷随之增加。京军和北方驻军数目非常庞大。明初曾实行“以屯养军”，但屯田为时并不太长，自宣德时起便开始破坏。至弘治、正德年间，则已“天下不复有屯政矣”。这样一来，京师和北方巨额的军粮，就不得不完全依赖漕运来补给了。

明历代统治者无不视漕运为“朝廷血脉”“国家大计”。洪武时，供应北方驻军漕粮年额300万石。永乐初，在200余万石。十三年（1415），漕路畅通后漕粮大增至500万石，至宣德七年创造了674万石的历史最高纪录。不过，通常则一直保持在400万石左右。而且明代始终是以“河为正运，海为备运”，因此形成了漕运事业空前繁荣的局面。

明隆庆《仪真县志》记载，吏部尚书王僎《复闸记》说：“国家自迁都北平，岁漕江南粟数百万斛，以供亿京师，由仪真入运河者十七八。至于仕者之造于朝，商贾之趋于市，置传征徭之出于途，其往来络绎，亦多取道于斯焉。”道光《重修仪征县志》引胡志记载：“成化十年（1474），尽行兑运。江、广两省暨池、江、徽、安等府船，悉由仪真入闸；两浙、苏、松等府船，由瓜洲入闸，历淮、济，直抵通湾。”

明代前期漕运经历了支运、兑运和长运三个发展阶段。支运即转般法。兑运法是指漕粮先由民运至附近的水次仓,然后由官军全力负责运往京师或者其他指定地点,亦即官民联运。长运法又称改兑法,也就是直达法,由运军直接到有漕省份的各水次仓取粮,然后径直运往京师或者其他指定地点。漕运方式直到成化中期才最终确立和完善起来,官军长运成为定制。

道光《重修仪征县志》引旧志:"仪真卫运船一百一十只,每岁以指挥一人,千户三人,百户五人,军余千一百人,遵听总漕部院拨赴水次领兑。在仪真本县漕米,亦遵听总漕部院拨别卫官军领兑。每岁运粮三万三千七百七十二石。内:兑运二万七千九百三十一石,改兑五千八百四十一石。"

朝廷起初设漕运总兵官。景泰二年(1451),开始设固定的专职文官漕运总督,常驻淮安,简称总漕或漕标,与总兵、参将同理漕事。隆庆《仪真县志》记载:"漕抚行台,在县东南。嘉靖十一年(1532),漕运兼巡抚右副都御史刘节、知县王皞,即东岳废祠建。"刘节有《记》说,行台系其巡行仪真时建,堂、序、室、厢俱全,颇具规模,"登重屋而望焉,水环如壁,其湛如鉴,乃缭以垣,其垣言言"。"既宴既处,维王命是宣,而漕政出焉,抚台行焉。"隆庆《仪真县志》又载:"参府,在县东门外,河北。嘉靖十六年(1537),漕运参将王元伯建。"道光《重修仪征县志》又引李志(清雍正元年知县李昭治主修《仪征县志》,下同):"后漕抚总督归并淮抚,遂废。"

漕粮到达京师的期限,也有严格的限制:"北直隶、河南、山东为五月初一,南直隶为七月初一,浙江、江西、湖广为九月初一。"漕船出发时当地管理机构要发给限单,由经过的州县依次注明入境和出境的时日,到达目的地后交由有关机构查验。如果延误了期限，按照违限时日的多少，对督抚粮道的官员要给予“降罚处分”；对领运的官员，则要“捆打革职，带罪督押”。道光《重修仪征县志》引胡志：“由仪真入闸者，先后迟速，知县按日弛报总漕，运官之勤怠定焉。”

为了方便漕河上的信息传递，仪真至张家湾之间设有42个驿站，驿站除了为途中官员提供食物外，最主要的还是通信传递，信使走陆路，一日一夜可行300多里，比漕船要快得多。

由于漕运需要，当时造船业十分发达。史载有南京龙江、福州五虎门等船厂。天顺年间，限产年11775艘，崇祯初，增加到12143艘，并规定必须用杉、松两种木材打制。三年小修，五年大修，以保证质量。每艘船载重不准超过正、耗米472石，以保证吃水不致过深而影响安全。道光《重修仪征县志》引陆志：“清江厂造船办料军余一百六十四人，造船官百户一人。”

淮盐通赴仪真批验掣割

洪武十六年（1383）夏，兵都尚书单安仁[①]建议诏大使侯奎，将设在瓜洲的淮南盐引批验所移建仪真。《明太祖实录》记载，两淮盐运船可由扬子桥过仪真南坝，由黄泥滩出江，以达京师。

洪武间，凡边地缺粮，由户部出榜召商，赴边纳粮，易之与盐，按数给引，派场依次支盐，按区行销售卖，称作“开中法”。道光《重修仪征县志》引陆志：“其在淮南，十居七八，通赴仪真批验掣割，商贩江湖。洪武中，岁课二十五万余引，后增至七十余万引。”

---

① 单安仁（1304—1388），字德夫，濠（今安徽凤阳）人，官至工部尚书、兵部尚书。详见本书《治水人物篇·单安仁》。

批验掣割实行封引规制。引者,盐之文凭。商盐到所掣割后,堆贮在垣内,由掣验官将引截去字角。然后解小包装船,分认销卖口岸。这时将引露封,填注若干数目,以绳贯穿其中,投送仪真县查验盖印。

淮盐到仪真后,为什么要解捆小包?万历巡按直隶御使王晓说:“盖因江西、湖广行盐地方多山僻小县,河道浅狭,船小包大,承载为难,势不得不解包就船,水陆均便。”[①] 解捆运往各地的小包轻重斤两又各不相同,以便分别省府口岸,不致混淆侵越。

明时又有江掣规制。盐船在浦子口(今南京浦口)摆帮,南京户部委派司官到现场以部砝较秤后,发桅封开行,名为“京掣”,俗称开江。举行开江仪式后,盐船方可自行发运,分销湖、广、江西和江南各地。万历间,盐务归并盐院,江掣规制依然如故。后因盐船招风,即改在仪真旧港掣挚,故称为“江掣”。

明时各大盐区设都转运盐使司,于运盐使之上,增设巡盐御史一职,代表皇帝监察运使履行职责。明初百年以通州为治所,成化间(1465—1487)始移驻府城扬州。淮南盐引批验所设在仪真县南二里一坝二坝间,隶属于两淮转运使司,是两淮盐区两个批验盐引所中的重点。最初移建仪真时,比较简陋,“设大使一人。正统间(1436—1449)始以御史监察,建前后堂、引库、书算房凡七十八楹。开二门,东西直对,临掣时,商盐由东入,秤毕,由西出”[②]。

按照惯例,运使每临掣,驻城内察院。明隆庆《仪真县志》记载:“明察院,一在县东儒学右,洪武三年(1370),知县贾彦良创建,制如漕台。一在城隍庙东,弘治十八年(1505),知县马论建,制如察院而少杀,后名公馆。”清道光《重修仪征县志》引胡志:“原

---

①② 〔清〕王检心监修,刘文淇、张安保总纂《重修仪征县志》。

有三，今存二。曰大察院，在资福寺右；曰中察院，在资福寺左，今圮；曰边察院，又在中察院左。”又说：“明万历间，有盐马厅（督捆厅），在南门仓巷内。卤司属临仪督捆，驻此。”嘉靖五年（1526），奉命巡视两淮盐政的戴金有《题东察院壁》诗：

秉节东巡二月时，入怀清味与君宜。
阜财自古资元运，煮海曾能足岁支。
省俗日忧为计晚，传餐人笑退公迟。
织乌迅速瓜期近，大愧无言复命时。

明时盐法管理十分严格，“官以司徒统领之，中丞清理之，御使监察之，运使都转之，分司于通泰，催办于亭场”。但是，面对巨大的利益诱惑，“综密”的制度还是被捅出破绽。到了中期以后，贪腐受贿、徇私舞弊、乱支滥派、节加浮课等问题已经比较突出，朝廷每每要求严厉惩处。迫于朝廷和社会的压力，历任巡盐御使不得不竭力采取一些警众倡廉的措施。

正德间，御使朱冠奉旨巡按淮盐，决定在仪真掣盐所建作誓亭，凡是被委而来管理者，必须先进行宣誓。朱冠又为誓亭作记，将建亭的意图勒石公示于众，以起到警示的作用。此后，誓亭宣誓作为一项制度得到历任巡盐御史认同，而得以延续。

批验盐引所、批验茶引所[①]，还有水驿、递运所等相关机构都是根据单安仁提议，相继从瓜洲迁到仪真的。这些机构的迁入，无疑提升了仪真的地位和影响，对仪真经济和社会发展的推动作用是积极和明显的。隆庆《仪真县志·单安仁传》直言：“凡诸

① 批验茶引所，官署名，专门管理和检验茶引的机构。

司建置悉安仁所疏请，惠利贻于一邑，今犹戴赖之。”洪武二十年（1387），单安仁去世后，相传其后人遭遇了灾祸。一说因为单安仁将盐、茶务机构迁到仪真，朝廷以“擅专”将其全家杀戮；一说瓜洲盐枭闹事，乘乱杀害了单安仁全家。仪真民众还在任寿桥南建“福祠”，塑土神着纱帽红袍，祭祀单安仁。清时邑人厉秀芳根据这样的传说，写有《景阳楼》诗：

共乐盐门今夕开，有人楼下独徘徊。
可怜如此繁华境，阁老全家换得来。

单安仁，原籍凤阳，元末时召集义兵保卫乡里，后来率众归附朱元璋，因从征有功，官至工部尚书，不久又改任兵部尚书。归明后，占籍仪真，府第在天宁寺东北。

不过，《明史·单安仁传》并没有其后人遭遇灾祸说法的记载。道光《重修仪征县志》则说：“嘉靖志云，（单安仁）子姓零替，今无存者。闻之老人言，数十年前犹有一门欤焉，今灭其迹。”其子孙不兴以至灭迹的原因却没有说。另有史料说，单安仁后自愿转居河南固始往流集西白露河侧次子定居地享晚年，去世后即葬于斯，其墓葬至今犹存，但是此说为亦《明史》所不载。《明史·单安仁传》记载，单安仁“尝奏请浚仪真南坝至朴树湾，以便官民输挽；疏转运河江都深港，以防淤浅；移瓜洲仓廒置扬子桥西，免大江风涛之患”。可见茶盐务机构迁离瓜洲，有自然条件方面的因素。单安仁的建议涉及运口和运道的通畅，并非只考虑仪真，而是从漕运大局出发，所以才迅速为朝廷所批准。

大规模治理疏浚运河

《明史·河渠志》列有“运河”专篇,指北至北京、南至杭州的运河,但总称漕河。淮安、扬州至京口以南河道,通称转运河,而由瓜(洲)、仪(真)达淮安者又谓之南河。因《明史》有“淮扬漕道”之谓,诸多史籍常称淮扬漕河、淮扬运河,仪真至扬州河道则称真扬运河。明末仪真运河又称仪河。

明时漕河因地为号,又有“白漕”“卫漕”“闸漕”“河漕”“湖漕”“江漕”“浙漕”之别。淮安到扬州本非河道,专取诸湖之水,称为“湖漕”。湖广、江西及直隶宁、太、池、安、江宁、广德漕船,顺江而下,由仪真入运,称为“江漕”。仪真运河连接“湖漕”和“江漕”,史称“运道之咽喉”。

为了保证漕盐运输畅通,明代在沿河各地设“浅铺”,仪真县设麻绵港等三处浅铺,每浅正房三间、火房二间、牌楼一座、井亭一座、旗鼓等项什物共二十六件。有老人一名、浅夫二十名,岁办桩木二百根、草一万束,树多寡不一。除了由浅夫日常保养河道外,朝廷每隔几年还要在扬州和仪真附近征集一万多人来疏浚运河。[①]

明代河道最高管理机构是总督河道衙门,长官为总督河道,简称“总河”。下设工部都水司和都水分司。自成化七年(1471)开始,增设工部郎中,分理部分河道。南河郎中驻高邮,管理淮、扬段运河河道,下设主事。成化之前,河官还不是专官,而属临时派遣,事毕而还。地方管理系统分有司和军卫文武两个系统。在沿河的

---

① 〔明〕杨宏、谢纯撰,荀德麟、何振华点校《漕运通志》。

府设同知或通判，州置判官，县立主簿各一员。武为军卫系统，各委指挥一员巡河。

仪真设有南京工部分司，原名都水分司，设置在县东南三里。创自景泰间（1450—1456），万历九年（1581）裁革。工部分司职责有二：一是管理砖厂，二是维护管理运河。仪真城东有砖厂，道光《重修仪征县志》引陆志记载，南京礼部郎中周英《重修工部分司记》说："南京工部主之，岁分司以理厂事。"砖厂规模很大，其置砖场地有三处，在厂之南两处可置砖三百万，厂之西可置砖二百万。道光《重修仪征县志》记载，总漕都御史《题为添设拦潮闸座便益粮运事》说，南京工部主事邹韶呈，"本职奉本部委，来仪、瓜二厂，收放砖料，兼管河道闸坝"。后文将要述及的拦潮闸，就是邹韶等呈文，建议于关王庙鸡心嘴闸坝会流处修筑的。据方志记载，南京工部分司为仪真水利和社会事业发挥了重要的作用。成化二十二年（1486）任主事的夏英[①]，在一篇记文中提及在仪真期间主持完成了几件大事，"若大东关闸、大忠节祠、济民桥，行春、迎喜等坊，与各街之修甃"。隆庆《仪真县志·夏英传》也说他在仪真"建文山祠，道水利，创东关。去之日，民为立碑"。

洪武五年（1372），曾移通、泰等州批验所于仪真，专管疏浚运河，史籍有明确记载的仪真运河较大规模的疏浚和治理有 16 次。特别是明初，运河淤积比较严重，连续进行了大规模的治理疏浚。洪武十四年（1381），浚扬子桥至黄泥滩九千四百三十六丈。十五年，浚仪真运河九千一百二十丈，置闸坝十三处。其后，永乐五年（1407）、天顺二年（1458）、弘治四年（1491）、隆庆四年（1570）、万

① 夏英，字育才，德化人。明成化十七年（1481）进士，二十二年任仪真工部分司主事，后来升任延平知府。

历六年(1578)又多次全程或分段疏浚仪真运河。

新城入江通道也得以重修。景泰五年(1454),工部主事郑灵主持河务,因为清江等三闸水浅难以正常过船,导致五坝过往船只过多,“上下万艘,不无病壅”,于是开浚元时珠金沙河,“五里为旧江口”。此前该河主要作用是分泄运河洪水。经过开广疏浚,并筑土坝一道,使送粮自北归来的空船由此出江,缓解五坝的压力。河道开浚后更名为新坝河,不久因为水流短急,河道又湮塞了。

成化年间,再次疏浚新坝河,置一坝二闸。一闸在今新城镇,名减水闸,俗名饿虎闸;一闸在旧江口,名通江闸,又称二闸。嘉靖十九年(1540),应运粮千户李显要求,疏浚新坝河,维修饿虎闸。崇祯七年(1634),总河刘荣嗣①、总漕杨一鹤②复浚新坝河,重建饿虎闸,但是“才行回空船一二舟,即坏,河道仍然湮塞”③。

明末,沿江沙涨,仪真运河日显淤浅。瓜洲运河和仪真运河分水三汊河,水势大部为瓜洲所分,明显分夺仪真河流。隆庆六年,河道侍郎万恭④在三汊河建石桥一座,如同闸的规制,控制节束水流,防止瓜洲运河争夺仪真运河的水源。

当时冬春之交,江潮低落,大量漕船鳞集外江,等待涨潮时过闸,有时竟逗留一个月以上。为了避免风涛之患,万历四年(1576),于朱辉港、钥匙河、清江等处各开河,以便漕船停泊。

---

① 刘荣嗣,字敬仲,号简斋,别号半舫,曲周县西四夫人寨村人。明代大臣,水利专家,著名诗人、书画家。

② 杨一鹤,临湘人,明崇祯六年(1633)以兵部左侍郎拜户部尚书兼右佥都御史,总督漕运,巡抚江北四府。

③ 〔清〕王检心监修,刘文淇、张安保总纂《重修仪征县志》。

④ 万恭(1515—1591),字肃卿,别号两溪,江西南昌县武阳镇游溪村人。明嘉靖二十三年(1544)进士,历任光禄寺少卿、大理寺少卿等职。隆庆六年(1572)被任命为兵部左侍郎兼都察院右佥都御史总理河道。

万历五年,仪真知县况于梧[①]在邓家窝至冷家湾开新河,河阔十丈,两堤岸各二丈,底阔六丈,用来停泊粮船,取名“屯船坞”。同时,自冷家湾至新济桥钥匙河口,再到九龙庙,老河全线疏浚。这样,河长达十余里,可容二千余艘粮船鱼贯进泊,“渐以入闸,庶几避险道,达安流,而风涛不足虞矣”,当时曾被认为是“一劳永利之道”。但是,新河挑成后,铜山源水改从这里出江,邑人认为此举破坏了风水,“户口人文之日就衰实由于此”。而且屯泊路远,漕舟不愿入河,仍然停泊在江口。年久废弃,依旧淤塞。[②]

万历八年,又开朱辉港。

塘水济运在明代仍然受到重视和运用。洪武元年(1368),开平王常遇春北征,军需器械船到湾头,搁浅不能前进。开五塘放水,塘水下泄三尺五寸,运河涨水二尺六寸,军械船得以北上。十四年,御盐船到湾头搁浅,开五塘放水,船始得前行。永乐二年(1404),“平江伯陈瑄总理漕河,全资塘水济运”[③]。十三年,天气干旱,盐船至湾头搁浅,开五塘放水济运。十五年,运输皇木的船只浅阻,再次放五塘水济运。

明初塘务为两淮运司专管。永乐年间,“设立塘长、塘夫,常用看守……非遇至旱,运河浅涩,不敢擅放”。宣德十年(1435),改五塘(陈公、句城等)属扬州府专修济运。成化四年(1468),王端毅(即刑部侍郎王恕)、工部管洪主事郭昇于上下雷塘各造石闸一座,石础二座;句城、陈公塘各增筑石闸一座,石础二座。成化七年,侍郎王恕制定盗决塘水用于农田灌溉的处罚规定。成化八年,侍郎王恕修浚陈公塘、句城塘,各造木闸一座、减水闸两座。嘉靖二

① 况于梧,高安人,明嘉靖甲子(1564)举人,授天长知县,调仪真,后升任淮安通判。

②③ 〔清〕刘文淇《扬州水道记》。

年(1523),御史秦钺浚扬州五塘,“令禁占种盗决”[①]。

到了嘉靖间,形势发生了变化,《扬州水道记》说:“是时,黄河入运,江都运河(仪征亦唐以前江都地,此篇论前代事多,故统系以江都,而甘泉、仪征运河附见焉)止患水多,无须藉塘济运。”

陈公塘和句城塘因此疏于管理和维护。嘉靖十六年,因为遭遇连续多日的大雨,塘堤坍塌,句城塘因而湮废。句城塘湮废后,佃田为租九千六百亩。

嘉靖三十年,将军仇鸾[②]占塘废制,将陈公塘淤废的土地租给农民耕种,由官府收租,称为塘田。据载,从宋、元开始陈公塘周边就出现了占塘为田现象,到了明代以后就比较严重了,“近塘之民每每盗开成田”。仇鸾则使耕种塘田成为公开和“合法”。接着在防御倭寇入侵,修筑瓜洲城的时候,管工官高守一受私,竟拆掉塘闸移运石料用于筑城。至此,陈公塘全废,总共被佃塘田10016亩。

陈公塘、句城塘等“扬州五塘”相继退塘为田,自唐至明断断续续达七百多年的塘水济运历史终告结束。

嗣后,从地方到中央的一些官员不断向朝廷呈议,要求恢复陈公塘。明代水利专家、曾经四任总理河道的潘季驯实地行勘后,鉴于当时运河水源的新形势,提出了不同的意见。他纯粹从济运的角度考虑问题,使得陈公塘在当时失去了修复的良机。

但是对这个问题的议论仍然没有停止,到了清朝初期还在讨论。《扬州水道记》记载:“雍正五年,廷臣欲修复五塘,勘明塘已为田,虽开无益,遂改照地亩开科输赋。”所谓“虽开无益”,是指塘田已经普遍耕种,涉及耕种者的生计,恢复已难。更重要的是既

---

① 〔清〕刘文淇《扬州水道记》。

② 仇鸾(1489—1552),明陕西镇原(今属甘肃)人,字伯翔,出身将家,袭封咸宁侯。

陈公塘遗存——龙埂

得利益,上万亩田租难以舍弃。再加上工程浩大,耗费较多。所以,朝廷最终没有采纳修复陈公塘的意见。塘田,既是陈公塘废毁的产物,又是影响大塘修复的一个重要因素。

句城塘至今仍有遗迹可寻。当时句城塘的西边有座洪恩寺,俗称“红门市”,面积有500平方米。相传海瑞罢官后、郑板桥落魄时都来过洪恩寺。明朝宰相李春芳的坟在寺的东侧。据说李春芳是仪征市新集镇勤丰人,嘉靖进士,历任礼部尚书、吏部尚书。成年后迁入兴化,死后葬在家乡新集镇牌楼脚。现在洪恩寺庙虽然不存,基础尚在,还存有李春芳所题山门石额“洪恩寺”,石额上款“中极殿大学士李”,下款两行,一行“万历八年重建”,一行“道光二十二年重建”。

昔日陈公塘残存的大堤遗址,被称作“龙埂”,世代相传,一直延续到现在,2010年被列为仪征市不可移动文物。周边几个村民小组至今留存的“官塘”“龙埂”“塘田”等地名,成为重要的历史文化印记。

明初三闸和四闸五坝

在连续三年集中力量疏浚仪真运河的基础上,洪武十六年,兵部尚书单安仁在城南重新建闸,分别为清江闸、广惠桥腰闸和南门潮闸,主要作用是“以潴水利,分济漕挽,上达运河,以入扬楚之境”。据方志记载,其中清江闸的地点即南宋张颇建造的石闸故址,在县城正南三里城外。隆庆《仪真县志》记载,当年置清江闸官厅,“闸官罗荣肇建。一在马驿街茶引所后”,“一在县东南二里,一坝”。

三闸建闸可能受到了自然环境的限制,使得闸的功能在实际运行中同样受到了自然条件的制约。从宋至明,环境发生了很大变化,闸仍然建在原址,距离江口自然要比宋时远,对于引水和船只的进出都会带来影响。永乐十五年(1417),工部札令重修三闸。永乐二年和宣德六年(1431),两次疏浚清江闸下水港(即宋时葫芦套河)。景泰间,三闸因为水浅滞流,已经难以过船。嘉靖《仪真县志》主撰张槃说:“今临江四闸既通行,故清江、广惠二闸,漫不复用。南门里闸,余少犹见及,板桥其上。今实以土,民居其旁,并水关塞之。”

大概正是考虑到这些因素,单安仁在重建三闸的同时,又在澳水河南侧建筑了五道土坝,以便于在水涸闭闸的时候,使过往船只能够从坝上通过。土坝分别称作一坝、二坝、三坝、四坝和五坝,并且各自配套水渠与通江河道相连接。后来由于三闸水位常常浅滞,船只通航渐渐就全部依靠五坝了。

说到五坝,又不能不提东关闸。五坝上游是莲花池(又称澳河),所有过坝的船只都要通过莲花池。这里原来有一座桥,叫作东关浮桥,景泰五年由工部主事郑灵建造,建成时叫作通津桥。成化二十三年,工部主事夏英将东关浮桥改建成闸,取名东关闸。

东关闸的作用很重要。夏英创建的目的主要是控制五坝水位,水多时关闭东关闸,可以增加蓄水,使五坝保持有利于过船的较高水位。水少时打开东关闸,可以补充水源,在通航中起到应急的作用。翰林院检讨庄昶[①]《仪真东关闸记》说:“公(夏英)来督仪真,谓仪真京师喉襟地,有京师不能无仪真。然仪真五坝取给于东关,

---

① 庄昶(1437—1499),字孔旸,一作孔阳、孔抃,号木斋,晚号活水翁,学者称定山先生,江浦孝义(今江苏南京浦口区东门镇)人。明成化二年(1466)进士,任翰林检讨。因反对朝廷铺张浪费,不愿进诗献赋粉饰太平,被贬桂阳州判官,不久改任南京行人司副。以忧归,卜居定山二十余年。弘治间,为南京吏部郎中。罢归卒,追谥文节。撰有《庄定山集》十卷。

盈则蓄东关以待,涸则泄东关以济。有五坝不能无东关。公之屹屹于此,为京师天下计也。"到了清代,五坝废弃后,莲花池改称天池,成为盐船集中停靠的地方。东关闸在纲盐运销管理中又成为重要的控制性建筑物。运盐船从产地出发,经过二三百里水路的行驶,来到仪真批验过所,到了里河以后不能出江,全部从东关闸进入,停泊在天池,等待掣验,然后解捆运行,再由盐商分别载运到江南、江西、河南、湖广等地销售。当然这是后话。

五坝中一坝、二坝直通长江,三坝、四坝、五坝则与闸河相通,不过长江水位低落还是影响船只过坝。景泰五年,工部主事郑灵因此疏浚进水港,并在坝下置闸,于涨潮后闭闸蓄水,以通舟船。弘治十四年(1501),拦潮闸建成后,三坝、四坝、五坝下游的通河水渠变成了闸内河道,水位受到拦潮闸的节制,避免了过去春冬季节常常出现的下江无抵坝之潮的尴尬,过船通航的保证率有了较大提高。

五坝与东晋的欧阳埭、宋代的真阳堰一样,都有过船通航的功能,这类坝又叫作软坝、车船坝。其构造与运用,随着时代的发展和进步,也有所改善和发展。明代著名河臣潘季驯在《河防一览》中叙述了当时的建造技术:"建车船坝,先筑基坚实,埋大木于下,以草木覆之,时灌水其上,令软滑不伤船。坝东西用将军柱四,柱上横施天盘木各二,下施石窝各二,中置传轴木各二根,每根为窍二,贯以绞关木,系篾缆于船,缚于轴,执绞关木,环轴而推之。"

《漕运通志》记载,五坝由"清江闸官领之"。隆庆《仪真县志》记载:"坝官厅,一在县南二里,三坝东;一在坝西,对峙。坝官各一人,吏一人。"管理队伍的规模也是十分可观的,额定的夫役有450人。上下游河道三年一挑,港夫达9200余人。为了方便船只通行,提高航行效率,五坝在运行管理上对过往船只进行了分类,一坝、二坝专过官船以及官运竹木一类物资，三坝、四坝、五坝则过粮船、民船。

五坝作为运河通往长江运口的制水通航设施，曾经在一个相当长的时期内发挥主要的作用。明人吴兴弼有《泊仪真坝下》诗：

> 坝上停篙转柁楼，江边解缆别真州。
> 满怀秋思无心写，独看岷峨万古流。

但是，船只上下车盘过坝并不轻松。运输船只进出长江，必须将船拉上大坝坝顶，再推入长江或是内河。如果不把船上的货物卸空，民伕们拉船时稍微用力不齐，木船就很容易被搁坏。朝廷的大型运输船队过坝更是十分麻烦，不仅费时费力，还要花费上下货物和存储的费用。这样的基础设施和运输方式与繁忙的水运形势越来越不相适应，重新建闸势在必行。

《重修仪征县志》记载，成化间，工部巡河郎中郭昪提出建议："仪真县罗泗桥过去有通江港，港口向上到里河大约有四里多，潮大时内外水势相等。这条港可以建闸四座。建闸后船只进港时，可以乘潮先开临江闸，使船随潮而进，待潮平后再开其他几闸。这样不仅船行便利，而且里河水势疏泄起来也很方便。"但是，督漕都御史研究后却没有结果。郭昪再次上书，详细陈述建闸的理由。工部也及时奏请朝廷复议，建闸的方案这才得到批准。

郭昪，颍州人，天顺四年进士，始任工部主事，后提为郎中。在任内致力于治水，曾整治扬州白塔河。王偀《扬州府重修白塔河记》说："（郭昪）治水徐淮间，亦累着奇效。"郭昪最终官升陕西参议，可惜未及上任就去世了。

成化十年，郭昪主持实施仪真建造船闸的工程。在罗泗桥开通旧有通江港河,河面宽十二丈,下阔五丈,高一丈。在东关至通江河港上建成里河口、响水、通济和罗泗四座闸。通济闸,又名中闸,长十八丈。响水闸长二十二丈。罗泗闸系撤罗泗桥建成,故名,又名临江闸,长二十二丈。三闸金门口宽都是二丈四尺,底宽都是二丈二尺,高度都是一丈三尺。里河口闸,初名东关闸,后因工部主事夏英改东关浮桥为东关闸,百姓即将郭昇所建东关闸改称首闸,又名里河口闸,长十二丈。每座闸的闸底全部用油灰麻丝舱缝,工程建造得十分牢固。工程于是年二月开工,次年六月完工。

当月即选择吉日,开闸通航了。只见过往船只秩序井然,轻松过闸,完全没有了过去车盘过坝时唯恐船只被损坏的顾虑。对此,许多人发出赞赏之声。四座闸组成三级船闸,再加上当时又有五坝,闸坝配合运用,一年四季都能通航,给水上交通运输带来极大的便利。以后在运行的实践中,又逐步将东关浮桥改建为东关闸,两度兴废响水闸,扩建通济闸,在江口新建拦潮闸。这些闸、坝形成水利和航运交通的系统工程,水工建筑物构造技术和运用方式已经相当先进。

拦潮闸建成于弘治十四年。那么,当时已经有四闸,为什么还要建拦潮闸呢?

这主要是考虑春季粮船过闸和冬季粮船回空时的实际需要。四闸虽然都在闸河上,距离长江口却比较远。长江口没有闸,潮水不能拦蓄,上面的闸门一开,河水注入长江便无可挽回。即使过坝,江潮不能抵达坝下,船也过不了坝。春季粮船从仪真北上只有车盘过坝。冬季大批回空船到来时,则必须在长江口临时打筑土坝,然后开沟放水,船只才能车绞出坝。船只过完后,又要拆掉临时土坝,一年一次,十分麻烦,劳民伤财,不能经久常便。所以水位的高低直接关系到河道的通航能力。建造拦潮闸就是为了及时便捷地拦蓄潮水,以便益粮运。

在这种情况下,在江口建闸取代临时土坝的意见渐渐明晰,并被提上了议程。按照设想,如果在江口打筑临时土坝的基址之上建造一座拦潮闸,上可以与五坝中的三坝、四坝、五坝和罗泗等四闸相接,下则直通长江。这样,春季在潮信速来速去的时候,装载粮食的赴京船只到来以后,可以乘潮放进拦潮闸,然后关闭闸门,水满则开罗泗等闸放行,内河的水就不会流失了。冬季大批回空船到来,正是潮水浅涸的时候,这时关闭好拦潮闸后,就可以打开罗泗等闸放下回空船,待到有潮水来接时,再打开拦潮闸将船放出长江。即使冬春水涸,只要关闭拦潮闸,三坝、四坝、五坝也能保证有抵坝之水,使船只随时能够车盘过坝。

但是,具体实施起来并非一帆风顺。漕运总戎官郭鋐[①]想要建闸时,有人说,江滨土地多为浮沙,不宜建闸。事情便搁置下来了。直到弘治十二年(1499)冬,漕运总督、都察院都御史张敷华[②]到仪真检查漕运时,就建闸的事征询大家的意见。扬州府同知叶元说:"我曾奉命疏浚河道,到了江滨一带,深挖下去七尺全是黄土,没有发现浮沙。闸是必定可以建的。"张敷华回京后立即向皇帝报告,得到了批准,建闸的事这才决定了下来。

叶元受命建闸,十分慎重,首先带队实地测量,然后又召集有关人员进一步会商方案。闸的建造工程明确由仪真主簿谢聪主持,并聘本地老人许晟等七人分别负责各项具体事宜。每一工程部位

---

① 郭鋐(1441—1509),合肥人,字彦和。成化六年(1470)武探花,镇广西充副总兵,后擢为漕运总督。

② 张敷华(1439—1507),字公实,号介轩。江西安福人。天顺八年(1464)进士。历任兵部郎中、浙江参政、布政使、刑部尚书、左都御史等职,为官清正廉洁,被誉为"南都四君子"。

的施工都作了精心的安排，闸区的底部全部以松木和椿木下桩，确保基础坚实牢固。临江岸边，垒筑石墙数道，以抗御江涛风浪冲刷。砌筑砖头时，接头的地方如犬牙般交错互叠，既牢固又平整。整个工程只用了四个月的时间就完成了。工程费用全部在疏浚河道专用款的结余中开支，大约用了一千余两白银，没有动用官库的钱物。

拦潮闸所在的闸河比较宽阔，河面宽十二丈，下阔五丈，高一丈。拦潮闸的规模相应也比较大：高一丈八尺，中宽二丈零八寸，金门口宽二丈二尺，南北长三丈。同时，它距离长江口又非常近，只有二百丈。因此，仪真拦潮闸被称为“江北第一闸”。

拦潮闸建成后，监察御史冯允中[①]会同巡河郎中刘群浩，又及时主持制定了诸闸运行管理的有关规定，并形成文字，晓谕有关部门和人员遵照执行。规定的主要内容有，当内河河水漫溢、江潮同时上涨时，四闸昼夜开启，闸门不要关闭。在长江水势平缓、内河河水没有漫溢时，则根据潮水的涨落掌握闸门的启闭，潮涨则启，潮落则闭。诸闸的运行必须做到，船只通行和积聚水源两方面都不受影响。冬季水位枯落时，闸门全部关闭，不要开启。

拦潮闸建成投入运行的当年，长江和内河之间航运交通十分通畅，没有一艘船只滞留，数百艘过往船只在日常饮食都不受影响的谈笑之中轻松过闸。秋季时节，雨水连绵，虽然在较短的时间内内河水位急剧上涨，但并没有冲毁河堤、大坝和堰闸，水及时地被排泄了。这样局面的出现正是因为拦潮闸适时发挥了效益。

由于五座闸屡经修建和兴废，如响水闸弘治四年废，正德十三

① 冯允中(1454—1510)，字执之，号埜坪，湖南省郴州市永兴县人。明成化十一年(1475)进士，官拜监察御史。

年(1518)复修,所以在当地的有关记载上,有时称为“四闸”,有时称为“五闸”。后来因为里河口闸距离响水闸过近,仅百步许,水势冲激,不利船行,所以人们即不数里河口闸,而以响水、通济、罗泗、拦潮为“四闸”。

闸坝之争

“四闸五坝”是仪真的骄傲。由坝而闸,无疑是变革,是进步,然而正如一切变革可能引发动荡,新旧交替难免产生矛盾一样,仪真当时出现闸坝之争,争论由地方到朝廷,延续了相当长的一段时期。

四闸建成时,五坝运行已近百年。长期以来,由于经过仪真五坝的船只络绎不绝,大坝上下经常停泊着许多等待过坝的船只。于是奸豪乘机侵占纤路,沿河盖起铺面经营,各类商贩的叫卖声喧闹异常,生意十分红火。还有为过坝船只存放货物提供仓储服务的商家等等,全都依赖于拦河坝。这些人形成了一个既得利益群体。若干年间建闸的事不被提起,即与这个群体有关。现在闸建成了,他们知道船闸一旦正常通航必然影响自身的利益,于是到处兴言鼓惑,以河水容易下泄为由竭力阻挠开闸通航。在他们的煽动下就连靠出卖力气上下货物的民伕和在附近提篮叫卖的小贩也一齐附和。

一时间,反对开闸竟闹得沸沸扬扬,似乎建闸是一件错事、坏事。可悲的是,负责漕运的官员迫于压力,已经造好的四座闸不久竟至常年关闭,闲置不用。担任守备和指挥的官员居然也乘机擅自盖亭,向过往船只索取财物。

针对这些人的鼓惑之词,主持建闸的郭昇据理力争,向朝廷陈

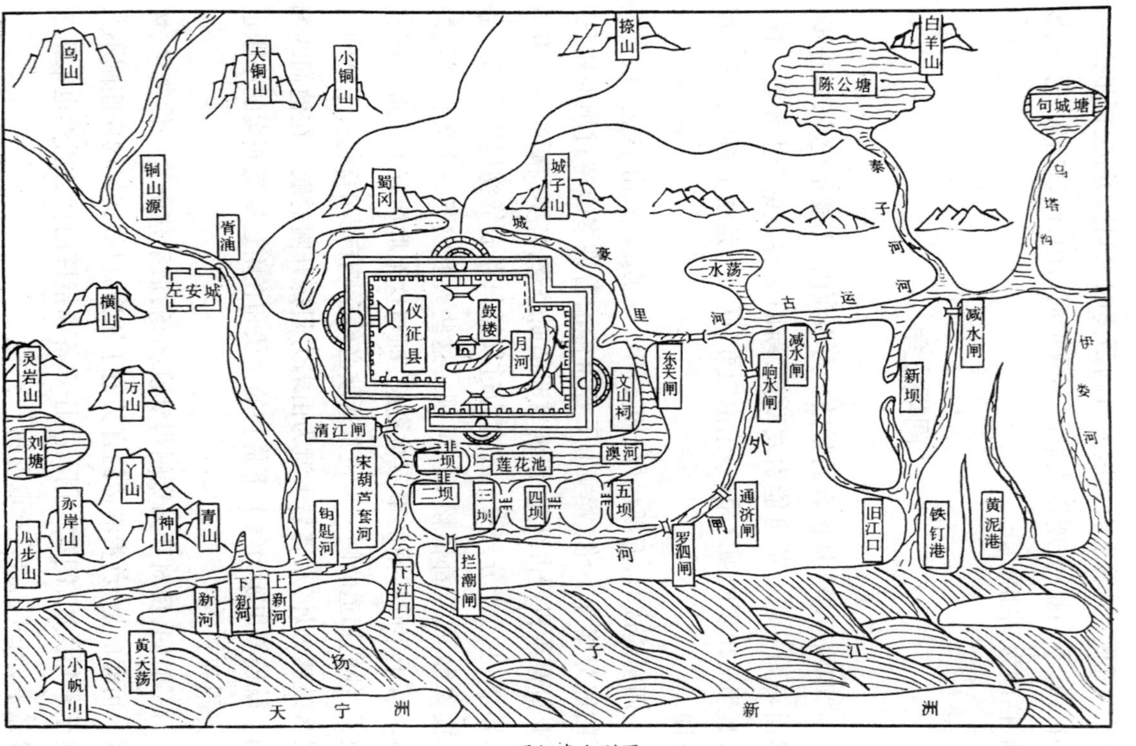
句城塘
白羊山
陈公塘
捺山
城子山
蜀冈
小铜山
大铜山
胥浦
铜山源
乌山
左安城
横山
万山
丫山
灵岩山
刘塘
赤岸山
瓜步山
青山
神山
小帆山
黄天荡
新河
下新河
上新河
钥匙河
清江闸
宋胡芦套河
仪征县
鼓楼
月河
莲花池
一坝
二坝
三坝
四坝
五坝
拦潮闸
下江口
罗泗闸
通济闸
响水闸
减水闸
东关闸
文山祠
一水荡
旧江口
新坝
铁钉港
黄泥港
减水闸

明仪真水利图

述置闸有五利。其一,过去船到坝前,即使上下游水位相平,船上的粮食和货物也要雇人挑下来堆囤起来,等过坝后再挑上船,挑上挑下都要费用;而置闸后只要乘潮平时过闸,不需要花费上下力费用。其二,过去想方设法尽到最大努力,过坝的船只一天也不超过百条,遇到风雨天气过船的数量又不及平时的一半;现在开闸即过,一天可以过船不下千条。其三,过去船只过坝容易损坏,正常要准备油灰麻丝为船舱缝;现在过闸安然无虑。其四,过去干旱时往往要挖开大坝引进江潮,为运河的粮食运输救急;现在只要开闸就能引进潮水。其五,往年内河一旦发生洪水,就会淹没庄稼,甚至冲决堤岸冲垮大坝;现在只要开闸泄洪,不会毁坏农田和庄稼。

郭昇陈述的五利可谓有理有据,但是他却没有回答如何处理好开闸过船所带来的泄水问题。从唐代以来,水少一直是漕运中的突出矛盾,历代历任漕运官们都在寻求解决这个问题的途径。现在反对开闸的人就是利用这一点,大做文章。在闸的运行中也确实存在着启闭无节、走泄水流的现象,给反对者提供了口实。

弘治元年(1488)八月,南京守备司礼监太监蒋琮乘船经过仪真,了解了闸坝之争的原委,随即上书朝廷,痛斥借坝谋利者的行径,请求恢复闸制。

朝廷决定派内宫监少监党恕、御用监监丞李景和屯田司郎中施恕到仪真实地调查。通过向年长的老者请教,参考众人的意见,最后得出这样的结论:建闸并非个人的随意想法,确实是因为船只车盘过坝麻烦害民。要求废闸也不是有什么偏见,主要是担心运河的水在过船时下泄而影响漕运。两种意见虽然完全相反,但是各自都有自己的见地。解决这个问题,只有在夏秋季节江潮上涨时开闸启用,以借潮水来通航。冬春水少时关闭闸门拦水,不让河水下泄，船只则车盘过坝。这样，闸坝并用而发挥各自的长处，就没有什么不利了。

结论既出，诸闸一时也就运行起来了。

但是，问题还是没有真正解决。经过一段时间的运行，老矛盾又暴露出来，达官要人频繁干预，无谓杂事都要由闸进出，闸的管理人员惧怕权势，管理不严，闸门随意启闭，没有节制，造成河水大量走泄，以致运河常常水浅。反对者亦乘机鼓噪生事，在这种情况下，只好让过往船只改从坝上经过，如此反复多次，闸也就渐渐地不用了。时间一长，船闸又是几乎形同虚设，漕运因此严重受到影响，朝廷不断派员督促，局面十分被动。

正德十三年，工部主事杨廷用主管仪真。他马上实地考察闸坝，召集地方父老，详细调查了解，查明诸闸废置的原因，分析其利弊得失，审时度势，迅速组织修复各闸，并且在闸的旁边建造亭阁，方便船工休息。杨廷用抓住运河保水这个主要矛盾，重点加强闸的运行管理，闸的启闭根据潮水的涨落来控制。考虑到内河水源容易泄耗，在江潮上涨时，及时打开诸闸闸门，接受潮水灌注，待潮平时立即关闭闸门，用引进的潮水来补充泄耗，使内河保持一定的水位，做到通航和保水两不误。这样，夏秋时一天可以通过千艘船只，漕船过坝需要的搬运费用“十省八九”。

直到嘉靖年间，仍然存在“工部委官偏听脚夫、店家之言，指以泄水为由，不肯开放”四闸的情况。六年(1527)四月，皇帝专门发诏，要求每年春季开仪真闸。诏曰：“若潮长河溢，军粮、官民船只，一体循次开放，毋使拥塞河道，排挤不前。无故阻挡者，罪之。”[1]天启五年(1625)二月，给事中徐宪卿等以东南岁荒向朝廷条陈五事，

---

① 〔清〕顾炎武《天下郡国利病书》。

其中还有“开瓜、仪五闸,以通咽喉之地”的建议。[①] 随着四闸渐渐运行正常,效率和效益日益显现,五坝也就废弃不用了。根据方志史料记载,“五坝”遗址处于城南一带,由西向东分布在内河与外河之间,现在除部分河道还依稀可辨,基本湮没于地下。

“有京师,不能无仪真”

明朝建立后调整了地方建置,洪武二年,撤销扬子县,改真州为仪真县,隶属扬州府。二十二年,以六合隶属应天府。嘉靖十一年,巡抚都御史刘节上奏朝廷,附知县王皞议,请求割瓜洲八里附县,恢复真州建置。当时朝议有稳定建置、不轻易调整的说法,所以奏章被叫停。

虽然撤州设县,仪真在全国仍然处于重要位置。翰林院检讨庄昶《仪真东关闸记》中的一段话,为当时仪真在南北水运交通大动脉中的重要地位和作用作了精彩的叙述:“仪真京师襟喉之地,转输漕运之所必由,朝觐商贾之所必涉。有京师,不能无仪真也。”

仪真的漕运地位决定了仪真的繁华。南京吏部侍郎尹台描述了仪真的市井街况:“阁引市巷,环肆相逦逶,人肩摩而舟尾衔。井渠户坫,檐阿之勾轧,鳞合栉比,立镈之壤,弃闲担载。掣挽诺呼,响答颁喝,朝昏不绝。即名都巨镇,其盛鲜或过之。”[②]

工商业十分繁荣,商贾云集于此,商肆林立,手工业如瓷器、芦席、木竹器等兴盛一时。城东有砖厂,隆庆《仪真县志》载有翰林院编修徐穆的《重修工部分司记》,说:“江南诸郡县治甓上供者,悉总集于仪真,仪真有厂以居之。凡军民商旅之舟道北者,则给牒

---

①② 〔清〕王检心监修,刘文淇、张安保总纂《重修仪征县志》。

附运于清源、于通津。”宫廷消费的酒瓶用质量中等的瓷器制造，由仪真和瓜洲大批量生产，这两个酒瓶制造厂由工部负责管理，每年要烧制 10 万个，每 30 个酒瓶分装一个小包，正常由北上的漕船捎带运送到北京。

皇帝也要驻跸仪真。据史料记载，正德十四年(1519)十二月乙卯，上至仪真。隆庆《仪真县志·李文翰传》记载："己卯冬，武宗南狩，驻跸数日，供张日以万亿，率尽瘁经理，不忍疲民以逞，而事以驯集。”意思是说皇帝驻跸开支很大，但是县令李文翰悉心安排，没有过多增加百姓负担，影响正常生活。事实并非如此，因为武宗在仪真作了一个荒唐的决定。《武宗实录》记载："时上巡幸所至，禁民间畜猪，远近屠杀殆尽，田家有产者，悉令投付于水。是岁仪真丁祀、有司等，皆以羊代之。”据说禁猪的理由是"猪"与皇姓"朱"同音，而武宗又属猪。如此禁令绝非仅仅涉及祭祀活动，必然影响百姓的日常生产、生活，而仪真则首当其冲。幸好身边大臣趁着皇帝心情好的时候婉言劝谏，才很快废除了禁令。皇帝巡幸也反映了仪真社会经济的繁盛和当时地位的重要。

中国人民大学出版社 1991 年 9 月出版的《明代城市研究》一书，将明代城市分为综合性大城市、工商型城市、对外贸易型城市、边塞城市和镇市五类，仪真紧随综合性大城市北京、南京和开封之后，位于 19 个工商型城市之列。

洪武初，知州营世宝增筑南城墙，使东西两翼城合围，鼓楼居于城市中心，城的周长达九里十三步。又修四门楼橹，东、南各建一座水门，以通外河。重浚旧濠，城濠自南门至西门阔三十二丈，深五尺。自西门至北门阔四十五丈，深七尺，通江。自北门至东门阔三十六丈，深六尺。自东门至南门阔四十五丈，深一丈，形成自宋城之后的明代仪真城。

嘉靖三十五年(1556),为抗倭寇,知县师儒在东、西、南三门增筑月城,“每门甓甃二十七丈有奇,高广与旧城准,睥睨回合,下辟重门,维时御捍者称便”[①]。四十五年,知县申嘉瑞为城门重新命名并树匾,东曰“见海”,西曰“望都”,南曰“澄江”,北曰“拱辰”。万历四十五年(1617),知县施时垚奉檄修城,增高三尺。崇祯十五年(1642),知县郑瑜修城墙,“周回整齐,尽如新筑”[②]。

漕、盐运的兴盛促进了仪真经济和社会事业的发展。同时,由于明代盐业实行商贩制度,因而形成了一个特殊的群体——盐商,其中又以徽商为主体,不少徽商举家迁徙后定居仪真。他们热心教育和社会公益,也对地方的发展作出了重要的贡献:

赞助筑城。嘉靖间知县师儒筑城时,盐商汪灿、吴宗浩等各自捐资共四千多金,因此“时土石甓铁之具咸足用”[③]。

捐助办学。正统九年(1444),扬州府通判王仪在仪真重建讲堂。第二年,又在堂后建尊经阁。先是由诸教谕、训导等“各捐俸倡率”,又劝谕邑民“捐资以助”。由于工役较大,经费仍然有缺口,于是与知府韩宏和两淮运司同知叶思铭商量,二公皆“喜助其成”,经叶公发动,盐商人人争相捐助。于是,工程顺利实施,建成“讲堂三间,左右斋舍二十四间,为之焕然一新,规模壮伟,士庶欣忭”[④]。

隆庆元年(1567),知县申嘉瑞建东园书院,“漕抚中丞马公发官木四株,巡盐侍御苏公给官谷七十石”。同时“佐以兴役”,在宋东园遗址“建堂三楹,名曰‘聚奎’。左右为书房各三楹,后为层楼,名曰‘青云’。前为门房,周围以墙。因废沼而为池,植以芙蓉。作木桥,以通往来”[⑤]。

---

①③ 〔明〕申嘉瑞、潘鉴、李文、陈国光修《仪真县志》。

②④⑤ 〔清〕王检心监修,刘文淇、张安保总纂《重修仪征县志》。

万历十三年(1585),知县樊养凤以资福寺改儒学,与学宫互换。盐、按两院共捐银三千八百两,“即大雄殿为大成殿,仍其前巨浸为泮池”①。

资助家庭困难的诸生。隆庆二年(1568),巡盐御史孙以仁置冷家湾江田一百十三亩有奇,“其租税,收贮学宫。凡诸生中,困窭不及、婚丧不举者,从其师儒剂量而予之”②。

明时仪真园林建设进入兴盛时期。方志记载的有休园、丽江园、澄江园、康乐园、西园、小东园、小林泉、江上别墅、东津别墅、荣园、玉虚园、丰原园、闵园、东皋别墅、横山草堂等。最负盛名的是,盐商汪士衡慕名邀请著名造园家计成设计和指导施工的历史名园——寤园。

寤园主人汪士衡,生平不详,有学者认为他与方志记载的西园主人汪机是同一个人。学者杨超伯说:“按古人名号意义,多有联系,晋陆机字士衡,疑汪机亦以士衡为号。”清道光《重修仪征县志》引胡志说,明崇祯间“汪机奉例助饷,授文华殿中书”。

寤园设计和主持建造者计成(1582—?)是杰出的造园叠山艺术家,字无否,号否道人,明末松陵(今属江苏吴江)人。寤园是他建造的第二座园林。此前他曾为晋陵(今武进)进士吴玄(字又予)建造“东第园”,从而一举成名,受到世人重视。寤园之后又为江都进士郑元勋在扬州规划“影园”,这是计成一生造园的三大杰作。但也有学者认为计成还建造了第四座园林,即南京太常少卿阮大铖的“石巢园”。

寤园“极亭台之胜”,建成后名噪一时,“往来巨公大僚多宴会于此”,“题咏甚多”。据载,园内景点主要有篆云廊、湛阁、灵岩、

①② 〔清〕王检心监修,刘文淇、张安保总纂《重修仪征县志》。

荆山亭、扈冶堂等。其中篆云廊“随形而弯，依势而曲，或蟠山腰，或穷水际，通花渡壑，蜿蜒无尽”。[①]

叠石和石景是寤园又一大特色。明末张岱在《陶庵梦忆》中曾述及寤园内两块奇石：“余见其弃地下一白石，高一丈、阔二丈而痴，痴妙。一黑石，阔八尺、高丈五而瘦，瘦妙。”道光《重修仪征县志》引陆志说，寤园毁后“一石尚存，岩奇玲珑，人号为小四明云”。四明系指浙江宁波境内四明山，传说山上有方石，四面如窗，中通日、月、星宿之光。石号“小四明”，可以想见其石体通透，足见其奇，非同一般。可惜今已不存，人们再也无缘见其真容了。道光《重修仪征县志》又载：“府志云又有一石曰美人石，国朝阮中丞元易名湘灵峰。”嘉庆间，仪真知县屠倬有诗《湘灵峰图(并序)》，《序》曰：“阮中丞师为题今名，大书镌刻其上。伊墨卿守扬时来观，题‘名石’。于是晦而复显矣。”该石沉寂多年，又名显于世。据说其石高二丈多，有奇孔百余，天娇窈窕，犹如舞女。值得庆幸的是，大约半个世纪后的同治七年(1868)，清代仪征籍画家汪鋆绘有《湘灵峰》水墨纸本画，现存扬州博物馆，所以今天人们仍然有机会一睹湘灵峰芳容。仪征不产石，寤园购取石材之多，用石之奢，主要得益于汪士衡作为盐商拥有的雄厚资财和运输条件。据《陶庵梦忆》记载，寤园中的叠石材料，仅仅运输费用就有四五万金。

寤园建造于崇祯四年(1631)。计成对自己建造的寤园很是满意，他在《园冶·自序》中说：“时汪士衡中翰，延予銮江西筑，似为合志，与又于公所构，并骋南北江焉。”意思是说，当时汪士衡中翰邀我到銮江之西兴造园林，很合我的志趣，园林建造得也符合心意，可与我在常州建造的吴又予东第园一并称胜于大江南北。

---

① 〔清〕王检心监修，刘文淇、张安保总纂《重修仪征县志》。

计成在建造“寤园”的同时,根据自己丰富的实践经验,利用闲暇时间写成《园冶》一书,于崇祯七年刊刻出版。寤园建成时,汪士衡的朋友、进士曹履吉(字元甫)在园内住了两日,计成曾把该书手稿送给曹履吉过目,曹脱口而出说:“此乃前无古人之开创。”并建议将书名《园牧》更改为《园冶》。

令人叹息不已的是,寤园建成和《园冶》问世,正值明清改朝换代、社会动荡不已之际,《园冶》由阮大铖作序,书也由他出资刊刻出版。由于阮大铖在历史上名声不佳,因而《园冶》问世后受到冷落。不过在沉寂了300年后的20世纪初,《园冶》的惊世价值终于被发现,被认定是世界上最早的一部完整的造园著作,是中国园林建筑的经典,计成也被尊为世界造园鼻祖。《园冶》提出的“虽由人作、宛自天开”八字真言,充分体现了人与自然相和谐的最高境界,被造园家们奉为最高的美学原则。

《园冶》是计成在寤园扈冶堂中写成,书中不少实例也取自寤园,这样就确立了仪征在中国乃至世界园林史上的重要地位。

清代篇

由盛而衰

运道畅通是头等要务

明末沿江沙涨，运口受阻。入清后，形势更加严峻，沿江沙洲遍布，运道淤塞严重，漕船出江难行。康熙二十八年(1689)，两江总督会同河漕总督向朝廷上疏称："仪真闸外江口北新洲一带，俱系干涸。而北新洲之外，又有沙漫洲，过水不过二捺余，横亘二三百丈，难以筑坝。若自沙漫洲尾，从北新洲腹内，向东北斜开引河，以通四闸，不能保无坍淤。似应仍挑北新洲旧河身，直通四闸。一切粮船令循北新洲尾，转入新河口，可以通行。"[①] 终清一朝，河务面临诸多新问题、新矛盾，历任地方官都把保证运道畅通作为头等要务，疏通通江运口更是被放上突出的位置，史籍有明确记载的较大规模的疏浚和治理有 18 次。

清代自北京到杭州河道通称为"运河"。雍正间官方正式设置北运河的管理机构后，多使用通惠河、北运河、南运河和江南运河等说法。河道管理机构大体沿袭明制。中央设"河道总督"(简称"河督"或"河标")，驻济宁州，康熙十六年后移署清江浦(今淮

---

① 王云五主编：《国学基本丛书四百种行水全鉴》(下)，台湾商务印书馆 1968 年版。

安市)。雍正七年(1729),改为"江南河道总督",简称"南河",仍驻清江浦,专司江苏、安徽两省境内黄、淮、运三河防治。另设"东河河道总督",简称"东河",常驻济宁州,主管山东、河南两省境内黄、运两河防治。八年,又设"北河河道总督",简称"北河",多由直隶总督兼任,负责海河水系各河及运河防治。《清史稿·河渠志》还沿袭明时说法,称淮安至扬州河段为淮扬运河。仪征运河时称仪真运河、仪河。

地方河道管理组织以道、厅、汛分级管理。道相当于明代的都水司,设武职官,有河标、副将、参将等。厅与府、州同级,设有同知、通判等。汛与县同级,官为县丞、主簿等。武职,厅设守备,汛设千总等。沿河各地仍然沿袭明时制度设置"浅铺",安排浅夫若干名,负责河道的日常保养维护。清道光《重修仪征县志》记载:"康熙三十二年,河臣于成龙[①]请将瓜洲、仪真河道,交江防同知管理。"又引颜志[嘉庆八年(1803)知县颜希源主修《仪征县志》,下同]记载:"督运所千总,仪帮额设督运空重千总二员,回空暂驻。无定署,历来赁居资福寺内外。"

清初,仪真县江口至江都、甘泉所辖三汊河,作为通江达淮要津,形成三年大挑一次、捞浚一次的制度,所需银两按照商三民七分派捐输。后来,因为"经营里甲不无苛索滋扰,而承修各官又复层层侵扣,以致捞浅挑浚,有名无实,无益于工程,有累于百姓",乾隆元年(1736),皇帝下诏:"著将商民派捐之项,永行停止,亦不必拘定三年之限。如遇应浚之年,著该盐政委员确估,实力挑浚。所需工费,即于运库一半充公项下动支,毋得虚冒侵肥,草率塞

① 于成龙(1638—1700),清汉军镶红旗人,字振甲,号如山。卒于淮安河道总督署,谥襄勤。

责。”[①]

据方志记载，三年两浚制度对维护运河畅通起到了重要的作用。仪真运河屡经大修，一些地方官在实践中也采取多种措施，努力避免和纠正工程建设中出现的种种弊端。康熙五年(1666)，“运河自真达淮，多有淤浅。冬月、春初，般拨甚艰。总河部院按地亲勘，仪真界内朴树湾、西方寺、五里铺三处，急需挑浚，工费浩繁，非浅夫可以力任。知县胡崇伦奉文，不支官钱，不行私派，多方鼓劝，无人不乐急公，而后浚之使深焉”。七年，又筑龙门桥西坝，浚钥匙河，“真之士民，无不愿以畚锸从事”[②]。这是发动民众义务疏浚河道的例证。

康熙二十八年，疏浚北新洲旧河，直通四闸，令粮船循北新洲尾转入新河口。三十年，知县马章玉[③]疏浚通江闸河内河，“由江口开浚，以至四闸，悉为更建，遴良材，砻美石，筑之甃之，既坚既好。凡向之溃岸溢沙，无不整除就理”[④]。由于响水闸入内河，河身淤高，漕艘难进，盐船也浅滞难行，为了解决“岁捞岁梗，卒以疲民”的问题，县令马章玉首倡募捐，“不用单里民夫，亲课畚锸，厚给工糈，踊跃从事”[⑤]，四十余里河道挑浚深广，漕运盐运畅通无阻。这是通过募捐筹款，然后花钱雇工疏浚河道。四十九年(1710)，疏浚自响水闸至江口闸河，长六百九十丈。

康熙五十六年，新任知县陆师面临派捐浚河陷入两难境地，因为上一年仪真刚刚经历一场大旱，百姓生活非常困难，“思恤民则恐误运，而欲利运又苦于困民”。他与分管水利的县丞一道亲自

① 〔清〕刘文淇《扬州水道记》。

②④⑤ 〔清〕王检心监修，刘文淇、张安保总纂《重修仪征县志》。

③ 马章玉，字汉璋，浙江会稽(今绍兴)人。清康熙二十六年(1687)，知仪征。详见本书《治水人物篇·四知县多种形式兴水利》。

打探运河水势，弄清了自拦潮闸至石人头水深一般都在七八尺。根据推算，即使到了冬季潮落水浅，水深也能保持在三到四尺，可保济运。只有两处河段必须挑浚，一处是朴树湾一带，因为是沙土，所以淤浅比较严重；还有一处是带子沟一带，由于龙河在这里汇入运河，山水下泄，河床易淤，堤岸也多受冲刷，因而出现坍塌。于是决定当年重点先对这两段河道进行清淤整修，而运河全线疏浚则暂缓一年。对于朴树湾和带子沟河段的整修，陆知县决定不行派捐，经费由自己设法解决，并亲自负责雇人施工，确保了当年漕、盐运通行无阻。

康熙五十七年，知县李昭治到任后，对运河进行了全面探量，对已经查明的水浅河段，“自输俸钱，雇夫疏捞”[①]。自立军令状，直接负责雇用船夫，亲自在现场督促施工，保证捞浚深通。工程需要的银两，也全部由他本人志愿捐资解决。

乾隆年间(1736—1795)，奉谕改变制度后，分别于十八年(1753)、二十年、三十一年、四十一年、四十六年五次大挑自三汊河口至江口仪征运河。

嘉庆八年，盐运使曾燠、南掣厅巴彦岱[②]整修带子沟对岸，石、工用银五百六十九两，在运库动支。十一年，挑浚五里闸河。二十年，南掣厅巴彦岱会同知县黄玙[③]挑捞浚沙漫洲至捆盐洲、鱼尾至旧港直到猫儿颈运盐河道，仪征运河从此形成内河和外河，通江运口形势更加复杂，河道兴修任务越加繁重，详情将在后文叙述。

明代建造的四闸亦经多次修建，清时仍然正常运行。康熙二

---

① 〔清〕王检心监修，刘文淇、张安保总纂《重修仪征县志》。

② 巴彦岱，字秩然，清代满洲镶白旗生员，嘉庆四年(1799)补淮南监掣同知。详见本书《治水人物篇·巴彦岱》。

③ 黄玙，湖南澧州人，清嘉庆二十年(1815)知仪征。

十八年,修响水、通济、罗泗、拦潮四闸。二十九年,重建拦潮闸。五十五年,修通济、罗泗二闸。雍正十三年(1735),重建响水闸,修拦潮闸。乾隆二十五年(1760),重修拦潮闸。三十一年,总河李宏[①]筑坝拆修通济、罗泗、拦潮闸。四十二年,修响水闸。嘉庆四年(1799),修通济、罗泗二闸。七年,修拦潮闸。十一年,修响水闸。

清末,随着漕、盐运的终结,四闸也完成了历史使命。1925年,淮扬徐海平剖面测量局《仪征县调查报告书》说,运口诸闸早已废弃,日久倾圮。响水、通济、罗泗、拦潮四闸踪迹全无。“东关闸(明代夏英改东关浮桥所建,非郭昇所建里河口闸)下已淤断,闸身没入泥中。”

四闸遗址现在仍有遗迹可寻。根据方志记载和市文保部门调查,拦潮闸遗址在南门商会街中段南侧的老闸口一带,附近关帝庙和都会桥遗址可以作为佐证。罗泗闸遗址位于盐津大桥西侧,现为长约80米、宽40米的水塘。20世纪50年代建泗源沟闸(俗名东门大闸)时,曾经出土数十立方米木枋和大量的条石,故当地人称为“桩木塘”。通济闸遗址在仪征船闸东南300米新城镇冷红村境。响水闸遗址在新城镇砖桥村砖桥组,西距石桥河45米,南距仪扬河75米。滨江新城建设前通济闸遗址是一个直径约50米的水塘。响水闸遗址也是水塘,南北长40米,东西宽32米,呈椭圆形。两塘同样分别在20世纪50年代和70年代由当地生产队挖出过大量的木桩和条石。

---

① 李宏(?—1771),字济夫,一字用兹,号湛亭,汉军正蓝旗人,清朝大臣。

内河和外河

为了保证淮盐顺利解捆转运出江，嘉庆二十年，按照两淮盐政下达的指令，南掣厅巴彦岱会同仪征知县黄玙组织挑捞了商盐转江洲捆河道，上游自沙漫洲盛滩受江水，入境后经一戗港、铁鹞子、捆盐洲、旧港、安庄，至猫儿颈（今土桥一带）出江，实际上是在沿江特定的自然条件下经人工打造形成的夹江河道。由于仪征运河原来由石人头入境，经朴树湾、带子沟、新城、仪征东门抵天池，根据其地理位置，人们将之称为内河，商盐转江洲捆河道称为外河。内外河形成后，内河自江都三汊河至仪征天池，"分淮水以西注，长约五十余里"。外河自沙漫洲至猫儿颈，"分江水东注入河，复自河以达江，约长四十余里"。内河自闸河由都会桥鸡心洲分东西两条支河通外河。外河通江起初主要由新河口，盐船即由此进出。后来经过开挖疏浚，北新洲、泗源沟（俗名私盐沟）、老河影（俗名老虎颈）成为外河达江的三道支河。这样，仪征运河出现内河、外河并存，互为表里，内受淮水，外受江水的特殊局面，这样的局面延续了近半个世纪，书写了运河和盐运史上不平凡的一页。

商盐转江洲捆河道即外河的建设是应对沿江形势变化的非凡之举，也可以说是无奈之举。巴彦岱会同知县黄玙主持开通商盐转江洲捆河道，打开新运道，开辟新运口，保证了盐运通畅，可以说是受任于艰难之时而不辱使命。巴彦岱，字秩然，清代满洲镶白旗生员，嘉庆四年补淮南监掣同知。道光《重修仪征县志·巴彦岱传》说他"秉性和厚，生平无疾言怒色，恤商爱民，敬礼士大夫，大凡有公事务持大礼，不以苛察为明。尝谓吾辈处而居乡，出而在朝，均不可失读书人本色。公事余间惟手一编自怡而已。历今数十年，商怀其德，民感其恩”。黄玓，湖南澧州人，嘉庆二十年任仪征知县。

仪征自明代起即有外河，与之相对应还有里河。明隆庆《仪真县志》记载，外河“水自里河口闸，下通通济诸闸，会大横河，入于江”，也就是郭昇建闸时挑浚的五里闸河。里河“即今东关内西抵莲花堰者”，莲花堰就是天池。而此时的外河非彼外河，内河也有别于里河。

这时仪征运河虽然有了内河和外河，运道状况仍然十分严峻。“河道淤阻，盛夏甫可通舟，秋末冬春几成平陆，以致盐船阻滞，课额亏积，商贾不通，关税缺少。田无灌溉，民无汲饮。一遇火裁，救护无措。种种受害，不可胜言。”[①] 盐运面临的形势是，水大则垣捆（即在察院解捆），水小则洲捆（即在江洲解捆），不仅垣捆时日越来越少，洲捆的地点也因为水小而越移越远，先是在捆盐洲，不久迁移到鱼尾，后来又不得已迁移到老河影。曾任广东廉州知府的仪征人厉同勋在《江船行》诗中发出感叹：“千年故道将废哉！”因此内河和外河维修养护的任务十分艰巨。内河除了每年捞浅外，每三年还要大挑一次，每次大挑大约需要用银一万零六百两。

外河淤积尤其严重，据南掣厅档案记载，江潮每来一次河道留淤厚一钱，一日两潮淤厚两钱，一年三百六十日积厚已有七百二十钱之高，接近有两尺。因此，到了道光年间几乎年年忙于浚河清淤。代价也是惊人的，自河成一直到道光二十八年的 33 年中，一共挑浚 13 次，平均两年半大修一次，总共用银六十五万六千余两，每次用银五万多两，维修用银平均每年达到近两万两。

道光三年（1823），民人张益安等赴都察院，呈请挑切沙漫洲盛

① 〔清〕王检心监修，刘文淇、张安保总纂《重修仪征县志》。

滩内外各河。外河由沙漫洲盛滩、捆盐洲、鸡心洲至鱼尾、老河影。内河由西石人头、乌塔沟、新城、天池、四闸至大码头。捞工自平江桥东，至猫儿颈江口。并复开卧虎闸河，重建卧虎闸、新城木桥，添筑都会桥石闸（未装闸门，没有发挥作用）。又于沙漫洲江口建筑兜水石坝，重修天池石岸。工程由监掣同知陈文述总理，罗翙远接理完工。五年，监掣同知应洪钧[1]疏捞猫儿颈、安庄、旧港一带。十二年，监掣同知冯思澄[2]展宽泗源沟，挑浚捆盐洲一带。

监掣同知姚莹[3]连续三年忙于外河疏浚。道光十四年，罱捞猫儿颈、关门滩。十五年，据举人厉秀芳禀请，于北新洲开新河，以引江溜。十六年，加捞猫儿颈、关门滩、捆盐洲、鱼尾、泗源沟、旧港、鲍庄一带。其中北新洲新河在沙漫洲一带，是南门外大码头到长江的新通道，意在引进江溜，冲刷淤沙，保证盐运。工程由邑人厉秀芳首倡。种植业户厉德泰等人为了保证工程用地的需要，主动捐让了洲地。为了表彰他们对盐运的贡献，运司向厉秀芳颁发了“通渠利运”匾额，南掣厅向厉德泰颁发了“急公利运”匾额。厉德泰等挑废的洲地租赋由县里据实予以豁除。新河挑成后，厉秀芳作《苇庵》诗表达了欣喜之情：

绿苇丛中屋数椽，一编独坐晚风前。
姚新河上烟波阔，看进屯船出驳船。

---

① 应洪钧，浙江海宁州人，监生。清道光五年任淮南监掣同知。

② 冯思澄，山阴（今浙江绍兴）人。清嘉庆十九年（1814）进士，道光十一年（1831）任淮南监掣同知。详见本书《治水人物篇·冯思澄》。

③ 姚莹（1785—1853），字石甫，号明叔，晚号展和，安徽桐城人。晚清史学家、文学家。桐城派古文主要创始人。嘉庆十三年（1808）进士。道光间调署两淮监掣同知。后任广西、湖南按察使。详见本书《治水人物篇·姚莹》。

道光十七年,监掣同知陶焜午[1]详挑捆盐洲、猫儿颈、泗源沟各河。而监掣同知谢元淮[2]任内疏浚工程几无间隔。二十四年,挑浚捆盐洲、泗源沟、猫儿颈、关门滩。于北新洲新河以西冲处,开生河一百三十丈,引溜入内。二十五年,估挑内河工分十二段,外河工分九段。二十六年,以江溜不能于正河灌注,于沙漫洲营房左首,开新河一道。卧虎闸底落深四尺,捞拆沙漫洲石埽。二十八年,带子沟至旧港配套挑深与卧虎闸底相平,重修新城木桥。

外河捞浚工程费用由过往的水上运销商负担。具体办法是,按照船只所载货物的重量,每引捐银五厘。工程由兴办者先借库银,竣工后收银归还。后来,由于河道疏浚工程日益频繁,所需银两日见增多,捐银的标准也相应增加,除了每引五厘以外,扬州盐商还要在运库缴纳一分。另外,囤船缴纳五厘,江船缴纳一分,这样每引实际收到三分。再后来,捐银的范围扩大到水上各业,包括力资等几乎所有费用一律按照九九折提捐。

内河疏浚费用起初由盐运司库动支,后来也实行"分派捐输",就是让商、民按照比例分担费用。其间,根据疏浚工程的实际情况,还曾经直接采取由盐商分段承包的办法。如道光二十五年,监掣同知谢元淮将内河分成十二段,派令扬州盐商钟福盛等人承挑;将外运河分成九段,派令仪征盐商江本璐等人承挑。

由于挑河浚河活动频繁,人们在实践中积累了不少经验,监掣同知姚莹还编成一首《挑河歌》:

---

① 陶焜午,原名本忠,号香泉,江西南城人,著有《寿台堂诗文集》。清道光间任淮南监掣同知。

② 谢元淮(1784—1874),字钧绪、默卿,湖北松滋县人,著有《钞贯说》等。他参加了陶澍所主持的淮北票盐改革,后来又主持淮南票盐改革,有效地解决了清代中期盐政荒敝的局面。道光间三任淮南监掣同知。详见本书《治水人物篇·谢元淮》。

远堆新土方稀罕，近见黄泥始罢休。
两岸马槽斜见底，中间一线水长流。

姚莹，字石甫，号明叔，晚号展和，安徽桐城人，嘉庆十三年中进士。历任福建平和、龙溪知县，台湾知县，噶玛兰通判，江苏武进、元和知县。道光帝诏谕朝廷内外大臣举荐人才，姚莹为两江总督陶澍、江苏巡抚林则徐所器重，力荐朝廷，皆认为“可大用”。林则徐推荐姚莹的评语，尤为恳切。他说：姚莹“学问优长，所至于山川形势，民情利弊，无不悉心讲求，故能洞悉物情，遇事确有把握。前任闽省，闻其历著政声，自到江南，历试河工漕务，词讼听断，皆能办理裕如。武进士民，至今畏而爱之”。于是，升为高邮州知州，未赴任便调署两淮监掣同知，护盐运使，于是有了与仪征的这段渊源。

歌词的意思是说，出土要送到规定的位置，绝不能贪图方便和省力气就近乱堆乱倒。河道挖深一定要见到老土，浚河更要尽去淤泥，这样才能达到预期的效果。河道应当口宽底窄，形成一定的比坡，就像马槽的形状一样。河坡要平，不能有凸出来的鼓土，也不能有凹进去的洼塘，上坡一眼要能够斜视到底。中间一线指的是垄沟，挑河必须先在河心抽挖垄沟一道，以便沥干两边积水。除了排水，垄沟还有其他妙用，因为水是平的，如果河底高低不一，垄沟就不能成顺轨之势，所以借助垄沟又可以在施工的过程中，包括工程验收时检验河底是否相平。

《挑河歌》是当时人们挑河浚河的经验总结，虽然只有四句二十八个字，却对施工的全过程包括排水、出土和把握标准等作了全面概述，简明扼要，反映了先人的智慧，是古时浚河的技术规范。

在疏浚河道的同时，引淮刷沙一直被认为是保证运河畅通的重要措施和手段。据载,旧制,内河淮水自三汊河入境,由四闸、鱼尾出江,以清刷浊,所以江沙不致停淤。还有龙门桥、带子沟两道山水,交襟环抱,助刷沙泥,故全河不烦屡浚。为了保证有充足的淮水入境,明万历六年,始于三汊河建桥束水。入清后改作草坝,三年一修。乾隆三十七年(1772),两淮盐政将三汊河口埽坝口门收小二丈,口宽十丈,约束奔腾水势,引导淮水分流归于仪河。

但是乾隆三十七年以后,由于修理不继,工程又多草率,淮水遂全趋瓜口,其分流仪征者,仅到朴席而止。而东、西两界山水,因为仪河淤垫,成反弓仰泄之形,致使沙停河淤。嘉庆二十五年(1820),江防同知王养度详请修筑三汊河口二坝,并于高旻寺前,添筑防风,未果。道光三年,王养度重修三汊河束水坝,用银一千六百四十两八钱四分,不过"此坝筑成,旋即坍卸"。方志认为,"邑之衰,实由于此"[①]。

道光年间,仪征运河通航已属勉强支撑。到了道光末年,据《南掣厅卷》记载:"窃查仪征运盐河,久形淤垫。水大,则陆地皆河;水小,则河皆陆地。"咸丰十年(1860),仪征城区淮盐中转告终后,仪征运河已经几无通航能力。

上江口·下江口·旧江口

明末至清,仪征沿江形势复杂多变,运口在沙漫洲至旧江口之间摆动。

《读史方舆纪要》记载:"今县南有上江、下江、旧江三口,上江口去下江口一里,下江口与江心天宁洲相对,其东十五里为旧江

① 〔清〕王检心监修,刘文淇、张安保总纂《重修仪征县志》。

口。”《读史方舆纪要》大约在康熙三十一年(1692)成书,所以说的应当是明末清初,甚至是更早的情况。天宁洲的位置,隆庆《仪真县志》说:“在县南十里江中。”道光《重修仪征县志》引胡志说:“今与南岸相连。”可见下江口在县城南一带。

明时通江运口史料记载比较清晰,明初黄泥滩是主要运口。《太祖实录》记载,洪武十三年(1380),致仕兵部尚书单安仁言:“大江入黄泥滩口,过仪真县南坝,入转运河。”

成化十一年(1475),四闸建成后,闸河为主要运口。隆庆《仪真县志》记载,吏部侍郎兼翰林学士钱溥《新建四闸记》说:“惟罗泗闸(桥)旧有通江河港,距里河仅四里许,宜开通置闸。”

据方志记载,黄泥滩和闸河是十字河的上下两口。隆庆《仪真县志》说:“十字河,状如‘十’字,其水四达。今为上、下口出江。”道光《重修仪征县志》引陆志说:“黄泥滩,在县西南四里,水通大江,入十字河。”

如上文所述,闸河并非建闸时新开,而是利用原有的罗泗桥通江港河。闸河诸闸距江口最近的是拦潮闸,《扬州水道记》引明时工部主事邹韶给朝廷的呈文说,拦潮闸建造在“大江口关王庙前”,“自江至此闸计长二百丈”,约一里多,当时是江滩一片,可以直接见到长江,故有大江口之说。隆庆《仪真县志》又说:“关王庙,在城南一里,十字河东北岸。”

一条十字河,将上下两口联系在一起。《扬州水道记》记载知县况于梧开新河时说:“上下江虽有二口进闸,然以咫尺之地,数尺之水,舟可以泳行,不可以停泊。”仔细体会可以这样解读,闸河下游有两口通江,两运口之间距离不远,与《读史方舆纪要》两口相距一里的说法比较接近。

万历五年,知县况于梧在上游开新河湾,沙漫洲一带形成了新河口。《扬州水道记》说:“今议开新河,则大江水自邓家窝入冷家湾,达新济桥,蹈钥匙河,会上江口奶奶庙抵九龙庙河。而下江口水亦流入交会于闸口。”道光《重修仪征县志》引陆志记载,奶奶庙即碧霞元君庙,“一在西门外”。隆庆《仪真县志》记载:“九龙将军庙,在临江河口。”可见上江口与九龙庙河相通。不过开新河湾的主要目的是屯船,故名“屯船坞”。“且屯住路远,漕舟不便入河,仍泊江口,久废弃。”[1] 虽然在很长时间内没有真正发挥作用,但是为后来上江口的变迁打下了基础。

由此笔者认为,《读史方舆纪要》记载的上江口和下江口指的是四闸建成后明代中后期通江运口形势,上江口即黄泥滩口,下江口即闸河口,也就是都会桥下十字河上下通江两口。

万历中叶到清初的百余年间,沿江形势更加严峻。新洲之北,又长一洲,拦潮闸河口冬月水涸,舟楫阻塞。道光《重修仪征县志》引潘祺庆《修浚通江闸河内河记》说:“明万历中,新洲渐起,自青山迄旧江口,沙漫洲日以侵长,漕艘又为所遏,外江既不可泊,内闸复不易入,遂转漕瓜洲,多数十里风涛之患。而盐艘之屯于沙漫洲者,冬月淀涸堪虞。”

清初,沙漫洲渐趋稳定。康熙二十年(1681),挑北新洲旧河,令粮船循北新洲尾转入新河口。二十八年,按照两江总督和河、漕总督会商的意见,复挑新河口。道光《重修仪征县志》引李志说:“凡盐舰粮艘暨往来商舶,以沙漫洲为便,毕集如鳞。土人营设行市,亡虑数百家,县官给帖输税。荒沙僻洲中,不数年间,阛阓相连,舳舻相接,成巨镇矣。”自此,沙漫洲新河口成为重要通江运口。

雍正年间(1723—1735),运盐船由沙漫洲和黄泥滩两处出

---

① 〔清〕刘文淇《扬州水道记》。

江。道光《重修仪征县志》记载:“雍正十二年(1734),于淮南批验所南黄泥滩、铁鹞子(沙漫洲)二处总口,设巡船一只,巡役四名。凡各商逐日解捆子盐,例用驳船,于内河驳运出江,交卸江船。但驳船出运河,道在仪邑城南,有前河、后河两路。其前河,从所桥起自北向南,过广舆桥,由都会桥直达黄泥滩出口。其后河,从闸桥西北起转宏济桥向南,由太平桥过麻石桥向西,至新桥,直抵铁鹞子出江。两处相距五里,应令委员督率巡役,在于二处总口守候。驳船出口,挂号验票,盘查子盐,与票内数目相符,方许放行出口。”

乾隆年间,沙漫洲仍然是漕、盐运进出长江的主要运口。道光《重修仪征县志》记载,乾隆十五年,协办大学士高斌[1]给朝廷的奏折如是说:“扬州迤下十里为三汊河。自三汊河至仪征沙漫洲江口,共五十五里,专资盐运。并江西、湖广、安徽等省漕船,由此入运。”

嘉庆年间,仪河淤塞已经十分严重。《扬州水道记》说:“仪征运河淤浅已甚,夏时犹不可以行舟,盐船亦间由瓜洲行走。虽从事挑浚,亦复无济。”道光《重修仪征县志》记载:“二十年,两淮盐政札饬南掣厅巴彦岱会同仪征知县黄玙,估办商盐转江洲捆河道。”内外河形成后,运口主要在沙漫洲。陈文述《仪征浚河记》说:“内河之通外河者,自子盐河,历响水、通济、罗泗、拦潮诸闸,由都会桥达鸡心洲,分东西两小支入外河,达捆盐洲,是为支河。”又说:“江广盐船,则自沙漫洲入干河捆盐洲,停泊受载,仍由沙漫洲出口,溯江西上。”新河口以下外河亦有通江之口,起初因为过于狭窄,盐船无法通行,只有一些走私小船可以通过。后来经过开挖疏浚,才

① 高斌(1683—1755),字右文,号东轩,奉天辽阳(今辽宁辽阳)人。清朝中期大臣,著名水利专家。

形成北新洲、泗源沟(俗名私盐沟)、老河影(俗名老虎颈)三道横河,成为外河达江的支河。外河淤塞时,江船不能进口,则就老河影外口停泊,驳船装载子包,由老河影出江上船。

所以,入清后直到嘉庆间内外河形成前,仪征仍然存在上、下通江运口,但是已与明代不同,发生了重大变化。上江口到了上游沙漫洲,即新河口。下江口则为黄泥滩。新河口是漕、盐运的主要运口,黄泥滩只能通行盐船。内外河形成后下江口即不复存在。

旧江口是指仪征运河从新城到旧港的入江口,原名珠金沙河。明隆庆《仪真县志》记载:"泰定元年,珠金沙河淤堙,诏发民丁浚之。"这是方志中关于珠金沙河的最早记载,但是这次施工是疏浚,而非新开。珠金沙河开通后,新城以南一带成为运河进入长江的运口,明代起称"旧江口"。漕、盐运从这里经过,商贩往来不绝,形成一个繁荣兴盛的商埠,至今仍然留有"旧港"的地名。珠金沙河究竟开挖于什么时候?从方志记载看,宋元战争时珠金沙是真州的重要军港,在这里曾经发生过激战,所以屡被提及,但是却始终没有出现珠金沙河的身影。好在《全宋诗》收录有南宋诗人吴芾《到仪真沙河阻风》三首,为我们提供了重要信息,无疑南宋初仪真已有沙河。

明时,该河已成"一渠,长里许,外通小港,亘七八里入江"①,主要作用是分泄运河洪水。景泰五年,工部主事郑灵主持河务,因为清江等三闸水浅难以正常过船,导致五坝过往船只过多,"上下万艘,不无病壅",于是重开这条旧河,"五里为旧江口"②。经过开广疏浚,并筑土坝一道,使送粮自北归来的空船由此出江,缓解五坝的压力。河道开浚后更名为新坝河。后来因为水流短急,河

①② 〔明〕申嘉瑞、潘鉴、李文、陈国光修《仪真县志》。

道又湮塞了。

成化年间，再次疏浚新坝河，置一坝二闸。一闸在今新城镇，名减水闸，俗名饿虎闸；一闸在旧江口，名通江闸，又称二闸。后“河废不修”。嘉靖十九年，工部应运粮千户李显疏请，修浚新坝河，维修饿虎闸。

崇祯初，运河诸闸已经废旧，难以正常运行，总河刘荣嗣和总漕杨一鸣计划开王家沟河，自王家沟至萧公庙止。据隆庆《仪真县志》记载，萧公庙“在钥匙河滨”，就是说，准备避开旧河旧闸，重开漕路。但是，河线长二十余里，工程浩大，费用高达二十余万，最终没有能够实施。于是只能重新挑掘新坝河，建闸通江。由于水势迅湍，“才行回空船一二舟，即坏，河道仍然湮塞”。

清道光三年，为了使盐船就近达洲解捆，重开新城通江旧河，志称“卧虎闸河”。据道光《重修仪征县志》引陆志说：“一二年间，东、西两头即淤垫丈余，内河遂不可治。即旧港外河，亦因此闸分泄江溜，容易停淤。故关门滩、猫儿颈一带，时捞时淤，而外河亦岁费万余金而无益矣。”“内外二河遂坏，不可为矣。”邑人童正爵[①]等给河务部门的公禀说：“乃浊水从半腰横灌，遂致西流淮水顶阻不来闸河，江潮停遏而不进，内河首尾，均受其害。”认为这是“内外河旋挑旋淤之故”。

同治十二年（1873），清政府创建的淮盐总栈由泰州再由瓜洲改设仪征十二圩。为此，挑浚了仪征运河由新城通江的故道，因为主要用来运盐，后来称为盐河。

需要指出的是，历史上对仪征旧江口曾有其他说法，其中尤以清初著名学者阎若璩之说最有影响。仪征籍著名学者盛成在

---

① 童正爵，清时仪征邑庠生，淮南监察厅职员。

《重刊〈真州竹枝词〉序》中说："（仪征）县境呈半圆形，如以江为直径，则西北陂陀起伏，俗称山坊；东南则为冲积地层，俗称圩坊。圩坊春秋时，尚未出水，南北朝齐高帝于白沙洲，始置白沙军。可证开邗沟时，尚在江中，未与陆连，阎若璩注《孟子》所举之上江口、旧江口，春秋时仍未出水耳。"

显而易见，《读史方舆纪要》记载的旧江口，主要是明代事，特别是四闸建成后曾作为上、下江口的辅助运口。明末清初，昔日旧江口以南江面已变成一片生长着芦苇的沙滩，从上游起依次为补新（普薪）、福德、万寿、天禄四个洲，加上南面的永兴洲，一共有五个洲。康熙年间，官府号召开垦芦洲，承诺三年不完田赋课税。于是沿淮和里下河地区遭受水灾的难民纷纷应召而来，筑圩垦滩，安家立业。嘉庆年间，商盐转江洲捆河道形成后从此间穿过，旧港遂临外河。

沿江地形发生重大变化，原来通江河道（新坝河、卧虎闸河）随之而变，入江口起初向东折向黄泥港，后来移到沙河口（沙河前身即珠金沙河），清末又向西折向仪泗河。同治间开通了运盐河，基本形成现在河道形势——沙河、盐河、仪泗河三河在旧港相交。沙河和盐河北段由卧虎闸至旧港为合流河段，自旧港分流入江，沙河流向西南，盐河流向东南。

钥匙河

钥匙河是古时仪征西部的一条重要河道，明代即与漕、盐运有紧密的联系。明末开通冷家湾新河后，到了清时更是成为仪征运河的西延河段和入江口门，在漕、盐运中发挥着重要的作用。

钥匙河紧临城西河道，开挖于宋代。《仪征水利志》记载，宋时,真州城西开钥匙河、葫芦套河,城南开大横河,城东开月河、汊河(今梅家沟),城内开归水澳(莲花池),城内外河流互相贯通。不过当时关于钥匙河的信息仅此而已。明代以后相关记载增多,后世才对钥匙河有了更多的了解。

在古代仪征众多河道中,钥匙河非常特别,首先是河线走向复杂。隆庆《仪真县志》记载,钥匙河“分二派,一派西北行六七里,至胥浦,直接铜山源;一派折而南行里许,为上口,入于江”。

“西北行”一派总体呈南北向,厉士贞[①]《筑龙门桥西坝记》说得清楚:“大小铜山源西之随龙水,下胥浦,至龙门桥。”胥浦古时为水名,铜山源水到了这里,据明时邑人记载“横而为浦”,成为一个大的水体。浦,一是指水滨,一是指通江的小河,这里则是水面、水体的意思。铜山源与胥浦的关系有些类似于淮河与洪泽湖,上为河,下为湖(浦),当然规模不可比。钥匙河实际上是胥浦下游的入江河道。

龙门桥建成于明崇祯六年,由邑人支从礼倡议募捐兴建。桥高二丈八尺,阔一丈九尺,长十丈有零。水经于南北,桥跨于东西。清康熙十八年(1679),邑人萧道生重建。康熙五十四年、雍正十三年又两次重修,“较旧制增长阔焉”。龙门桥的重要不仅因为它曾经“车马络绎”,方便通行,更是因为其位置处于钥匙河的分流转折处,具有地标的作用。

“折而南”一派,即蒋廷章[②]《东西两界水说》所讲“西界水由九龙桥以达江口”。方志记载,九龙桥在九龙将军庙前,九龙将军庙则在临江河口。

---

① 厉士贞,字烈士,仪征人,清康熙庚戌进士。

② 蒋廷章,字美含,仪征人。清康熙壬寅,以恩贡授州判。淹贯经史,尤邃于《易》,多所著述。

河分两派，一派向北，一派向南，其主干河段则是东西向。陈邦桢《蓄泄水道记》说得明白：“龙门桥河道，西南入江，东入新济桥河……出九龙桥，与江淮会合。”

由此可以简要概括，隆庆《仪真县志》记载的钥匙河，西北由胥浦南流至龙门桥河段（隆庆时有河无桥），折向东过新济桥到九龙桥，转向南入江。

不过河道走向并非仅仅如此，东西两端还有变化和他说。先说东端，即县城西。隆庆《仪真县志·水利考》又有这样的记载：“凡西境诸水有钥匙河。其源出铜山之阳，西北流至胥浦，南流至新济桥，为西十里原畴诸水所归，入于江。”清时邑人陈邦桢《蓄泄水道记》也说：“哑叭桥一带，自铜山起伏迤逦而来，至西门外老虎山，皆县之右砂，虽属平阳，实为诸盐垣所托脉。”两处记载的都是仪征城西地理形势，前者说的是水流，因为新济桥在龙门桥东，在县城西三至五里，似有钥匙河由新济桥或是县城西门附近直通胥浦，而不由龙门桥之域的可能。后者说的是陆地，细释其意，又似乎西门外并无河流直通西北。

《读史方舆纪要》的记载给出了可供思考分析的空间：“胥浦之水，源出小铜山，东南流，至城西，复折而西南，流里许，为上口入江，俗谓之钥匙河，是也。”这里“复”字如果作“再”说，即先东南流至城西，再转向西南，则钥匙河可能是由胥浦直达城西。如果是“转过去或转回来”之意，则可能是由西南而来又折回西南入江。但是据现有资料考证，钥匙河并非由新济桥或是城西老虎山直通胥浦，而是经由龙门桥而东。

如前文所述，仪征城内外河流互相贯通，钥匙河与城西水流是相通的，那么城西门水流是否属钥匙河呢？方志没有明确记载。不过，清末以后仪征沿江水流形势发生变化，民国后期钥匙河不复存在,东西向主干河道易名金斗河(古湄河)。新中国建立后修撰的《仪征水利志·河流》记载:“仪城河横贯城区,东起石桥沟南口,经鼓楼交金斗河直角向北至西门,又直角转向西至小高庄通胥浦河。”金斗河与现在的仪城河相交,可见其向北至少伸到了鼓楼一线。

再说西端。明万历初,江西、湖广并南京等处每年从仪征入运的兑运粮米船舶有三千余艘。冬春之交,江潮低落,运粮船大批鳞集外江,等待过闸,有时逗留时间竟在一个月以上,不免经受长江风涛的影响。四年,于朱辉港、钥匙河、清江等处各开河,以便停泊。五年,知县况于梧在上江以西开新河,自邓家窝至冷家湾,河阔十丈,两堤岸各二丈,底阔六丈。同时,自冷家湾至新济桥钥匙河口,再到九龙庙,老河全线疏浚,用来停泊粮船,取名“屯船坞”。这样,河长达十余里,可容二千余艘粮船鱼贯进泊,“渐以入闸,庶几避险道,达安流,而风涛不足虞矣”,被认为是“一劳永利之道”。自此,钥匙河西延,龙门桥河水西流从新河口即沙漫洲一带出江。故方志又注,钥匙河“名冷家湾新河口”。

但是,屯船坞工程“永利”并未成真。《扬州水道记》记载:“自挑新河之后,铜山源诸水悉从此出江,与县不相顾。邑人谓户口、人文之日就衰,实由于此。且屯泊路远,漕舟不复入河,仍泊江口。年久废弃,依旧淤塞。”因此,其后百余年间备受批评和责疑。

其实,出现这样的局面与明末清初仪征沿江沙滩淤涨,地势和水情发生了重大变化有关。道光《重修仪征县志》引旧志说:“万历中叶,新洲之北,又长一洲,拦江闸河口冬月水涸,舟楫阻塞……而仪民大困,盖百余年矣。”漕、盐运的前景被蒙上阴影,严峻的形势牵动了仪征人的心,人们纷纷建言,但受时代局限,大都从风水的角度作出解释并寻求破解的方法。

蒋廷章《东西两界水说》认为,仪真主水自冶山发脉,分为两界,东界水(龙河)随淮水(仪河,今仪扬河)由闸河以达江口,西界水(铜山源)由九龙桥以达江口,两界水随江潮以通于诸坝,水贵屈曲,山贵朝拱,两水交襟环抱,以故户口殷繁、人文蔚盛。

厉士贞《筑龙门桥西坝记》说,新河挑成后,西界水“下胥浦至龙门桥,遂西奔新河,反跳沙飞,不顾其主”。并以人身作比,“譬诸人身,水则膏血也,今左臂(东界水)无恙,而右臂(西界水)独麻木不仁,尚可以为人乎? 此龙门桥坝之不可不筑”。

蒋廷章《东西两界水说》中的一段议论十分中肯:“然愚尤有说焉,天下事,不难于垂成,而难于成而不败。考铜山源诸水,冬则干涸,夏则涨溢。其涨溢也,损堤伤田。今曷若于新堤之上,甃以大石,效江南鱼梁坝制,水小则尽遏之东,水大亦稍减之西,则既无妨堤堰,而又不碍民田,岂非两利久存之道哉?”他认为,西坝虽成,但是还可以进一步完善提高标准,否则难以持久和充分发挥作用。

后来随着沿江水流形势的变化,钥匙河一直为人们所关注。道光年间,仪邑贡生严树薰给南掣厅的禀文称:“窃仪河旋挑旋淤,其弊皆由于不治内而治外。夫欲治其委,必清其源;欲救万全,必据要津。要津者何? 不过一钥匙河而已。”一条河道的治理引起激烈争论,引起百年关注,正是钥匙河的又一特别之处。

钥匙河的特别还在于河名。河道与钥匙扯上关系,可能是借用钥匙的开锁功能,寓意河道起到了打开堵塞、疏通水系的作用。康熙进士厉士贞《筑龙门桥西坝记》说:“真邑赖龙门桥坝,盖一大锁钥也。”仪邑贡生严树薰禀文称:“河以钥匙命名,譬如开锁,非钥不通。”

在文人的游记和诗歌中,钥匙河又称“西溪”,如乾隆年间汪颙刊印的《青门小稿》中有《西溪秋泛》诗八首,嘉庆二年(1797),骈体文大家吴锡麒写有《游西溪记》。根据相关诗文的描述,“西溪”当指县城西部的河流,而钥匙河正是仪征西部的主要河道。吴锡麟《游西溪记》记述的“西溪九曲之游”的线路,是“自湄庵放舟至胥浦桥而止”。湄庵在龙门桥北,乾隆初邑人黄起杰修建。不过,方志“山川”和“水利”篇均不载“西溪”,所以“西溪”并不能取代钥匙河的河道名称。民国以后,钥匙河自龙门桥向北通胥浦及铜山源和向西南入江河道改称胥浦河,原来的东西向河道亦易名古湄河和金斗河。对此,本书《现代篇》将作叙述。

明时,钥匙河在漕运中发挥作用的主要是紧临城西河段。《明宣宗实录》记载,宣德五年(1430)八月,侍郎赵新建议:“仪真旧江口,钥匙河、黄泥滩、清江闸,俱宜浚导。”《明孝宗实录》记载,弘治元年二月,都御史李蕙请于“仪真钥匙河及歇马亭各建闸,以便漕运”。可见清江闸、钥匙河、黄泥滩一线正是漕运入江河段。明末,钥匙河经过连续改造,疏浚了河道,开辟了上游入江口即新河口,其目的主要是为了方便漕船停泊,免受长江风涛危害。

入清后,钥匙河东西向河道成为重要的漕盐运河。道光《重修仪征县志》记载,清初龙门桥西坝建成后,沿江沙情水势和钥匙河状况仍然在继续变化,《河渠志·水利》记载,康熙二十八年,复挑新河口。总河王新命疏称:“一切粮船,令循北新洲尾,转入新河口,可以通行。”蒋廷章《江沙说》也记载:“流沙漫洲内,南北可里许,东西六七里,风静浪恬,利于屯泊……因而辟开上口,以通往来,不惟盐艘便,而商舶亦便。”这里的上口即新河口。

《重修仪征县志·河渠志·缉私》记载了雍正十二年盐船出江的前河后河两条线路,其中后河从闸桥西北起转宏济桥向南,由太平桥过麻石桥向西至新桥,直抵铁鹞子出口。麻石桥在九龙桥西,

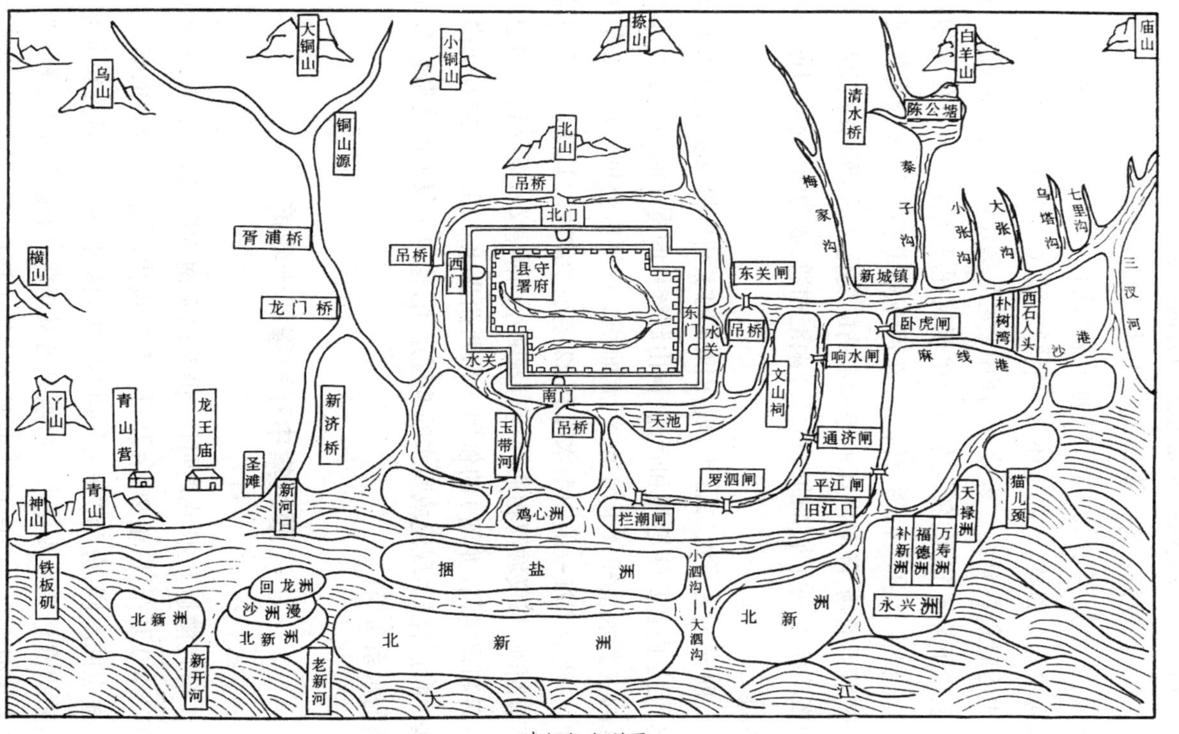
乌山
大铜山
小铜山
捺山
白羊山
庙山
铜山源
清水桥
陈公塘
北山
梅家沟
秦子沟
小张沟
大张沟
乌塔沟
七里沟
吊桥
北门
胥浦桥
吊桥
西门
县守署府
东关闸
新城镇
三汊河
横山
龙门桥
东门
水关
吊桥
卧虎闸
朴树湾
西石人头
沙港
水关
响水闸
麻线港
丫山
青山营
龙王庙
新济桥
南门
文山祠
吊桥
天池
玉带河
通济闸
圣滩
新河口
罗泗闸
平江闸
猫儿颈
神山
青山
鸡心洲
拦潮闸
旧江口
天禄洲
补新洲
福德洲
万寿洲
铁板矶
回龙洲
沙洲漫
北新洲
北新洲
捆盐洲
小泗沟
大泗沟
北新洲
北新洲
永兴洲
新开河
老新河
大
江

清仪征水利图

就在钥匙河上，显然盐船是通过钥匙河出江。

《重修仪征县志·舆地志·津梁》记载：“广舆桥，乾隆十八年重修，五十九年增筑加高，以通子盐驳船。”运盐驳船出运河之一前河中的广舆桥，乾隆末还为通航驳船而改建，说明子盐出江运输方式当时仍在延续。乾隆间，汪中《龙潭募建避风馆疏》记述，江北上岸下船皆新河，新河东行十里至仪征城，沿河“居民旅店相鳞次”。仪征知县李鹏举有诗曰“新河迤里走郭西”，都说明新河口一带航行通畅，随着沿江地势和水情的变化，钥匙河的冷家湾新河和新济桥直到九龙桥的故道已经融汇相通，成为漕、盐运的重要航运通道。

时光过去了近二百年，现在仪征的水利形势发生了巨大的变化，但是由昔日钥匙河和胥浦、铜山源统称的胥浦河仍然是西部地区的主要水系和骨干河道，汇流面积203平方公里，包括12条主冲，一座全市唯一的中型水库和22座小型水库。胥浦河出江口建有节制闸，与仪城河相通处建有城河小西闸，仪城河起到了沟通胥浦河和仪扬河（龙河）的作用。东西两界水不仅在鼓楼前交襟环抱，而且可以实现流域间水的调度运用，这也是仪征的先贤们最希望的水系布局。

漕运集中在乾隆四十年前

清代漕运基本沿袭明代，仍然以东南为财富之区，每岁额征漕粮400万石，白粮20余万石。其制度更严密和成熟，依据其运交地点的不同，分为“正兑”和“改兑”两种，运京仓者为正兑米，运通州漕仓者为改兑米。康熙皇帝甚至将“漕运”同“三藩”“河务”并列为自己听政后首先要抓的最主要的“三大事”，“书宫中柱上”[1],时刻予以密切关注。

最高漕务管理机构是漕运总督,顺治元年(1644)设置,官秩从一品,长驻淮安。漕运总督还握有一支数十人的护漕军队,供其调用。漕运仍为军队担当,每一卫所分成若干帮,每帮一般有船五六十只。道光《重修仪征县志》引胡志、陆志记载:“顺治初,仪真卫运船仍以前任指挥领赴水次兑运。寻废世袭,改选。守备、千总每年轮佥一人,遵听漕都院给单开行,船数仍一百一十只。”“后奉文节省漕饷,运船一百一十只暂减十九只,督运旗丁八十三名。”又载:“仪真县漕米正、兑九百五十一石九斗三升,遵听总漕都院拨别卫官军领兑如前。”

清代漕运仍以河运为主,浙江漕粮由瓜洲入运,湖广、安徽、江西漕粮由仪征入运。道光《重修仪征县志》引胡志记载:“国朝仍行兑运,江、广、徽、安等府运船由仪真入闸。知县沿途催攒,汇报进闸日期、船只数目,规制如前。”又载:“漕船至真闸上,设有闸夫牵挽。遇浅,设有浅夫挑浚。”漕船入运皆由沙漫洲江口。

清代仪征漕运主要集中在乾隆四十年(1775)前。《扬州水道记》记载,嘉庆十一年,河督徐端有奏文称:“三汊河至仪征江口,昔为大江,上游重空漕船要津,乾隆四十年后河浅涩,漕船皆由瓜洲进口,此河惟为淮南盐船经由之道。”不过仪征漕运并非就此结束。道光《重修仪征县志》记载,嘉庆四年四月朔,南河总督康基田、两淮盐政征瑞疏言:“扬州府仪征县境内,临江运口,上承淮水,下接江潮,为淮南盐运及安徽、江广漕船经由要道。”仍然是要道,但仪征漕运已不正常,仪河淤浅难行固然是重要原因,同时也是因为运河形势有了大的变故。

---

① 彭云鹤《明清漕运史》。

嘉庆年间,因黄河倒灌、淤塞等原因,运河逐渐无法通行。道光六年(1826)甚至全由海运。七年又改为河运。二十六年,河运与海运并存。二十八年,海运逐渐取代河运。咸丰以后,黄水肆虐,千疮百孔的运道已完全失去作用,漕粮海运"遂以为常",成为当时主要漕运方式。

咸丰三年(1853),除江浙两省外,其余四省均行折色。所谓折色,就是由旧时所征田粮改为折价征银钞布帛或其他物产。

同治十一年(1872),清政府开始部分地将漕运改为海运,后来成为常例,推动了漕运的最终废除。光绪二十七年(1901)七月初二日,清廷以"时势艰难,财用匮乏"为由,正式下诏,"自本年始,直省河运、海运一律改征折色"①。至此,沿用了2540余年的漕运和漕运制度正式宣告消亡,退出历史舞台。

咸丰十年城区淮盐中转终告结束

清朝视淮南纲盐为国家收入根本,盐法较明代更加完善。道光《重修仪征县志》引胡志说:"国朝酌古准今,兴利剔弊,止令商人在扬(州)办纳课饷,部即发引,听商灶择便交易。既无边塞屯种之劳……年运年销,而转输优裕,法至善也。"又载,顺治三年,户部奏复巡盐御史李发元疏曰:"自运司领引买盐,赴仪真批验所掣割者四分之三。"

清初即于各盐区设置盐官,两淮设巡盐御史(雍正年间改称盐政,俗称盐院。道光年间裁归两江总督兼管)和都转盐运使司盐运使(俗称运司)。淮安和仪征各设一个批验盐引所。淮南产销盐

① 彭云鹤《明清漕运史》。

的数量一般是淮北盐的四到五倍，所以两个批验所又以淮南为重点。在仪征派驻盐运官员“淮南监掣同知”和“淮南批验所大使”各一人。道光《重修仪征县志》引颜志说：“批验盐引所在南门外头坝。”又引陆志说：“明盐漕察院，即批验盐引所。”明洪武年间，批验盐引所由瓜洲移建于仪真一坝、二坝间。康熙二年（1663），御史张问政于堂后建大楼及廨宇，改大使衙，于仪门外增设司道厅，规度悉如察院。四十二年，康熙皇帝御书“豸秀松厅”四字额，赐两淮巡盐御史罗瞻敬悬于大堂之上。康熙末，察院曾遭遇火灾，很快又复建。

其规制，据道光《重修仪征县志》引乾隆《两淮盐法志》记载：“今院廨东西辕门各一，左右列鼓亭旗杆及门吏房。”“东、西盐门二道，牌楼二座，卷棚三间，大堂三间。”东西两面有“关帝庙、马神殿、商房、船房”等，还有主善楼、筹远楼、小厢楼、住楼、后楼、小楼等等。其中筹远楼“旧传为五美君阳楼，又为朝阳楼，仅存其址。乾隆十一年（1746），盐政吉庆鼎新之，而易其额”。“君阳楼”与后来《真州竹枝词》记载的“景阳楼”音近，笔者怀疑有可能即为此楼。

清初，两淮巡盐御史驻扬州。按照明时惯例，每年盐运旺季，巡盐御史委托副职或是选派助手到仪真监掣，掌握运销情况。康熙二年，淮南批验盐引所扩建后，规度如察院，称作“仪真察院署”“真州使院”或“淮南使院”。自此，两淮巡盐御史“遂久驻节焉”，就常驻仪真了。雍正十年（1732），盐政高斌又移署扬州。

一坝、二坝是长江进出天池的水工通航建筑物，真州使院就坐落在天池北岸。天池的名称始见于明末清初，即宋时的莲花池，与运河相通。南宋绍兴五年，因为莲花池水至堰而止，郡守赵尚之将堰定名为莲花堰。北宋时真州复闸建成后，因水源紧缺，发运使曾孝蕴在闸旁作归水澳，把复闸放出来的水蓄起来，形成大的蓄水池，又叫澳河。归水澳有上澳、下澳，下澳的水可以借助提水工具提到上澳使用。明隆庆《仪真县志》说，莲花堰“旧有腰闸潮闸俱南渡后撤废，今但有东关闸”。所以莲花池当是在澳河的基础上形成的。明时称“城南塘子”，入清后是盐船集中停靠的地方。

清初，仪征每年集散盐在80万引至100万引之间，雍、乾年间高达120万引至134万引。康熙年间巡盐御史曹寅《重修东关石闸记》记述，盐船从产地出发，经过二三百里水路的行驶，来到仪真批验过所。盐船到了里河口闸不能由闸河（外河）出江，全部从东关闸进入停泊在天池。待掣验后，将大包解为小包装船，分认销卖口岸，并查验盖印。解捆程序完成后，再由盐商分别载运到江南、江西、河南、湖广等地销售。

解捆后的小包子盐用驳船于内河驳运出江，交卸给江船。道光《重修仪征县志》记载，雍正间，内河出江有前河后河两路，后河从闸桥西北起转宏济桥，向南由太平桥过麻石桥，向西至新桥直抵沙漫洲出江。前河从所桥起自北向南，过广舆桥，由都会桥直达黄泥滩出口。两处出江口相距五里，出口处由盐务委员督率巡役守候驳船挂号验票，盘查确定子盐与票内数目相符，方许放行，并将每日查验结果造册呈院查核。

盐运每年要举行掣挚仪式。明初，掣挚地点在浦子口（今南京浦口），名曰“京掣”。后来，因为盐船遭风，而仪真旧港内有深水，可容万船，外有芦洲，可避风涛，万历年间即改在仪真旧港，是为“江掣”。清顺治年间，江掣仍旧在旧港举行。由两淮盐运使司择定具体日期，然后具报两淮巡盐御史批准。届时于江口搭盖篷厂，盐院亲临，恭祀江神毕，标挽盐牌，挽取两楚子盐各数包，抽秤，标发头船桅封开行，以后盐船都陆续自行开江。

后来江掣改在黄泥滩嘴。道光《重修仪征县志》记载："江掣厅，黄泥滩嘴建屋三楹，外设门珊。每岁新纲开江日，盐政、运司临江祭神之所。"其间，相传康熙后可能曾在沙漫洲一带举行。志载沙漫洲口有开江龙王庙，康熙中建，乾隆四十八年（1783）重建，道光十三年（1833）全坍入江，二十年改建于对岸盛滩。江掣俗称"开江"，其名似与江掣有关，但志无所载。

所掣也有规制，"每单，首盐院亲临开掣，嗣委官"。厉秀芳《真州竹枝词引》记载了开掣的盛况："是月开新盐门，盐宪驻察院，开所运新纲盐。邑人闻其来，欣欣然有喜色，举国若狂，少长咸集，自东关而天池，地无寸隙。南岸商家河房，结彩悬灯。北岸吕祖祠一带居民，搭板台卖座。河中屯船排列如鳞，歌舞吹弹，各鸣其乐。每船桅上，扯连珠灯，高下一色，有如星桥火树。岸南河楼，斜对察院景阳楼，灯火相耀。盐宪楼上看烟火，其时烟火局未裁，商人供办，率皆上品。就中捡两高桅，架横木点放，晶光四射，有目共睹。自初更起，至盐宪筵毕，下楼归寝乃止，洵壮观也。城中人家，惟一二老羸守门，余未有不往观者。一年盛景，当以是日为最。"

厉秀芳特别说明，这是嘉庆年间的情势。由于沿江形势的变化，解捆地点也不得不随之改变。起初解捆在察院进行，称为"垣捆"。乾隆年间，因为冬季水涸，盐船一度只能停泊在都会桥下投掣。后来沿江多生沙洲，长江进出口不畅，嘉庆晚期解捆改在沿江的旧港（老虎颈）和捆盐洲进行，称为洲捆。道光年间境况更为严重，每值冬令水小，由洲捆移至鱼尾。鱼尾复形浅涸，不得已再移于老河影。陈文述《仪征浚河记》记载："道光二年冬，捆盐洲上下淤涸成平地，盐船七百余艘盐数万引，搁浅不能尺寸动。"道光二十三年(1843),署监掣同知陈延恩[1]通禀说到洲捆之难:“地势散漫,縻费甚巨。不独商工极形劳顿,抑且稽察难周。况春水一发,洲滩漫水,屯船不能抵岸,便无改捆之地。及至夏秋,又以水不归槽,四处漫溢,复难捆运。”[2]

盐运不仅受到自然条件的影响,走私和贪腐也一直是管理中面临的两大问题。朝廷每每要求严厉惩处贪腐受贿、徇私舞弊、乱支滥派、节加浮课等问题。明正德年间,御使朱冠在仪真掣盐所修建作誓亭,要求“被委而来者,必先誓而后即事”,并逐渐形成制度。清初,誓亭尚存。顺治十三年(1656),御史姜图南为誓亭题匾“明心”,在亭内勒石曰:“十目所视,鬼神鉴临。一有所欺,宁不自愧。”[3]又将盐法规定的收费项目和掣挚经费正常开支渠道刊板晓示,向社会公开。

缉私更是从未间断。道光《重修仪征县志》记载:“仪征县巡役二十名,水手六名,巡船三只。又,天池江口键快二名,舍人一名,皂役一名。又,巡拦快役六名。”明时有搜盐厅,康熙五十三年(1714)重建,在城南二坝。每年冬月,粮艘空回时,由盐院会同地方官负责搜查是否夹带私盐。

雍正十一年(1733),采纳江南总督尹继善建议,改设淮南巡道,督理扬州、通州等处盐务,并于仪征青山头设立专营缉私,称“青山营守备署”,设“守备一名,把总一名,外委把总一名,马、步、

---

① 陈延恩,字登之。江西新城钟贤(今江西省黎川县中田乡)人。清代文学家、理学家陈道之后人。因应试未中,遂捐监生,援例分发江苏,补松江府柘林通判,代理江阴知县。为了治理江阴连年水患,他积极筹集资金,修浚河道,重建圩堤,便利农民耕种。他还从外地延聘颇有成就的学者为当地生员授课。任职期间,政声甚著。又迁升川沙同知,暂代淮南盐司,代理扬州、常州知府,兼淮徐扬海道。

② 〔清〕陈文述《仪征浚河记》,《颐道堂文钞》卷六。

③ 〔清〕王检心监修,刘文淇、张安保总纂《重修仪征县志》。

战、守兵一百名，巡船四只，专司堵御缉私”。十二年，“于淮南批验所南黄泥港、铁鹞子二处总口，各设巡船一只，巡役四名”。“迨乾隆元年，又将奇兵营所辖七汛，拨归青山营专管，始分疆界。乾隆十六年，两江总督黄廷桂添设额外外委一员，随营督兵巡缉。该管界限，水陆交错，计二百余里。”[①]

嘉庆十六年（1811），知县屠倬到任不久，在城南三棵柳智擒为害地方十年之久的大盐枭蒋光斗。道光间，长期占据老虎颈码头的巨枭黄玉林“赴官投首，自愿随同官弁，引拿私枭，效力赎罪”。不久又“复图犯私”，终被正法。屠倬有《枭徒横》诗：

淮南百万盐，都向真州掣。
官引苦滞销，那得枭徒灭。
枭徒多如毛，淮盐白于雪。
枭徒横莫当，百姓不敢说。
请官说枭徒，枭徒横何如？
人言枭徒横，官悯枭徒愚。
君不见：朴树湾，纱帽洲，官兵缉私挨户搜。
又不见：辰州蛮，巴杆老，枭徒性命贱如草。
尔非生来作枭徒，利之所在人必趋。
江边有田尔肯种，县官为尔捐犁锄。

道光十一年，试行票盐制，在各盐场设立引店，任由商人自由购买贩运，仪征市区不再是盐运必经之地。太平天国运动爆发后，南京附近地区成为太平军和清军交战的主战场，仪征城在战火中

① 〔清〕王检心监修，刘文淇、张安保总纂《重修仪征县志》。

几成废墟。咸丰十年八月，仪征城区延续了千年的淮盐中转终告结束。

一个甲子的十二圩盐运

道光末年，为了扩大盐课，增加财政收入，清政府又创建了淮盐总栈，设在泰州。同治初年，淮南盐渐显短缺，于是以淮北盐补充不足，这样泰州所处的地理位置就显得不太适宜了。总栈迁移的地点当然以仪征最为适宜。由于沿江沙涨，出江口不畅，仪河也难以修复，只能改选瓜洲。但是瓜洲受到江流的冲刷，康熙五十四年六月起即开始坍江，于是设栈的具体地点放在了下游的六濠口，并在瓜洲开挖横河，用以连接运口和运河。不料设栈后坍江顶冲点不断继续下移，六濠口同样又面临着坍江的威胁，这样的情势迫使清廷只好再次匆匆另选它址。

选址的过程有两种说法，其中一说为，太平天国起义被镇压后，湘淮军势力成为清政府的内患之忧，曾国藩急于寻找出路安置，故选定十二圩，一方面有利于淮盐掣验运销，一方面巨大的土建工程需要大量人力，工程结束后人员也可以就地安置。不过笔者认为此说有一个问题，其人员安置的计划与选址十二圩似乎并不存在非此不可的必然联系。《江苏水利全书》则说，盐政委员、江督、后任江苏巡抚的张树声为了解决掣验场所，几经查勘，最终选定了十二圩。迁栈事宜由盐政李宗羲、盐运使方浚颐主持。

后来的事实证明，淮盐总栈迁移出六濠口确实是为坍江的形势所迫。30多年后，宣统三年（1911）起，六濠口、七濠口相继坍入了江中。

十二圩一带滩面开阔，对江有礼祀洲（今泗业洲，当时洲头尚在泗源沟下口）为屏障，夹江之间水流平缓，藏风聚气，十多里江岸可以停泊大型船只，十分适合装运淮北盐的海轮进出。内港又有河道直通仪河，也就是元时的珠金沙河、明时的新坝河。淮盐总栈迁来时又挑复了这条通江故道。淮南盐正是由运河、里下河水道运输出来的，所以到十二圩十分方便。

如此地理环境和水利条件可谓得天独厚，自然成为首选。因为总栈的官署建在第十二个圩身之上，所以定名十二圩。

同治十二年，淮盐总栈正式改设仪征十二圩。盐栈刚迁来时叫作“仪征淮盐总栈”，后来更名为“十二圩两淮盐务总栈”，简称“扬子淮盐总栈”。同时迁来的还有盐掣同知署、盐斤批验所、查舱局等机构。总栈一到，马上囤盐运转。

这时盐商分场商和运商，场商在盐场收购食盐，运到十二圩堆储销售，运商在十二圩购盐运销各口岸。淮北盐为大宗，主要销往安徽、湖南、湖北、江西等省。淮南盐相对较少，主要销往江苏和安徽邻近地区。据《两淮盐法制》记载，在十二圩掣验集散的淮盐最多年份达到 2.69 亿斤，最少年份也有 1.45 亿斤，平均每天有六七十万斤盐装卸进出。

十二圩由过去的江边荒滩一跃而为淮盐运销集散地。江边的船只“列樯蔽空，束江而立，覆岸十里，望之若城郭”。江船运盐之旺盛，若计停泊在岸者，两千余艘之多，而依靠江船为生之船民水手等有数万之众。内河还有大小驳船近二百艘。

但是，仅仅度过了半个多世纪，1931 年前后，十二圩出现涨滩，沿岸一片片江滩渐次露出了水面。过去一座座码头直伸江面，盐包装卸转运非常方便。涨滩后盐船慢慢地不能停靠码头了，十二圩盐运口岸的地位受到了致命的威胁。

为了挽回颓势，维持正常的淮盐中转业务，当时不惜花费巨资,在镇东架设了一条长达二里多的通江栈桥。栈桥建造得雄伟气派,如同一条巨臂伸向江心。桥面铺设了可供往返的铁轨,可以用四轮板车运送盐包上下。栈桥的建成给人们带来了希望。但是事与愿违,栈桥建成后,涨滩的速度更快了,到了秋后,连栈桥也凸现于沙滩之上了。

然而,在涨滩使盐运码头全面瘫痪的破坏力还没有全部施展出来的时候,又发生了新的变故。1933 年,国民政府颁行了“新盐法”,废除淮盐在十二圩屯储中转的办法,改为直运湘、鄂、赣等各大口岸。毋庸讳言,这样做可以减少中转费用,缩短运输周期,提前盐税入库。但是对十二圩而言,等于提前宣布“盐都”地位的取消。随着新盐法的实行,十二圩来盐逐年减少,数万盐工生活渐渐失去依靠,只得纷纷外流谋求出路。十二圩各界人士曾经抗争,向当局讨要说法。

就在这时,抗日战争爆发了。1937 年 11 月下旬,十二圩陷入敌手,房屋被炸,设施被毁,盐包被抢,生灵涂炭,遭受了毁灭性的破坏,一个甲子的辉煌顷刻间化为过眼烟云。

大码头·泗源沟

大码头和泗源沟作为古地名,都与盐运有关。

道光《重修仪征县志》引旧志记载:“盐厅,即都会桥下大马头。乾隆二十三年,盐政暨诸商创建碑亭、石岸。冬日水涸,盐艘泊此投掣。然江河渐壅,舟不能近,权就洲掣捆。总督高晋勒碑记之。今毁。”这是方志关于大码头名称的最早记载。

都会桥是大码头最具代表性的建筑。这是一座单孔石拱桥,东西走向。巨大的青石板圈成桥的内拱,古铜色的花岗石构筑桥身。桥的高度从地面向上有两丈左右，是古代仪征城最高、最宽、最大的桥梁之一。都会桥不仅外形气势雄伟，桥下汇聚的水更是不一般，不但有长江水、本土龙河、胥浦河东西两界水，更有淮水、泗水千里迢迢而来，诸水会于桥下，故名都会桥。因为江淮汇合于此，都会桥附近的关帝庙旁又有江淮社。清初，盐船在天池掣验解捆，再由盐商分别载运到江南、江西、河南、湖广等地销售。解捆子盐驳运出江有前河、后河两路，其中前河一路就是由都会桥直达黄泥滩出江的。

都会桥建造于什么时候？查阅方志，明隆庆《仪真县志》还没有都会桥的记载，万历《扬州府志》卷二"桥梁"条目下已经有都会桥的名字了。明隆庆有 6 年，县志修成于元年(1567)，万历有 48 年，府志修成于三十一年(1603)，所以，都会桥应当建成于明隆庆至万历三十年之间。

都会桥最初是谁建造的，方志没有说，但是有这样的记载："乾隆二十年，邑人重修。五十九年，盐运司曾燠重建。"曾燠，字庶蕃，一字宾谷，晚号西溪渔隐，江西南城人。清代中叶著名诗人、骈文名家、书画家和典籍选刻家，被誉为清代骈文八大家之一。官至贵州巡抚。曾燠先后两次赴两淮任职。第一次是乾隆五十七年，授两淮盐运使。第二次是道光二年(1822)，以巡抚衔巡视两淮盐政，准用二品顶带。

乾隆年间，由于冬日水涸，内河难以行船，盐船只能停泊在都会桥下投掣。作为盐厅驻所，盐政、盐商共同兴建了碑亭和石岸，很有规模和气势，被称为"大码头"。后来江河渐渐壅塞，盐船又相继改在沿江沙洲掣捆，称作洲掣。

历史上大码头不仅是都会桥下盐厅码头的称号，同时又是南门一带街市的统称，而且其名称的出现早于清乾隆时期。明末清初小说《醒世姻缘传》第 87 回写道:“一路行来,过淮安,过杨(扬)州,过高邮,仪真大马头所在,只要设个小酌,请郭总兵、周景杨过船来坐坐,回他的屡次席,只因恼着了当家小老妈官,动也不敢动,口也不敢开。”据此应该能够推断,“仪真大马头”的名称明末清初不仅已经存在,而且在大运河沿线的名气很响。但是,《醒世姻缘传》的作者署名西周生,其真实姓名和生平事迹至今不详。作者的真实姓名,研究者做过不同的推断,有蒲松龄说、章丘文士说、丁耀亢说、贾应宠说、蔡荣名说,至今没有定论,故小说的年代亦难有定论。所以,“大码头”名称出现时间还有待进一步考证。

泗源沟比大码头复杂,因为历史上曾经有多个谐音名,因而名字的起源又有不同的说法。

一是私盐沟。清末时沿江沙涨,城南一带江面生成北新洲,其间形成由河通江的小沟,内窄外宽,窄者称小泗源沟,宽者称大泗源沟。因为河势复杂,只能容纳小船通行,一时成为走私盐船出江的通道。道光二年,署监掣同知陈文述《仪征浚河记》记载,外河南岸“有小沟数道,自河通江,方舟不足以容,为私盐出江之地,曰私盐沟,土人易其称,曰泗源沟”。这是目前可知关于泗源沟的最早记载。水沟以“私盐”名并非清代始,明代黄汴[①]的《一统路程图记》也记载仪真有“私盐港”。

还有泗冶沟和四眼沟。盛成先生《重刊〈真州竹枝词〉序》说:“泗源沟,俗呼四眼沟,为泗冶沟残存之音讹。”泗冶沟的名字与泗源沟类似,泗即泗河,古称泗水。“冶”则是冶山。冶山古时被认为是仪征地脉、水脉之发源。清厉士贞《筑龙门桥西坝记》说:“县龙自冶山发脉。”蒋廷章《东西两界水说》称:“考真地脉,发自冶

① 黄汴,字子京,明代安徽休宁人,商人,旅行家。编纂有《一统路程图记》。

山。”泗冶沟的名称涉及运道的走向,历史上曾有运道经过冶山即今六合境内的说法,但是缺乏史料基础。

四眼沟则难解其意,可能只是因为人们叫白了而已,抑或当时另有其意,由于早已时过境迁,今天已经无法理解。

泗源沟处于商盐转江洲捆河道(外河)中段位置,道光间多次挑浚、拓宽。道光《重修仪征县志》记载:“道光十二年,监掣同知冯思澄展宽泗源沟,挑浚捆盐洲一带。”这是方志中最早出现的“泗源沟”记载。冯思澄在仪征任上的一年多时间内,主持实施了泗源沟展宽工程,成为泗源沟的最初拓浚者,为后来仪征运河开辟新的入江河段和口门奠定了基础。

仪征人为什么认可泗源沟的名称并且留传至今?因为泗河流域是古代东夷族聚居的地方,也是中华古老文明的发祥地之一。传说中伏羲、神农、黄帝、唐尧、虞舜、皋陶、大禹等出生或活动的地点,大都在曲阜及其以东泗河上游一带。泗河流域也与儒家文化有着很深的渊源。泗河流经孔子家乡曲阜和孟子故里邹县,不仅如此,包括孔孟在内的儒家五圣——至圣孔子、复圣颜渊(颜回)、宗圣曾子、述圣子思、亚圣孟子等先贤都生长、活动在泗河流域。《论语》载,子在川上曰:“逝者如斯夫,不舍昼夜。”这里的“川”正是泗水。在古人的心目中,泗水是源自于圣人家乡的水。

仪征历来尊儒崇文,南宋嘉定《真州志》记述“俗皆喜儒”,“其民安土而乐业,其士好学而有文”。泗源沟的名字为仪征“土人”所起,这样的“土人”就该具备如此的品格和素养。时光如流水,水道随着岁月的流逝而变迁,泗源之说其实超然于水,是一种象征,一份心怀,其中的意蕴仪征人自然心领神会,泗源沟的名字借此延于后世。

今天的泗源沟具体指向是什么,人们的解说不尽相同,最通行的有三种说法。一是口岸。盛成先生《重刊〈真州竹枝词〉序》说:“吾乡自县城登轮之口岸,地名尚称泗源沟。”二是地名。《中国民间文学集成·仪征市资料本》收集到当地老人的说法:“人称南门都叫大码头,或者叫泗源沟。”三是河道。《中国民间文学集成·仪征市资料本》记录当地人说:“都会桥南,通江的一条河不叫河,叫泗源沟。”盛成先生《重刊〈真州竹枝词〉序》也说,泗源沟“若为运河入江之口”。据此,笔者认为,泗源沟主要是指仪征运河临近长江的河段或是与长江交会的河口,这也是现在较为通行的说法。

大码头和泗源沟是仪征地方特殊的文化现象,在相当长的时间里始终相传于人们的口中,扎根在人们的心里。现在,大码头和泗源沟已经成为古城的记忆,成为古代仪征不可磨灭的文化印记,是地地道道的仪征历史元素。

最后的繁华

清代是古时仪征最后延续繁华的岁月。盛成先生《仪征塔》说:“兵乱前(笔者注:指太平天国战争)的仪征,——我的祖母如此说,——万商丛集其中。尤其是盐商,富过沈万山的人都要来在仪征建筑几座园林,几幢别墅。夕阳不分贫富,满照妆楼。佳人来自四方,暗藏金屋,官儿来养老,文人艺士,多寄食于巨贾之家。因此仪征的当年,在神州占有特殊的地位。”

南门(大码头)曾经是仪征繁华所在。仪征城在明初扩建后,发展的重心逐步转向了南门外至江边的大片区域。漕运盐运办事机构、会馆、庙宇和居民住宅、商店的不断建设,渐渐使这里人烟稠密,建筑林立,街市繁荣,商业兴盛,到了清时已经超过了城内。这里河网纵横,水波荡漾,街道和河道相互融会。街上人来人往,河中船进船出，可谓水陆同兴，人水和谐，街市和环境很有特色。曾在扬州担任推官的清代著名诗人王士禛，十分喜爱这里的自然景色和人居环境，有《真州城南作》诗赞曰：

真州城南天下稀，人家终日在清晖。

康熙皇帝六次南巡，三次到仪征。道光《重修仪征县志》记载，康熙二十三年（1684）冬十月和三十八年三月，"圣驾南巡仪征"。四十四年三月，从仪征过江到常州。三次都有诗，其中《由仪征乘巨舰至京口》诗曰：

长江万里开鸿濛，高樯巨楫乘艨艟。
仪真京口路百里，挂帆瞬息凌长风。

仪征县名有过两次变化，雍正元年，避胤禛讳，仪真县改为仪征县。宣统元年，避溥仪讳，仪征县改为扬子县。后来民国时期又改回仪征县。

顺治、康熙、雍正、乾隆、嘉庆年间，多次重修城墙和四门楼橹。明时曾建两处敌台。一在胥浦桥北，周回垛口，一如城制，高一丈八尺，阔四丈，垒石为基，台上建房三楹，匾曰："吞水衔远。"崇祯八年（1635）知县姜埰创建，清时倾废。一在县东三里响水闸东，"横十八丈，高二丈三尺，制如城。上建敌楼三间，下为郭门。嘉靖三十七年（1558），知县张鸣瑞创建"[①]。清康熙初，知县胡崇伦命僧如秀修葺，奉祀关帝。雍正十三年（1735），王重重葺，匾曰："山高

① 〔明〕申嘉瑞、潘鉴、李文、陈国光修《仪真县志》。

水长。”乾隆十五年(1750),监掣同知李璋“爰加整顿,颓者直之,缺者补之,色泽剥落者丹垩之,还其旧观”[①]。道光《重修仪征县志》引陆志说:“俗名挡军楼。”

仪征园林建设进入鼎盛时期,其中不乏历史名园。在寤园基础上重建的荣园,方志称“为江北绝胜”。盐商巴光诰兴建的朴园,江南名士钱泳《履园丛话》以为“淮南第一名园”。私家造园,形成风尚。清初仪征有汪、吴、程、方四大家,各有名园。清末又有张、何、郭、厉四大家,张、厉亦有名园。大约在嘉庆、道光年间,确定“真州八景”,即:南山积雪、北山红叶、东门桃坞、西浦农歌、天池玩月、仓桥塔影、资福晚钟、泮池新柳。据说由清代著名学者、仪征籍一代文宗阮元定名。

漕、盐运的兴盛促进了仪征经济和社会发展。盐官、盐商热心社会事业,特别是助推了教育事业的兴旺。乾隆三十三年,仪征兴建乐仪书院,至道光中,招收生员和童生达到240名,在当时具有相当规模。书院倡建者是知县卫曦骏,助成的则是盐官和盐商。据嘉庆年间记载,书院每年需经费银1700两,这么大的费用,从建院起就是盐衙和盐商在捐助。

康熙年间,曹寅曾经奉旨巡视淮盐,自康熙四十三年春直到他逝世的8年中,他和妻兄李煦轮流担任这个职务,每隔一年轮值一次。据红学研究者论证,这个李煦很可能就是《红楼梦》中林黛玉的父亲林如海的原型。曹寅在仪征怡然自得,风流儒雅,公务之外,和当地文士们诗酒相会,寻古访贤,怡情山水,写下诸多诗文,为后世留下了许多珍贵的史料。由于身份的特殊,曹寅是红学研究关注的重量级人物,仪征因此也成为红迷们经常造访之地。

---

① 〔清〕王检心监修,刘文淇、张安保总纂《重修仪征县志》。

清时仪征科举成绩十分突出，据邑人南开大学教授冯尔康先生考证，顺治至同治年间（1644—1874），总计进士 60 人，举人 227 人，甲乙两科合计 287 人次。更为耀眼的是，其中有状元、榜眼、探花各一名，分别是雍正朝状元陈倓，乾隆朝榜眼江德量，道光朝探花谢增。顺治至道光年间（1644—1850），武进士 17 人，武举 111 人，其中武状元 1 人，即康熙朝武状元杨谦。

随着汉学的兴起，清代出现了一个仪征籍汉学学者群体，形成“仪征学派”，其中不乏大家。盛成先生《重刊〈真州竹枝词〉序》写道：“吾乡因山川之利，人才辈出，清代以来，汉学最盛。”这里的汉学，是指“研究经、史、名物、训诂考据之学”。其研究范围，以经学为中心，而衍及小学、音韵、史学、天算、典章制度、金石、校勘、辑佚等等。他认为学派始于阮元，止于柳承元，刘（文淇）家是中坚，阮元与刘师培“影响之巨，尤为今之士人所悉知焉”。

学派中坚刘家自刘文淇始，四世治经，对《周易》《尚书》《毛诗》《礼记》都有研究，显扬海内，其中“三世一经”在学术界更是享有盛誉。刘文淇，字孟瞻，生于乾隆五十四年，卒于咸丰四年（1854），享年 66 岁。他精研古籍而贯通群经，年轻时的一班青年学子相约，每人负责一经，共同为《十三经注疏》旧注疏证，刘文淇的任务是《左传》的疏证。《十三经注疏》在当时是知识分子的基本教材，可谓金科玉律，为旧注疏证可以说是思想文化史上的浩大工程，其难度之大、任务之巨，可想而知。刘文淇只完成一卷便去世了。《清史列传》称说刘文淇：“上稽先秦诸子，下考唐以前史书，旁集杂家、笔记、文集，皆取为证据，俾《左氏》之大义炳然著明。”他的儿子刘毓崧接班继续，但也没有能够完成。孙子刘寿曾又继承这项艰巨的学术工作，最终写到襄公五年去世，时年只有 45 岁。由于社会动乱，家庭颠簸，书稿直到 1959 年 5 月方由北京科学出版社出版。《左传旧注疏证》经过刘氏祖孙三代人的连续多年努力,依旧没有全部完成。自襄公六年迄哀公二十七年凡一百年,则由另一位仪征人吴静安写成。吴静安的伯父吴遐伯和父亲吴粹一都是刘文淇曾孙刘师苍、刘师培的学生,在伯父吴遐伯的影响下,吴静安立志接过《左传疏证》工作,2005 年 5 月由他完成的《左传旧注疏证续》在东北师范大学出版社出版。

刘师培是后起之秀。他在学业上继承家学,青年时代就成为与章太炎齐名的经学大师,著有《国学发微》《尚书源流考》《汉宋学说异同论》《中国民族精义》《中国中古文学史》《中国民约精义》《攘书》等。他虽然只活了 35 岁,已成和未成著述有 74 种,著述之盛,世所罕见。近代已有"国学"之说,故被称为"国学大师"。但是,他由于名利思想的影响和个人品德的缺陷,人生道路陷入泥沼。他早年加入同盟会,积极投身资产阶级民主革命,后来为袁世凯复辟帝制效力,政治上的污点不可抹去,学术生命也很短暂,成为中国近代文化中的一个悲剧。

柳绍宗,字承元,系前中国科学院院士、著名无机化学和物理化学家、中国分子光谱研究的先驱者、盐湖化学的奠基人柳大纲之父。他专攻经史,一生从事小学教育工作,著有《毛诗翼叙》。

道光后,随着城区盐运的结束,仪征迅速衰落。清末民初朱晴初作《真州道情》,用说唱的形式讲述了仪征城及四郊的主要古迹与景况。这时的仪征每况愈下,但是昔日繁华景象仍然依稀可见:

一

唱仪征,古真州。城中央,是鼓楼,天宁寺内塔难修。"资福禅林"多幽静,奎光楼前月当头,城隍庙坐落县衙后。梓橦墩"文光射斗",学官外一片芦洲。

二

出东门，过吊桥。东岳庙，殿宇高，十殿阎罗分衙道。挡军楼下仙人洞，一带溪河水滔滔，二郎庙前穿心过。桃花坞名人游玩，通真观学把丹烧。

三

出南门，漫步游。走河西，到码头，都会桥下水悠悠。东边有座关帝庙，西有星沙看戏楼，城隍宫紧靠河边口。泗源沟通商巨埠，看长江水向东流。

四

出西门，是荒郊。老虎山，羊肠道。喜童坟前牌楼高，"义烈大夫"追封号。万年桥口走一遭，人烟稠密真热闹。胥浦桥当年古迹，伍大夫杖剑奔逃。

五

出北门，仔细看。双瓮桥，水已干，观音庵对保生庵。"蜀冈锁钥"圈门外，两旁大堆是坟滩，石塔寺紧在路旁站。白沙寺秋天红叶，虮蜡庙独立高冈。

同治间，随着淮盐总栈的迁入，十二圩则由名不见经传的芦滩江村奇迹般地华丽变身为繁华"盐都"。相传最盛时有5里长的主要街道，15万常住人口，号称"九街十八巷"。街面上店铺林立，有钱庄、典当行、布店、粮行、酱园、酒楼、戏园、茶馆、旅馆、浴室、染坊、药房、邮局、照相馆等，还有十几家会馆，文化、教育及社会公共设施也比较齐备，甚至还有发电厂和电灯公司。晚间火树银花，如同海市蜃楼，既气派又热闹，一时盛极江淮，人称"小上海"。据说，外国邮件寄往十二圩，只要注明"中国十二圩"某街某巷，就能准确投递到位。又说当时的世界地图上竟然标记有十二圩镇。

不过 64 年后,受到江岸涨滩、颁行“新盐法”和日寇占领侵入三大变故影响,这一切又在突然间烟消云散。大起大落的兴衰,演绎了一段令人感慨的历史传奇。

现代篇

仪征运河成为地方性河道

民国仪征运河基本丧失航运功能

民国时期,仪征运河称古运河、盐河,又称仪河。这时的仪征运河甚至连船只正常通行也不能保证。1925年,淮扬徐海平剖面测量局《仪征县调查报告书》记载:“水道盐河,夏秋之季水大,船只皆可通行,冬春水小,则大船不能通行。”“泰子沟口以西河宽三十公尺,水深约一公尺。”“泰子沟以西盐河北岸至县城一带二十余里,主河岸曲折断续。山水暴下,每被淹没。”“泗源沟口宽约四十公尺左右,水深二公尺二。”“由里河入外河至泗源沟口入江,舟行不通。”沙河“水已涸断”。

西边的胥浦河“上游已涸断。胥浦桥至沙漫洲约十里,夏秋水涨船只可通。沙漫洲口不足二十公尺,外口江岸渐坍削。胥浦桥处河宽十余公尺,山水暴注,每致漫溢”[1]。

昔日水流环绕的县(州)城,“四周城濠北承山涧,东会仪河于泗源沟达江,与市河互相联络”。水给城市带来了活力,给社会带来了便利,给人们带来了乐趣。清道光举人、邑人厉秀芳有诗曰:“住此江城人最乐。”而此时水环境早已今非昔比:“东南隅之河道

① 淮扬徐海平剖面测量局《仪征县调查报告书》。

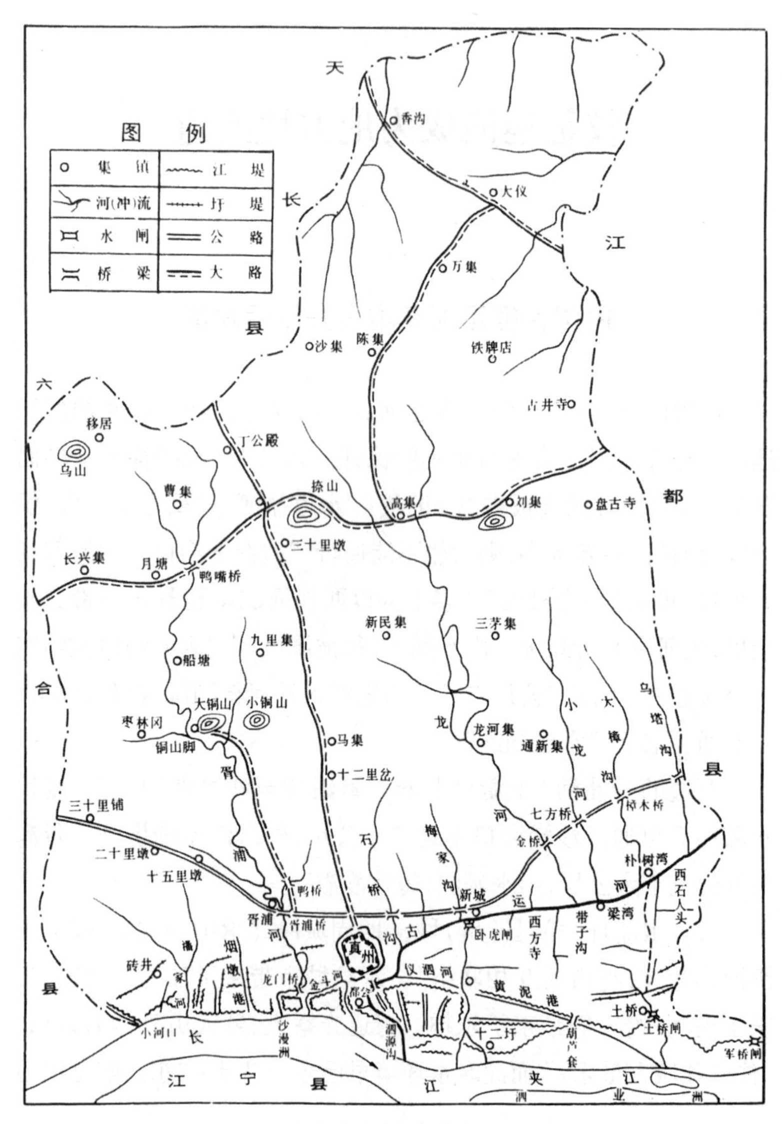
图例
集镇
江堤
河(冲)流
圩堤
水闸
公路
桥梁
大路
天长县
六合县
江都县
江宁县
香沟
大仪
万集
沙集
陈集
铁牌店
古井寺
移居
乌山
丁公殿
曹集
捺山
高集
刘集
盘古寺
三十里墩
长兴集
月塘
鸭嘴桥
新民集
三茅集
九里集
船塘
大铜山
小铜山
枣林冈
铜山脚
马集
龙河集
通新集
十二里岔
三十里铺
二十里墩
十五里墩
胥浦河
石桥沟
梅家沟
龙河
小龙河
大樟沟
乌塔沟
七方桥
樟木桥
金桥
朴树湾
西石人头
新城
运河
梁湾
胥浦桥
卧虎闸
西方寺
带子沟
真州
古沟
仪泗河
黄泥港
砖井
潘家河
烟墩港
龙门桥
金斗河
都会
土桥
土桥闸
小河口
长江
沙漫洲
泗源沟
十二圩
葫芦套
军桥闸
夹江
泗业洲

仪征民国时期水系图

渐就淤塞,城濠颇多涸断,江潮不至城内市河。城内天宁桥、单家桥等处皆无滴水,故今日本市人民之汲饮极感不便,更无水道交通之可言也。惟大码头、钥匙河夏秋有船只可到,平时则浅涸难行。"[①]

运口诸闸早已废弃,日久倾圮。响水、通济、罗泗、拦潮四闸踪迹全无,"东关闸下已淤断,闸身没入泥中"[②]。

运河淤塞严重,只是在民国二十四年(1935),由省建设厅筹银4.15万元,疏浚新城至大码头,浚土33.6万立方米。二十五年春,疏浚盐河(仪征运河),挖支河。另外由于运盐需要,民国十四年,盐商集资挑疏延寿庵至十二圩盐栈盐河。

《仪征水利志》记载,民国末期,仪扬河河口宽度只有30米左右,夏秋大水只能通行小舟,冬春时有浅涸。"沙河口、仪泗河口堵断。"

新中国成立前夕,仪征这座古城已是"遍地瓦砾堆,满目菜花黄"。当地人自嘲说:"仪征城里有三宝,菜花、碎砖和野草。"调侃中饱含了酸楚、失望和无奈。

新中国仪扬河成为重要的区域性河道

新中国建立后,仪征运河始定名仪扬河。起初仪扬河东起湾头,西至仪征泗源沟入江口。后来湾头至瓜洲入江口改称"古运河",仪扬河则为东起高旻寺(仪征段东自乌塔沟),西至泗源沟节制闸外长江口,地跨仪征市和邗江区,而以仪征运河为主体,其地

① 淮扬徐海平剖面测量局《仪征县调查报告书》。
② 同上。

位和作用也发生了变化。

20 世纪 50 年代末，大运河开辟了六圩新航道，改道由六圩入江。自此，仪扬河成为大运河支流和地方性河道。

仪扬河同时进行了重大改造工程。1959 年 11 月至 1960 年 2 月，扩宽浚深石桥沟口至江边段河道，长 3035 米，渡口以下开新河出江，原来的出江口老泗源沟被封堵，新的出江口西移 400 米，即新泗源沟，配套了节制闸和船闸。1971 年 11 月 20 日至 1972 年 1 月 11 日，乌塔沟口至泗源沟节制闸长 15 公里全线整治，拓宽、浚深、切弯，河道基本呈顺直之势。

泗源沟节制闸，1958 年 11 月 25 日开工，1960 年 10 月 1 日竣工。闸身全长 147 米，7 孔，中孔宽 5 米以通航，其余各孔均宽 4 米。实际排水能力 530 立方米每秒，引水能力 144 立方米每秒。

仪征船闸，位于节制闸南侧，1972 年 3 月 15 日开工，1973 年 7 月 1 日竣工，可通航 800 吨船队。两闸在进入 21 世纪后又分别重建和改建。

1973 年，沿江建成十二圩和土桥两座翻水站，保证在长江水位低落不能自流引水的情况下，可以通过动力提水向仪扬河补充水源。1978 年遭遇特大干旱，两站共向仪扬河补水 1 亿 6 千多万立方米，相当于 16 个月塘水库的兴利库容。按照当年最高日提水量计算，可以供全市电灌站整整开机 80 天，确保了农业灌溉水源和城市用水。

经过多次维修和改造，今天的仪扬河东接扬州古运河，西由泗源沟节制闸下入江。仪征境内从乌塔沟口起，流经朴席、十二圩、新城、真州，长 17.7 公里，流域面积 394 平方公里。其中丘陵山区 316 平方公里，仪扬河北、乌塔沟西圩区 78 平方公里。境内北侧支流有仪邗界河（沿山河北叫友谊河，沿山河南叫乌塔沟）、大樟沟、小龙涧、龙河、梅家沟、石桥河，南侧支流有大寨河、沙河、盐河（从旧港分流，东侧叫盐河，西侧叫沙河）。泗源沟节制闸排水能力450立方米每秒，担负37.5万亩农田输水灌溉和23万亩农田排水任务。全线通航能力300吨位，为六级航道，最低通航水位高程3.5米。仪扬河是承担扬州市城市防洪任务和西部引水、排洪任务的重要区域性河道，也是汇集仪征、邗江山区洪水入江和引江、淮水的主要河道，成为集防洪、灌溉、排涝、航运于一体的骨干河道，在农业生产和国民经济的发展中发挥着重要的作用。

入江口的变迁

据淮扬徐海平剖面测量局1925年《仪征县调查报告书》记载，水道盐河“由里河入外河至泗源沟口入江”。那么，泗源沟是从什么时候起成为仪征运河入江河段和入江口门的呢？

清末仪征沿江地形河势仍在变化之中，江中的泗业洲洲头不断崩坍下移，同治四年（1865）坍至泗源沟下口，1938年已经坍到十二圩。在此期间，泗源沟向西至大河口江岸坍削，向东至瓜洲江岸淤涨。而在此后百多年中，长江南北汊主泓处于相对稳定状态，仪征江岸也相对稳定，河势变化不大。今天的长江岸线与1925年时相比，变化很小。

嘉庆二十年挑捞商盐转江洲捆河道，仪征运河形成内河和外河后，河道疏浚活动十分频繁，道光《重修仪征县志》屡有记载，开始并未提及泗源沟。道光三年，河道疏浚有大动作，外河由沙漫洲盛滩、捆盐洲、鸡心洲至鱼尾、老河影。内河由西石人头、乌塔沟、新城、天池、四闸至大码头。捞工自平江桥东，至猫儿颈江口。并复开卧虎闸河，重建卧虎闸、新城木桥，添筑都会桥石闸（未装闸门，没有发挥作用）。又于沙漫洲江口建筑兜水石坝，重修天池石岸。工程由监掣同知陈文述总理。陈文述《仪征浚河记》说，外河南岸"有小沟数道，自河通江，方舟不足以容，为私盐出江之地，曰私盐沟，土人易其称，曰泗源沟"。当时曾有挑浚泗源沟的计划，因为"浚泗源沟，自捆盐洲对面直出，向南三里入江，形势较便"，"浚而通之，亦支河也"。[1] 但是由于征地时洲民要价过高而没有能够实施。因此这时的泗源沟还是外河通江的小沟，方志自然没有记载的必要。

道光《重修仪征县志》关于泗源沟的记载始于道光十二年，这一年"监掣同知冯思澄展宽泗源沟，挑浚捆盐洲一带"。自此以后，在外河疏浚的记载中泗源沟即不断被提及，如：道光十六年，监掣同知姚莹加捞猫儿颈、关门滩、捆盐洲、鱼尾、泗源沟、旧港、鲍庄一带；十七年，监掣同知陶焜午详挑捆盐洲、猫儿颈、泗源沟各河；二十四年，监掣同知谢元淮挑浚捆盐洲、泗源沟、猫儿颈、关门滩。泗源沟之所以受到关注和重视，是因为泗源沟处于外河中段位置，如果能够通航，自捆盐洲对面直出，向南三里入江，盐船的进出和管理就可以十分便捷。而打开这个通道，必须将原来"方舟不足以容"的小沟拓宽。因此在诸多记载中，冯思澄实施的泗源沟工程显得比较特殊，不是"挑浚""加捞""详挑"，而是"展宽"。经过连续的拓浚，泗源沟与北新洲、老河影横河一起成为外河通江的三条主要通道。

道光《重修仪征县志》引《南掣厅卷》记载，道光二十三年十二月署监掣同知陈延恩禀文说："今仪河由沙漫洲至鱼尾，河分为三，其间更有北新洲、泗源沟、老河影三道横河分泄正溜，势散溜

---

① 〔清〕陈文述《仪征浚河记》，《颐道堂文钞》卷六。

缓,是以潮退而沙留。”所谓“横河”者,是指外河为东西向,而北新洲、泗源沟、老河影三条河呈南北向。因为三条河从中横截,缓和了长河的流势。因而禀文提出“新开河、泗源沟、老河影三河,可留可废”的主张。可见经过“展宽”和其后多次浚捞,泗源沟已经成为外河通江的宽阔的河段和口门。事物往往存在两面性,打开了通道,却对外河冲沙防淤产生了不利的影响。

随后形势又发生了大的变化。太平天国运动爆发后,南京附近地区成为太平军和清军交战的主战场,仪征城在战火中几成废墟。咸丰十年八月,仪征城区延续了千年的淮盐中转也结束了。仪征的水运环境迅速恶化,仪征运河基本丧失了航运功能。其中外河本来淤积就很严重,南掣厅档案记载,江潮每来一次河道留淤厚一钱,一日两潮淤厚两钱,一年三百六十日积厚已有七百二十钱之高,接近两尺。道光年间,为了维持盐运,几乎年年忙于浚河清淤。盐运中止后疏于维护管理,很快就自然湮废了。

《仪征县调查报告书》说仪河“由里河入外河至泗源沟口入江”。仪征自明代起即有外河,与之相对应还有里河。明隆庆《仪真县志》记载,外河“水自里河口闸,下通通济诸闸,会大横河,入于江”,也就是郭昇建闸时挑浚的五里闸河。里河“即今东关内西抵莲花堰者”,莲花堰就是天池。清代嘉庆间建成商盐转江洲捆河道,上游自沙漫洲盛滩受江水,入境后经一戗港、铁鹞子、捆盐洲、旧港、安庄,至猫儿颈(今土桥一带)出江,实际上是在沿江特定的自然条件下经人工打造形成的夹江河道。由于仪征运河原来由石人头入境,经朴树湾、带子沟、新城、仪征东门抵天池,根据其地理位置人们将之称为内河,新开的商盐转江洲捆河道称为外河。

《仪征县调查报告书》说的外河不是与内河相对应的外河(即商盐转江洲捆河道,因为这时这条外河已经湮废),而是与里河相对应的外河,也就是明代郭昇建闸时挑浚的闸河。但是入江口发生了变化。泗源沟在道光十二年“展宽”后,成为外河即商盐转江洲捆河道一处通江河段和口门。在商盐转江洲捆河道湮废后,泗源沟即已经成为“水道盐河”即仪河的新的入江河段和口门,民国初河口宽40米左右,民国末还有30米左右。

当时泗源沟口的位置,据《仪征县调查报告书》说:“至大河口二十余里。”新中国建立后最新出版的《仪征市水利志(1988—2006)》记载:“仪征段长江岸线大体可分为三段。自上游始第一段为青山镇小河口至仪扬河口,长10.8公里。”大河口今属南京市六合区,是滁河入江口。小河口在仪征市青山镇境内,是滁河汊河入江口。大河口在小河口以西大约1.6公里,老泗源沟口在新泗源沟口以东四百米,所以大河口距离老泗源沟口在13公里左右。现在,老泗源沟昔日老街仍有遗迹可寻,就在原东方化工厂西。

闸河原先向西通过都会桥南的入江河段和口门仍然存在,但是淤浅十分严重,只能通行一些小船。因为拦潮闸已经废毁,原址附近建成了一座活动木桥,平时可供行人通行,过船时活动木桥可以拉开让船只通过。这就是“老闸口”,位于商会街中段的南面,原都会桥东。1954年长江出现全流域特大洪水后,向西的入江口被堵塞,船只从此不能通航,活动木桥的存在失去了作用,不久即被土坝替代了。

民国末期,东边的沙河口、仪泗河口也被堵断。

清时曾经成为仪征运河西延河道的钥匙河同样发生了重大变化。民国十四年,淮扬徐海平剖面测量局《仪征县调查报告书》说“大码头、钥匙河夏秋有船只可到”,证明当时钥匙河名称犹存。到了1946年,钥匙河名称已经不复存在。当时的仪征国民政府县长潘益民呈文省政府主席,请疏古湄河。据载,这次疏浚在“麻石桥以下开新河,原西弯道长六七里,新开河只长520米,山洪暴涨,奔腾入江,毫无阻滞”[1]。古涓河从龙门桥向东由麻石桥入江,就是昔日钥匙河的东西向河道,原来的九龙桥入江口已经堵塞不通。

民国时期,《仪征县水系图》上已经出现了胥浦河的名字。随着地理形势的变化,胥浦早已由大的水体消退成河,铜山源、胥浦和钥匙河南北向河道直到新河口是为胥浦河。钥匙河原东西向河道因为西口临近古涓庵,故称古涓河。涓庵在龙门桥北,乾隆初邑人黄起杰修建,知县李鹏举题匾曰“活泼泼”。乾隆五十八年,庵内增建了“竹逸亭”。涓为岸边,是水与草交接的地方。涓又与梅同音,庵内有梅,又称梅庵。李鹏举有《同诸友梅庵赏花长歌》诗:

浩浩长江从东注,儿孙分派支港去;
新河迤里走郭西,水涓一庵溢天趣。
篔筜绕屋翠交加,中有离奇古梅树;
此树不知种何年,槎枒屹生盘根固。
樛曲鳞皴转婹妍,傲骨棱棱饱霜露;
夏日省农出郊坰,时泛扁舟登其处。
吏事如毛俗不医,好花时节常耽误;
而今潇洒得闲身,幽赏喜共群贤聚。
雨花庵前梅早开,招客醉吟有叔度;
缘萼冰澌稚且娇,漏泄春光已无数。
乐招亲友兴未阑,快哉僧舍图良晤;
烂漫风光偏媚人,仙姿婉约笼轻雾。
从来纪胜必有诗,虞山先就广平赋;

① 仪征市水利局水利志编纂办公室《仪征水利大事记(古近代部分)》。

诸公雅调续阳春,高兴平欺何水部。
昔闻成都有卧楼,苔藓遍封尘土污;
家园一株大十围,先子结庐其中住。
真州得此已成三,意中景象恍然过;
一官匏系倏五年,回头去国八千路。
眼前春色谁知惜,蕉鹿浮名趋若骛;
长啸拓开万古胸,写怀不必惊人句。
有花有酒有良朋,逍遥恐被神仙妒;
莫将美景良辰负,桥头且学邯郸步。

钥匙河原东西向河道还有一个名字叫金斗河,民国时期《仪征县水系图》标注的就是金斗河。金斗河的名称缘于金斗大王庙,这是一座漕运保护神庙,通称金龙四大王庙,在大运河沿岸极为盛行。相传金龙四大王名谢绪,浙江钱塘县北孝女里(今浙江杭州良渚镇安溪)人,隐居在安溪下溪湾。因其排行第四,读书于金龙山,故称金龙四大王。南宋亡,赴水死。明太祖征战吕梁洪时,据说谢绪的英灵曾骑白马率潮水助阵,遂被封为水神。因其具有护漕、捍患的功能,多显灵于漕运和河工危难之时,故不断得到明清官方的加封。道光《重修仪征县志》记载,仪征一共建有七座金龙四大王庙,其中钥匙河滨有三座,一在新河口,俗名四官殿;一在萧公庙(隆庆《仪真县志》云:“萧公庙,在钥匙河滨。”)旁;一在钥匙河南,即金斗大王庙。

《仪征水利志·河流》记载:“仪城河横贯城区,东起石桥沟南口,经鼓楼交金斗河直角向北至西门,又直角转向西至小高庄通胥浦河。”说明金斗河在城西向北延伸到鼓楼附近与仪城河相交。

古湄河和金斗河的河名均出现于民国时期。从相关资料分析,古涓河河名的出现早于金斗河。扬州教院附中退休教师李宝惠热心于扬州地区古河道的研究，经过长期实地调查，找出近60条古河流，其中仪征境内有古涓河，并注明为“钥匙河故迹”。《仪征水利志·河流》中“胥浦河治理图”龙门桥以东旧河道标注的河名也是古涓河。从地域习惯看，西端临近胥浦河一带多称古涓河，东端靠近城区多称金斗河。还有一种习惯说法，东端通往仪城河的南北向河道称金斗河，通往胥浦河的东西向河道称作古涓河。

1949年以后，进行了大规模的水系治理和调整，1954年开挖了龙门桥通江新河道1100米，封堵了沙漫洲入江旧河道，从此胥浦河改由新洲入江。胥浦河出江口现在建有节制闸，闸孔净宽40米，分5孔布置，每孔净宽8米，东侧边孔可供船只通航。与仪城河相交处建有城河小西闸，仪城河起到了沟通胥浦河和仪扬河（龙河）的作用。

1959年冬，泗源沟出江口堵断，向西开辟了新的通江河道和入江口门，即新泗源沟，并且配套了泗源沟节制闸和泗源沟船闸。泗源沟船闸于2000年完成除险加固工程后，更名为仪征套闸。泗源沟节制闸也在2003年重建，新闸共5孔，每孔净宽6米，总净宽30米，设计排洪流量450立方米每秒，引水流量30立方米每秒。闸的下游距离入江口不远处还建有一座泗源沟大桥。原来的出江口则被当地群众称作“老泗源沟”。原仪泗河、金斗河等通江小河调整为圩内排涝沟系。20世纪70年代大办工业，因为市水泥厂和钢铁厂原材料运输需要，开挖拓浚了金斗河江口河段，以方便船只停泊和装卸作业。

缺少了仪征的大运河历史是不完整的

在第 38 届世界遗产大会上,中国大运河申遗成功,成为我国第 46 个世界遗产项目,也是唯一仍在使用的世遗项目。但是,令人不解和遗憾的是,申遗成功的大运河却缺失了仪征和仪征运河。

仪征与大运河有着悠久的历史渊源。在大运河引起世人关注,运河经济、运河文化炙手可热的今天,仪征却被无情遗落,甚至在这样庄重的活动中都不被提起。究其原因,笔者以为大致有四:

其一,由于自然环境的变化,仪征漕路和盐道相继在清乾隆四十年后和咸丰年间被废,废弃较早,距今时间较长。清末以后仪征因此衰败太过,落到“一灯亮四城”的境地,运河话题连同昔日繁华渐渐被逝去的岁月冲淡。

其二,经过多次战争和长期自然力的破坏,仪征境内运河相关实物基本无存。建国后随着大运河改道六圩入江,仪扬河成为地方性河道,非物质遗存长期以来缺乏系统的搜集和整理,没有得到应有的关注和研究。

其三,由于历史原因,唐以前发生在今天仪征的事件往往记载于“扬州”名下。如《旧唐书·食货志》记载,开元十八年,宣州刺史裴耀卿条上便宜曰:“窃见每州所送租及庸调等,本州正二月上道,至扬州入斗门,即逢水浅,已有阻碍,须留一月已上。”这时瓜洲运河还没有开通,江南漕船必须逆流西上,进入仪征运河才能到扬州。所以,这里说的“斗门”实际上就在今天的仪征。而这些说法长期以来没有得以厘清。又因为史载不详,不少涉水重大历史事件和重要水利工程长期以来说法不一,争论不断。比如,邗沟最初与长江相通的“旧江水道”、隋唐时期的著名津渡“扬子津”、世界上最早的船闸“二斗门”等等,历史上与仪征关系密切,然而,这些昔日曾经给仪征带来辉煌的历史财富,现在却与故乡渐行渐远。对历史问题出现争议和不同看法是正常的,问题是今天的仪征对历史上的水解读得太少,深入研究不够,以致宝贵的资源不能有效地开发和应用。

其四,毋庸讳言,仪征的缺失是申报工作的一个疏漏和失误。即使有上述因素的存在,这种情况也是不应该发生的。更何况期间曾经有学者提出意见,有仪征群众大声疾呼,问题却没有得到及时处理和纠正,实在令人费解。

好在历史是不能改变的。仪征作为大运河入江的唯一口门,持续长达四百年,其后又与瓜洲运口并用,直到大运河改道六圩入江,又持续了一千多年。千百年来厚重翔实的史料证明,大运河与仪征有着紧密的联系,大运河的历史不可能没有仪征,缺少了仪征的大运河历史是不完整的。

治水人物篇

陈登：仪征最早大型水利工程的创建者

陈登，字元龙，汉末江苏涟水人。陈登25岁时，举孝廉，任淮安盱眙县县令。在任上，养老育孤，扶贫救苦，深得众望。陶谦为徐州牧时，陈登任典农校尉，主管农业生产，开发水利，发展农田灌溉，使百姓安居乐业。建安二年(197)，陈登向曹操进献除掉吕布的计谋，被授广陵郡太守，仍然致力于农事。据《广陵通典》记载："当时淮扬之塘堰，他皆经理也。"可见陈登对水利十分重视。建安三年，陈登被晋封为伏波将军，建安五年，迁东城太守，不久卒，享年39岁。陈登一生功勋卓著，水利建设成就尤为突出，其兴建陈公塘的事迹在仪征更是代代相传，名留千古。

陈登担任广陵太守时，在城西兴建了上雷、下雷、小新、句城、陈公五座水塘，史称"扬州五塘"，实际上是扬州一带相连的五座水库。其中陈公塘最大，为五塘之首。句城塘次之。上雷、下雷、小新三塘串连，小新塘在上，上雷塘居中，下雷塘在下。陈公、句城二塘在今仪征境。陈公塘位于龙河集以北，白羊山以南。《宋史·河渠志》记载："其塘周围百里，东、西、北三面依山为岸，其南带东，则系前人筑垒成堤，以受启闭。"明隆庆《仪真县志》记载，塘堤"凡八百九十余丈，环汊三十六，毕汇于此"。

从史志记载可知，陈公塘三面倚山，东南面修筑了一道大堤用来拦蓄上游来水。大塘堤身在官塘庵西，塘身范围向北一直延展到白羊山脚下,周长有九十余里,面积达万亩有零。沿山有三十六汊,可以汇集山水。下游开挖了用于放水和溢洪的湫道,分别在大堤的东、西两端,称为“东湫”和“西湫”。湫道相当于现在水库的溢洪道,仪征山区的农民至今还习惯把水库溢洪道叫作“出水湫”,可能就是延续了当时的叫法。这样的工程规模应当超过现在仪征最大的水库——月塘水库,达到现代大型水库的标准。因为工程由陈登主持兴建,所以称作“陈公塘”。下游配套的河道又叫“元龙河”,随着时间的推移渐渐演化为“龙河”。

句城塘又称勾城塘、勾城湖。据《辞源》释义:“勾,本作句。通钩。”位置在今天的牌楼脚以北友谊河上,也就是仪征的刘集和新集镇以及扬州市邗江区的杨庙镇一带。唐贞观十八年,扬州大都督府长史李袭誉在原有工程的基础上进行修筑,东西宽三百五十丈,南北长一千一百六十余丈,灌溉农田达到八百顷。

起初,“扬州五塘”主要用于农田灌溉,到唐时起又发挥了济运的作用,并一直延续到明代中叶。塘水济运,就是将五塘的水引入大运河,补充水源,保证通航水位。陈公塘水沿太子港(今龙河)、句城塘水沿乌塔沟(今上游为友谊河,下游为乌塔沟)南流进入仪(征)扬(州)运河,上雷、下雷、小新三塘的水则沿槐子河流入湾头运河,借此“流通漕运”。

在由汉至明的一千多年中,历代曾屡次对陈公塘进行兴修、配套,特别是唐、宋借以济运以后,更是着力加以修缮和管护。历史上曾有几次较大规模的修复。

唐贞元四年(788),淮南节度使杜亚筑塘堤,建斗门。元和年间,淮南节度使李吉甫筑平津堰时,疏浚了太子港(今龙河)和陈公塘。

宋时有三次大修。大中祥符年间建斗门、石础各一座。同时设置了专管机构，负责塘水济运的管理。嘉定十四年，修塘堤二百余丈，修建了石闸。其中尤以淳熙九年的修复工程为最。这一年，淮南漕臣钱冲之招募民众，以工代赈，自春三月至秋八月，耗工数万，“贴筑周围塘岸，建置斗门、石础各一所”。为了加强正常的维修养护，钱冲之还提出，在“扬子县尉阶衔内带‘兼主管陈公塘’六字，或有损坏，随时补筑，庶几久远，责有所归”。

明时洪武至正德的一百多年间先后大修了五次，设置了专门的管理机构。明初时塘务为两淮运司专管，永乐年间，“设立塘长、塘夫，常用看守……非遇至旱，运河浅涩，不敢擅放”。宣德十年，改“五塘”属扬州府专修济运。直到嘉靖二年，御史秦钺疏浚“五塘”时，还“令禁占种盗决”，可见当时是十分注重维修和管理的。

但是，由于年代久远以及战争因素，历史上陈公塘曾经几度兴废。南宋绍兴四年，朝廷为了防止陈公塘为金兵所用，曾经下诏拆毁塘堤，断水禁止济运。开禧二年（1206），扬子县民兵总辖唐璟又决开塘堤，放水阻遏金兵攻打真州城。漫漫岁月，常有政局动荡，时世变迁，陈公塘亦难免有“废坏岁久”之时。明代以后，出现了严重的占塘为田现象，“近塘之民每每盗开成田”。嘉靖三十年，将军仇鸾占塘废制，将淤废的塘地租给农民耕种，由官府收租，次年民皆佃塘为田，称为“塘田”。接着在防御倭寇入侵，修筑瓜洲城的时候，管工官高守一受私，竟拆掉塘闸，移运石料，用于筑城。至此，陈公塘全废，总共被佃塘田 10016 亩。

在此之前，嘉靖十六年，句城塘因为遭遇连续多日的大雨，塘堤坍塌而湮废。

陈登修筑“扬州五塘”特别是陈公塘的建设，对后世仪征丘陵山区的水利建设产生了深远的重要影响，水塘成为传统的蓄水灌溉工程，唐、宋以后有了更快的发展。除了农民自己开挖以外，官府兴修水塘亦成为定制。据载,宋代时“官塘无虑数十”,较大的有神塘、流塘、月塘、曹塘、黄塘、韩塘、柳塘、贺公塘、桑家塘、三丫塘、假皮塘、龙源塘、白水塘等18座,明清后又筑长山、铜山、枣林冈、磨盘山等官塘10座,还有私塘240多处。其中,陈公塘、句城塘、北山塘、茆家山塘和刘塘合称“五大古塘”。直到新中国建立后,水库和当家塘建设仍然是丘陵山区水利建设的重要内容和主攻方向。

陈公塘从兴建到废毁,前后历经1300多年。一项水利工程,造福人民、造福社会、服务经济长达一千余年之久,可谓利在当代,功在千秋。直到今天,陈公塘“龙埂”遗迹犹存,当地还有“官塘”“龙埂”“塘田”“闸口”的地名,留下了重要的历史文化印记。

陈公塘是仪征市历史上最早由人工建造的大型水利工程,是我国著名的古塘之一,有关它的文字载入了《文苑英华》《全唐文》《古今图书集成》和《中国水利史稿》等多部典籍,在中国水利史上占有一席之地。陈登主持兴建这项著名的灌溉工程,受到人们的尊敬和爱戴。大塘建成时,人们曾经在塘边建起恭爱庙,供奉他的塑像。陈公塘的历史证明,兴修水利是利国利民之举,合民心,顺民意,必然得到人民群众的支持和拥护。

李吉甫：平津堰筑在东关河阔处

李吉甫，字弘宪，赵郡赞皇（今河北赞皇）人。李吉甫早年以门荫入仕，补左司御率府仓曹参军。贞元初年，迁太常博士，转屯田员外郎、明州长史、忠州刺史、柳州刺史、考功郎中、中书舍人等职。元和年间，李吉甫两次拜相，一度出掌淮南节度使，爵封赵国公。曾策划讨平西川、镇海，削弱藩镇势力，裁汰冗官、巩固边防，辅佐唐宪宗开创元和中兴。元和九年，李吉甫去世，追赠司空，谥号忠懿。李吉甫著有《元和郡县图志》，是我国现存最早的一部地理总志。

《新唐书·李吉甫传》记载，李吉甫在淮南节度使任内有两件突出的事，其中之一就是筑平津堰，“（李吉甫）虑漕渠庳下，不能居水，乃筑堤阏，以防不足，泄有余，名曰平津堰”。《扬州水道记》引仪征旧志记载：“堰河（因平津堰而名）在东翼城外，与莲花池通，即今东关里文忠祠河阔处。”“归水河，一名澳河，在堰河稍北。唐李吉甫废闸置堰，治陂塘，泄有余，防不足，漕运流通。发运使曾孝蕴严三日一启之制，复作归水澳，惜水如金。”由此得出结论：“是以仪征东关之堰河，即唐之平津堰。”

李吉甫为什么要筑平津堰？平津堰又是什么样的水利工程呢？

唐时南北大运河地势南高北下，与今天运河形势迥不相同。南北水差大，水留不住，漕运就不能正常。历任漕臣曾经采取了各种措施解决这个问题。贞元四年,杜亚为淮南节度使,“疏勾城塘、爱敬陂,起堤贯城,以通大舟”,为了保证漕运,引陈登、句城等塘水向运河补充水源。到了元和三年(808),“不能居水”的矛盾十分突出,李吉甫时任淮南节度使,“于是筑平津堰,以为之节,而漕运遂通”。实际上就是拦河筑坝,用以拦水蓄水,平缓水流。换言之,平津堰就是现代所说的拦河坝,

不过,这种水利工程原本不叫平津堰。《新唐书》说:“漕渠庳下,不能居水,乃筑提阏。”提阏是拦截于河中及支河口的建筑物,用以节控水流。如同现在水库上的溢洪道,水位超过时泄水,低则拦水蓄之。提阏早在汉代时就有记载。《汉书·召信臣[①]传》云:“开通沟渎,起水门、提阏,凡数十处。”李吉甫针对运河水极易向北流走的突出矛盾,决定建造提阏这样的工程设施,主要目的是为了使运河水平而缓流,并且起了一个新名字“平津堰”,意图明确,十分贴切。

筑了平津堰以后,效果怎么样呢?唐代散文家、哲学家李翱在《来南录》中写道:“自邵伯至江九十里,渠有高下,水皆不流。”该书是日记体文集,书中所记都是作者亲身所历。既然河渠有高低落差,而水却保持平缓不流。为什么呢?当然是因为有堰在河中,可见筑平津堰取得了预期的效果。

李吉甫在淮南节度使任内还有一件突出的事,就是在高邮和宝应筑堤修塘,灌溉农田数千顷。后来一些史料将李吉甫的这两件事混淆在一起,将平津堰记载为运河堤。如《高邮州志》记载:“淮南节度使李吉甫虑漕渠庳下,不能居水,乃筑堤,名曰平津堰,即官河堤。”今天高邮市尚存的平津堰遗址,其实是明代为了实现

① 召信臣,字翁卿,九江郡寿春(今安徽寿县)人。活跃于西汉初元至竟宁年间(前48—前33)。在南阳太守任上大兴水利,开通沟渠,修建水闸堤堰一共有数十处,使灌溉面积年年增加,达到三万顷之多。

河湖分离所开凿的康济河的西堤,并非是最早的唐时平津堰。《江都县志》记载,平津堰“北泾高邮、宝应;西经仪征;南至瓜洲,行回二百里”。也说平津堰是运河堤。《仪真县志》则记载:“唐李吉甫废闸置堰,治陂塘,泄有余,防不足,漕运流通。”不仅说明了平津堰是堰坝,而且把它的功能作用也说得很清楚,是为了拦水保水,水多则泄,水少则蓄。这样关于平津堰就有了两种说法,一是运河堤,一是拦河坝。那么,哪一种说法是正确的呢?

清代仪征籍学者刘文淇对邗沟开凿以来直到清道光年间扬州运河进行了全面详细的研究考证,尤其是对重大历史的讹传,考辨十分翔实,引经据典,辨明正误,写成了具有重要史料价值的《扬州水道记》。书中认定,平津堰是“置堰于河中,使上下之水得其平,水不得下走,有余始泄之,水平则无流”,并且断言:“今去古既远,虽不能确指平津堰在何所,然按《(唐书)食货志》,于太子港、句城、爱敬陂下,即叙平津堰,则此堰去句城塘、爱敬陂不远,绝非今日之高宝运堤也。”这样的结论与仪征方志的记载是一致的。仪征方志没有发生记载的错误,也可以认为是仪征境内有平津堰之故。

在运河上筑平津堰有利也有弊,它解决了河水往下流走的问题,同时也给过往船只增添了过堰的麻烦。但是在当时的条件下,利弊相比,利大于弊,只能取利存弊,或者说两弊相比取其轻。事物总是这样,一个矛盾解决了,又会有新的矛盾产生。正是在这样的过程中,运河上的制水建筑物和相应的水工技术不断更新,不断进步。

李吉甫一生政绩卓著,他两次担任宰相共计三年七个月,被誉为“元和名相”。他在淮南三年,率领民众修建水利工程,筑平津堰。为了济运,他又疏浚了太子港(今龙河)和陈公塘,其功绩载入了史册。平津堰作为历史上著名的水利工程,也是仪征重要的历史文化遗产。

乔维岳：世界上最早的船闸创建者

乔维岳，字伯周，北宋陈州南顿（今河南省项城县城西）人。五代时后周显德初登第，授西湖主簿。归宋后，历任泉州通判、淮南转运使、太常少卿、给事中等职。乔维岳在淮南转运使任上整治运道颇有建树，“淮河西流三十里，曰山阳湾，水势湍悍，运舟多罹覆溺。维岳规度开故沙河，自末口至淮阴磨盘口，凡四十里”[①]，淮河漕运畅通无阻。最突出的功绩是在建安军运河上首创“二斗门”，成为世界上最早船闸的发明者。咸平四年（1001），乔维岳任寿州刺史，病死于任上，享年76岁，朝廷追赠兵部侍郎，拨专款为其安葬。

宋代漕运十分繁忙。现在的仪征时为建安军，在漕运中的地位十分重要，诸路岁漕自建安进入运河后经淮河、汴河直达京师（今河南开封）。“建安北至淮澨总五堰”，每道堰上下时，“其重载者皆卸粮而过”，需要耗费大量的人力物力，又延长了运输周期，而且“舟时坏失粮”，造成许多损失。粮食反复装卸不免又带来弊端，负责运输的一些不正派的人乘机偷盗粮食。

为了寻求解决漕运中这种不利局面的方法，宋太宗雍熙年间，时任淮南转运使的乔维岳主持创建了“二斗门”。据载：“二门相

① 《宋史·列传第六十六》卷三百七。

距逾五十步(大约 76.5 米),覆以厦屋,设悬门积水,俟潮平,乃泄之。”此外,在两座斗门之间“建横桥,岸上筑土累石,以牢其址”。可见,“二斗门”的结构已经有闸室、上下直升式闸门和交通桥。古代的斗门类似现代的水闸,又称水门、陡门,可分为节水、进水、壅水、泄水、通航等多种。所谓“二斗门”,就是将两座斗门组合起来,在斗门上设置输水设备,顺序启闭这两座斗门,通过控制两座斗门之间的水位以达到方便过船的目的,实际上构成了一座简易的复式船闸,是现代船闸的雏形。

“二斗门”的创建大大便利了船只通航,“自是弊尽革,而运舟往来无滞矣”。随着船闸技术的应用,漕船载运量大幅提升。到了大中祥符初年,经建安至泗口入淮的漕粮高达 700 万石,比唐代有大幅度增加。

“二斗门”的出现并非偶然。大运河经过历代不断兴建和维修,到隋代建成了以洛阳为中心,沟通长江、淮河、黄河、海河以及钱塘江等水系的骨干水运网。自晋以来在运河上兴建了通航堰埭。到了唐代,又兴建了既能调节河道通航水深,又能使漕船往返通过的斗门。开元十九年,仪扬河入江口已经出现了斗门,《新唐书·食货志》就有“以岁二月至杨(扬)州入斗门”的记载。这种斗门是用坚木拼成排,“关闭以防潮,开启以通舟楫”。宋时淮扬运河上以堰闸控制水势已经相当普遍。景祐中,在真、楚、泰、高邮等州县置斗门 19 座。重和二年造斗门 79 座。“二斗门”在这一时期出现,正是顺应了运河水运的形势需要,是当时水工技术不断发展的必然产物。

“二斗门”建造的具体地址,据《宋史》记载,是“于西河第三堰”,所以历史上又称之为“西河闸”。由于西河和第三堰的具体地址史载不详,所以历来有不同的说法。一些书籍说是在今淮安河段上，今淮安清晏园内还立有乔维岳铜像。明清之际地理专著《天下郡国利病书》则说：“乔维岳于建安军并斗门二。”明确闸是建在建安军境内。据清道光《重修仪征县志》说，宋代和明代的仪征旧志也有相同记载。《江苏水利全书》作者、民国时期的武同举说“今按史称西河或因河在扬州城西得名”，因此确认二斗门“仍当属扬州（民国时仪征属扬州）”。综合诸多史料和学者意见，可以认为“二斗门”是建在今日仪扬河的前身之上。当然对不同意见仍然可以讨论和研究。

乔维岳主持创建的“二斗门”在历史上具有首创意义。在国内，灵渠是世界上最早的有闸运河，秦代时灵渠上就已经设有斗门（陡门），但是这种斗门为单门船闸，简称单闸，又称半船闸。而“二斗门”的上下游二门可以乘潮水退涨之机启闭，平水过船，代替堰闸，减免盘剥牵挽之劳，虽然简易，但已经是真正意义上的船闸，是现代船闸的雏形。在国际上，欧洲出现船闸较早，最早的荷兰于1373年在运河上出现了复闸，乔维岳创建的“二斗门”比荷兰船闸还要早380多年。“二斗门”不仅是我国国内最早的船闸，同时也是世界上最早的船闸；不仅是中国航运史上，而且也是世界航运史上的伟大创举。

陶鉴：真州复闸和“二斗门”一样是世界上最早的船闸

陶鉴，浔阳（今江西九江）人，系北宋朝廷左监门卫大将军、右侍禁。方志记载，乾兴间陶鉴奉命来到仪征，任监管真州排岸司，职责是“掌水利于真州”。在真州期间，陶鉴不负众望，提议并主持建造了真州复闸，为发展漕运作出了重大贡献，也为仪征的历史增添了光辉。

当时，真州入江口有真阳堰。船只过堰时，必须先卸下货物，然后用人工、畜力或是辘轳绞拉上坝下坝，叫做盘坝，又叫车盘。曾经担任过扬子尉的胡宿在《通江木闸记》里描述了船只过堰进出长江的艰难：每当秋季来临时，江潮水位逐步低落，开始进入枯水期。而这时大批船只从上游来到这里，万里连樯，数以千计。这些船要通过高高的堰进入内河，没有一定的江潮水位是不行的，所以只好日夜等待潮水的到来。潮水浅涸令人忧虑，牵引船只过堰同样非常辛苦，在堰上守卫的兵士往往通宵不能睡觉。秋冬的夜里鼓声阵阵敲响，人们一个个被折腾得疲惫不堪。官员们由于职责所在，浑身神经始终绷得紧紧的，一刻也不敢放松。就是说，当时船只过堰一方面要受到江潮水位的影响，往往因为潮位低不能及时通过，而积压大批船只；另一方面，船只过坝的运行过程也非常艰难，人们引挽劳作十分辛苦。很显然，这样的基础设施和运输方式已经严重地制约着运输的效率和效益。

天圣年间，陶鉴提议修建复闸，节制水流，减省舟船过堰的劳力。当时，工部郎中方仲荀和文思使张纶任正、副发运使，他们完全赞同陶鉴的提议，并立即上表请求朝廷批准施行。这样，便在真扬运河通江的运道口上建造了真州复闸。建闸工程自天圣三年冬开工，到次年入夏时竣工。

陶鉴主持建造的是木闸，有外闸和内闸两闸。《通江木闸记》描述了复闸的结构、运行过程和水流特点。外闸在西临江，"砻美石以甃其下，筑强堤以御其冲，横木周施，双柱特起，深如睡骊之窟，壮若登龙之津。引方舰而往来，随平潮而上下。巨防既闭，盘涡内盈。珠岸浸而不枯，犀舟引而无滞。用力浸少，见功益多"。内闸在其东偏北，"瞰下泽而迴深，截澄流而中断。月魄所向，潮势随大。上连漕渠，平若置梁。湍无以捍其激，地不能露其险。木门呀开，羽楫飞渡。不由旧埭，便达中河"。

真州复闸在设计、结构和运用上很有特点。两座木闸以坚硬的条石为基础，上下游筑起牢固的堤防以防止浪水的冲刷，闸的上部以木结构为主，设置了叠梁式木门，通过闸门、闸室和放水设施的运行调节，实现平水过船通航。外闸主要是平衡运河和长江的水位高差。内闸随着水面上升与运河平顺衔接。当年还在闸旁建起通江澳闸，"筑河开澳，制水立防"，其作用主要是储蓄和补充水源，减少水的损耗，使复闸更为完备。

真州复闸建成后，极大地方便了过船，原来十分辛苦的过船一下子变得轻松自如，过载能力也大大提高了。据《梦溪笔谈》记载："运舟旧法，舟载米不过三百石。闸成，始为四百石，其后所载浸多，官船至七百石，私船受米八百余囊，囊二石。"通航方便、快捷了，当然也节省了大量的人力和财力，"岁省冗卒五百人，杂费百二十五万"。

真州复闸的建成犹如在运河上发生了一场革命，解放了大批的人力、财力、物力，便利了水上运输。不久以后，运河上北神、召伯、龙舟、茱萸等堰，都相继废旧革新。于是，“商旅息滞淫之叹，公私无怵迫之劳”，“舟楫无阻，人皆以为利”，陶鉴因此受到“优迁”。

《通江木闸记》对陶鉴评价很高，说他“掌临岸局，盘结必剖，精干有余”，是一个能够把握大局，遇事善于解剖分析，办事精明强干的人。其后人在纪念高祖陶鉴时也说其“善计事”。

真州复闸建造的具体地址，据方志记载，就在相传唐代李吉甫建造平津堰的堰河之上，位置是在“县治正南三里城外”。

与40年前出现的“二斗门”相比较，“二斗门”是在运河内陆的河段上，真州复闸则是在运河入江口。内河过堰不方便，入江口船只进出就更加困难和麻烦，水工技术必然有一个大的飞跃。如果说“二斗门”是现代船闸的雏形，那么真州复闸的整体构造技术比“二斗门”有了很大的进步，运行原理已经与现代船闸基本相同。

真州复闸（木闸）存在了近二百年，对后世影响很大。闸建成五十余年后的元丰年间，著名学者沈括经过真州时实地作了考察，以“真州复闸”为题撰文，收入了举平生所见所闻的巨著《梦溪笔谈》。陶氏所藏的家集，记载了陶鉴建造真州复闸的事迹，他的家族后人世世代代因此引为自豪。陶鉴四世孙陶恺在任武昌太守时，赴任途中专门取道真州。这时木闸建成已经超过一百年，因为原来的碑记已经不存，陶恺提出重新刻石立于闸的旁侧，表示了陶氏子孙“汲汲于发祖考之德”的愿望。近一千年后，在2010年底举行的世界博物馆协会大会上，南京博物院选送的三维动画片《运——真州水闸》形象地再现了真州复闸的风采，并获得优秀作品奖。

真州复闸建成虽然在乔维岳创建的“二斗门”之后，但仍然比欧洲荷兰运河上出现的复闸早347年。可以说，真州复闸和“二斗门”一样是世界上最早的船闸。

卢宗原：以河代江保漕运平安

卢宗原，北宋宣和五年（1123）任江淮、两浙、荆湖发运使。任内，他在江东直到真州一带沿江平行开挖河道，让船只进入内河航行，减少船只在长江的航程，避开长江风浪，保证漕运安全。清道光《重修仪征县志》记载，卢宗原“开靖安河，直抵城下，易大江风涛之险，漕舟及江行者咸荷其利”。

真州作为东南水会冲要，湖、广、赣等地漕船都要从长江上游航行到真州，然后进入运河北上，长江上的不少浅滩险患给漕运带来了极大的风险和威胁。宋时真州一带长江江面比现在要宽阔许多，据载有 18 里，开阔的江面多风浪，常常波涛汹涌。上游从南京到真州，风波最急、最为险阻的是从乐官山李家漾到急流浊港口。船只航行经过时危险性很大，在这里失事的船只占到十分之一二。

如何避开大江的风涛险浪，切实保障漕运安全，成为主持漕运的官员必须要解决的难题。唐时已有先例，开元二十六年，润州刺史齐浣开挖伊娄河，使江南和两浙漕船出了江南运河，从润州过江就直接进入内河，不再逆流而上绕道仪征进入运河，避免了遭遇风涛漂损的风险。北宋天禧至天圣年间，真州境内开挖了长芦口河，从六合长芦镇附近引入江水，向东一直到瓜步以下至东沟一带重新入江，绕过青山一带“铁板矶”，再从革家坡进入扬子境内，然后从真扬运河北上，这样避开大江风险处，保证航行安全。

卢宗原到真州上任后，于宣和六年主持开挖了靖安河和仪真新河。靖安河起于靖安镇，《南京地名大全》记载，靖安镇位于南京市鼓楼区下关狮子山一带。清道光《上元县志》说，这里原来有一个龙湾，叫“龙安镇”，宋时称靖安，是上元县五大镇之一，清末曾改名为“下关镇”。即在今南京长江大桥南附近，当时有古浊河，南宋景定《建康志》云，古浊河一名靖安。卢宗原即寻其故道，疏浚和开凿相结合，尽可能取直，经青沙夹出小江，穿过坍月港，由港尾越过北小江，进入真州。河道在长江南岸长约八十里。作为靖安河的配套工程，卢宗原同时在长江北岸开凿了仪真新河，从黄沙潭直通真州城下，并与真扬运河相接，还在何家穴修筑了石堰。因为后来南宋时在其上游又开挖了一条新河，为了便于区别，方志将北宋卢宗原开的新河称为下新河，南宋挖的新河称作上新河。清康熙《仪真县志》（陆志）记载：“下新河，在县西南二十里。”

有一些史料记载靖安河在宋时扬子县西长江北岸，其实有误。清道光《重修仪征县志》引南宋景定《建康志》说：“考靖安一名河，一名镇，一名道，一名路，一地而有数名，上口可至城，下口可通江也。当宣和六年，发运使所开者，即此河，在大江之南。”

这项工程由上元、六合和扬子三县共同承担，用缗钱几万，斛米五千，21 天就完工了。上元县在长江南岸与仪征相毗邻。唐上元二年(675)，改江宁县为上元县。五代吴时，又将其分为上元和江宁两个县，此后直到明清，上元、江宁二县都是同城而治，1912 年上元县才并入江宁县。

靖安河的建成，给漕运带来了福音，往来船只从此可以高枕安流 80 余里，减少了过去大江 150 里航行的风险。所以当时人们对这条河道工程赞誉有加，甚至说它是“万世利”。卢宗原开挖的仪真新河今虽不可考,但可以肯定必然为后来真州城西水利河网建设打下基础。

《宋史》记载:"(宣和)七年丙子,又诏宗原措置开浚江东古河,自芜湖由宣溪、溧水至镇江,渡扬子,趋淮、汴,免六百江行之险。"接着再开江东古河,证明卢宗原的做法是有效的,得到了朝廷的肯定。不过历史上的卢宗原名声不佳,《宋史》记载,卢宗原任徽州知府时,用尽官府钱财贿赂北宋"六贼"之一的朱勔,朱勔提拔他做了发运使。尽管如此,史料中关于卢宗原水利成就方面的记载还是客观的、正面的,仪征方志也有《卢宗原传》。

钱冲之：苟有毫发便于民者犹不当避其劳

钱冲之，南宋淳熙间任江淮发运判官。淳熙九年（1182），钱冲之主持全面修复陈公塘，受到人们的尊敬和爱戴。据载，工成之日，当地人们欣喜不已，纷纷扶老携幼，争相来到现场一睹为快，更有诗歌相颂："新塘千步，膏流泽注。长我禾黍，公为召父。恭爱无偏，公后陈先。甘棠之荫，共垂亿年。"称颂钱冲之为"召父"，又与陈登并论。真州的百姓和官员还希望将钱冲之的功绩记载下来，传于后世，楚州参军李孟传于是作《重修陈公塘记》。仪征方志《职官志·秩官表》在钱冲之名后也特别加注"修复陈公塘"。在由汉至明的一千多年中，历代曾屡次对陈公塘进行兴修、配套，其中不乏较大规模的修复，修复工程受到如此关注和百姓欢迎的，以钱冲之为最。这是为什么呢？

在经历了漫长的岁月和宋金战火后，钱冲之任职的江淮发运司已不是当初设置在真州的江淮两浙荆湖发运司，该司早已于绍兴二年正月被废罢，此后南宋朝廷于绍兴八年及乾道六年两次复置发运司。钱冲之身为漕臣到真州公干，"以郡最褒擢漕于此"。当时正值连年干旱，水源紧缺，粮食歉收，百姓生活困苦。钱冲之认为真州枕江带河，过去曾经向运河补充水源，昔时的水利工程一定可以利用重新发挥效益，于是亲临陈公塘，现场勘查。

这时的陈公塘"刍交障湮，岁益浅淤。颓堤断洫，漫不可考"，已经残破不堪。修复起来不仅工程量大,而且需要全面规划安排,基本相当于重建。但钱冲之决心已定,他对随行的同僚说:“今仍岁旱暵,苟有毫发便于民者,虽使规创,犹不当避其劳。”他在给朝廷的《修塘奏》中说,陈公塘“废坏岁久,见有古来基地,可以修筑,为旱干溉田之备。凡诸场盐纲、粮食漕运、使命往还舟舰,皆仰之以通济,其利甚博”。可见钱冲之修复陈公塘,是将农村抗旱和农田灌溉放在首要位置考虑的。得到朝廷批准后,他又安排属吏米恁和旧日同僚刘炜先行规划。工程费用由运司拨付,劳工招募“流徙之民”,实行以工代赈。

一切准备就绪,工程自春三月开工,至秋八月全面完成,“总工役,凡二万三千一百一十有二”。工程内容包括:在“古来基地”之上重新修筑周围堤岸;旧有石础迁到原址稍西二十丈重建;疏浚溢洪道即东西两湫,修建斗门,仍在原址不变;大塘附属管理设施同步安排,重修龙祠恢复了旧观,建筑新亭以备官员随时考察。同时,委任人员专职守护,安排士卒专门巡查守卫。为了加强正常的维修养护,钱冲之在给朝廷的奏疏中提出,在“扬子县尉阶衔内带‘兼主管陈公塘’六字,或有损坏,随时补筑,庶几久远,责有所归”。

与历次大修工程相比较,钱冲之主持的修复工程包括了大塘必备的所有的项目,同时落实完善了管理制度和设施,实现了工程的整体修复和效益的全面提升。尤其值得称道的是,自唐宋以来,大凡修建工程都是为了漕运。而淳熙年间连年干旱,漕运形势并不乐观,李孟传《重修陈公塘记》记述:“盛冬水缩,千夫挽浅,有司岌岌,惟淹日是惧。唯是三务,在淮东为最急。”同时农田灌溉也严重缺水,“自真扬以北,河势径直,支流别派,比江南才十一,故灌溉之利,民常病狭。岁值旱干,则坐视涓瘠”。钱冲之作为漕臣却能够考虑到农民群众的迫切愿望,兼顾了灌溉和漕运两方面的需求。人们热情称颂的既是他修复了陈公塘的历史功绩,更是他表现出来的“苟有毫发便于民者,犹不当避其劳”的精神和品格。

吴洪：真州任上化解黄天荡之险

吴洪，字仲宽，天台人。南宋淳熙八年（1181）进士，历任明州定海县丞、江东提举。庆元四年（1198）以朝请大夫知真州。清道光《重修仪征县志·吴洪传》说他“尝开新河，以避江险”。新河，史称上新河；江险，即黄天荡风涛。说的是吴洪在真州知州任上，开挖上新河，化解了黄天荡航行之险，易风涛为安澜。

当时仪真一带长江江面十分宽阔，江面多风浪，常常波涛汹涌。特别是从六合瓜埠往下游到大河口、青山一带，江面相去有40里，自唐代起就有生洲的记载，沿江不断淤积，沙洲、浅滩滋生，是有名的南北险渡“黄天荡”。船只航行经过时风险很大。有个叫作虞俦的官员由合肥太守调任淮东转运副使，乘船到真州赴任时曾经经过黄天荡水域。他这趟航行应该说是幸运的，途中并没有遭遇多大的风险。但是航船经过黄天荡时的情形，还是给他留下了非常深刻甚至可以说是刻骨铭心的记忆。后来他为上新河作记时写下了这一段经历，为我们留下了历史的真实记录。虞俦写道：“仪真之为州，大江经其南，实川、广、江东西、湖南北舟楫之冲也。而所号黄天荡者，盖江至此而愈阔，与天相际，无山可依，间遇风作，波涛汹涌，前既不可进，退亦无所止泊，覆溺之患悬于顷刻耳。平居暇日，每一念之，心犹悸惴。”

南宋时长江航道西起嘉州（今四川乐山），东至真州、京口分别转入真楚运河和浙西运河。淮河以北属金,真楚运河是运军粮至楚州的漕运航道,常年有大量船舶从仪征进出运河。为了解决漕船在黄天荡航行时遭遇的风险问题,虞俦尝试着与真州知府吴洪商量,吴洪欣然领会。庆元六年,吴洪主持开挖了上新河,自董家渡至黄池山,长二十余里,河面宽十丈,深二丈,上游自今天的南京市六合区境内,而后从革家坡转入真州运河(真楚运河真州段)。这样,船舶可以避开黄天荡,转入内河航行。工程由六合县令刘正和扬子县令赵续具体负责,用缗钱三万多,斛米五千余。

虞俦对吴洪开挖上新河给予了高度评价,其《上新河记》写道:"长江万里,何适非险,苟知其所可避而避之,夫何险之足虑?然必有爱人之心,而后能利人之事。"新河凿成,"转大江之险为平易之地,舳舻相衔,往来者皆歌舞其赐"。据虞俦记载,这条河过去就有,不过早就淤塞了,"故迹仅存,水路不绝如线"。也有史料说上新河是长芦口河的上游河段。《六合县水利志》称这条河为"新河",仪征方志称作上新河,是为了区别于北宋时卢宗原开挖的下新河。

张颀:仪征后世石闸本于斯

张颀,字叔靖,槜李(今浙江嘉兴西南)人。南宋嘉泰初以朝请大夫知真州。在真州任上,张颀将真州木闸改建成为石闸。清道光《重修仪征县志·张颀传》记载:“颀始易二木闸以石,以便漕事。后世石闸,本此。”

北宋时建成的真州复闸上部为木结构,南宋时仍然在运行,其间多次进行维修。道光《重修仪征县志》记载:“孝宗淳熙十四年,扬州守臣熊飞言:‘扬州运河,惟藉瓜洲、真州两闸潴积。今河水走泄,缘瓜洲上、中二闸久不修治,真州二闸亦复损漏。令有司葺治,以防走泄。’从之。”这里说的真州二闸就是真州复闸。

到了嘉泰年间,木闸“日以朽腐”。时任郡守的张颀下决心要对木闸进行改造,“镇扶之暇,经理钱谷”,经过潜心准备,终于在嘉泰元年,“乃凿他山之坚,悉更其旧”,将两座木闸改建为石闸。当年九月开工,于第二年(1202)入冬之季建成。

张颀主持建造的两座石闸,“其西通江涛曰潮闸,东曰腰闸”。与原来的木闸相对应,潮闸即外闸,腰闸即内闸。原来的内闸、外闸是以方位而名,潮闸、腰闸则是以功能、作用而名,说明这时已经格外注重江潮的利用,闸的建造和管理水平相应有进一步的提高。

两闸“相望一百九十五丈”,“门之广二丈,高丈有六尺”,“屹然砥立,恍如地设”,十分高大,规模宏伟。张伯垓《仪真石闸记》

这样描述其工程结构和质量:“磨砻之初,铿然一声。甃砌之余,苍然一色。二柱特起,渴虹倒吸。两岸夹扶,劲翮旁舒。无峡之险,有墉之崇。波不可啮,蠹不可攻。”石闸的结构已经有闸墩、翼墙与两岸紧密结合。建筑材料系选用上等石料,因而不怕浪蚀虫蛀,经久耐用。

据《仪真石闸记》所述,建造石闸共用“缗钱三万有奇”,资金完全由地方自筹,没有向朝廷要钱,也没有向百姓收钱。府郡一级地方政府能够独立完成这样一项重大工程建设,在当时应该说是很不简单的,既反映了真州在经济上的实力,“郡计以饶”;也显示出郡守张颇超凡的管理能力、办事魄力、敬业精神和爱民之心,“有政事以足财用,举惠心以及民物”。

仪真石闸虽然重建,但是闸址没有变,《扬州水道记》说“张颇所建之闸即陶鉴建闸之地”,“易其名,非易其地也”。闸的位置仍然在方志记载的“县治正南三里城外”。

史料关于张颇的记载很少,甚至其生卒年也不详,但是仪征没有忘记他的功绩,不仅方志有传,还将他列为“名宦”。真州复闸先为木闸,后为石闸,陶鉴、张颇分别主持建成,“其功名当与是闸并传不朽”。

二知州智筑北山水柜

北山水柜是北山塘和茆家山塘的合称。明隆庆《仪真县志》记载:“二塘俱北城壕外一里许,左为宋方运判所筑,右为袁知郡所筑,长亘北山下,东西分引水港入壕。潜为水柜以遏截金人,州城亦保而民免焚掠。两塘旧有石坝潴水,可溉田五百顷。”

南宋时,真州成为抗金前线,号“护风寒之地”,真州城失陷至少三次,遭受严重破坏。当时真州军民曾经以水来抗御金兵的入侵。北山水柜即建于历史上的这个特殊时期,因而除了灌溉,更在防御金兵的战争中发挥了重要的作用。

志称之“方运判”即方信孺,字孚若,兴化军人。以荫补番禺尉,治盗有异绩。开禧三年(1207),方信孺曾经以枢密院参谋官的身份三次出使金国,坚定地驳回了对方提出的无理条件,“以口舌折强敌”。面对敌人的威胁,他大义凛然地回答说:“吾将命出国门时,已置生死度外矣。”嘉定间,历淮东转运判官知真州。

开禧二年,金兵北来,宋军兵败胥浦桥,金兵将破真州,十余万士民奔逃渡江。值此危急之际,民兵总辖唐璟亲率子弟及所部,断桥填堰,挖开陈公塘堤放水。塘水下泄而来,与句城塘汇合,大水漫至广陵城南,西连真州,南至运河,一片汪洋。金兵登焦家山望水而惊,只得撤军北归,真州城这才免遭摧残。嘉定年间,真州知州方信孺为了褒扬唐璟保护州城和百姓安全的英雄事迹和正义之举，在陈公塘畔为其建造了祠堂，以志纪念。

方信孺本人在真州任上也积极筹划以水御敌的方略。他主持修筑了北山塘，塘广十二里八十余步，筑石堤，置石闸，汇城子山以北诸山之水。人们起初不知道筑塘的真正目的，后来金兵来犯，守军决塘放水，借以保证了真州城的安全。嘉定十一年，金兵再次来犯，屯聚在北山。其后任郡守袁申儒又决塘放水，大水浸没了田野和道路，金兵怀疑宋军有埋伏，观望犹疑了两天，终于还是没有敢进兵攻城，悄然退兵了。人们这才弄清方信孺筑塘的意图，无不钦佩他的深谋远虑。

袁知郡即袁申儒，嘉定间以朝请郎将作监丞知真州。嘉定十二年(1219)，袁申儒在北山塘之右筑茆家山塘，塘广三里三百步，筑堤百丈，置石闸。此举同样是出于以水卫城的考虑。这一想法，他在《两塘水柜议》①一文中作了明确的阐述。文章说，金兵来犯真州有多条路线，而真州城周围平原广阔，四通八达，难以拦截。为今之计，唯有以水来拦截金兵的进犯。焦家山一路，有陈公塘水可以流浸，北山塘水可以浸过北山一路，以及茆家山前一带，茆家山后和铜山港、胥浦桥三路水流却有所不及，所以应该在茆家山筑塘，会聚这一带三汊一涧之水。这样就能够与北山塘之水相接，流灌浸断铜山港、茆家山和胥浦桥三路。

根据以水当兵的特殊需要，袁申儒设计了减水石闸，排列了桩木、横板等，人为设置了层层水头差，以保证在放水下泄时能够达到水流汹涌激荡的效果。据袁文分析，经过精心设计，塘水一直可以浸于真州外翼城，则城池可保平安。“是年春，敌骑果至，俄迫翼

① 袁甲儒《两塘水柜议》，载清道光《重修仪征县志》。

城，疑不敢前，竟遁去。”[1]

北山塘和茆家山塘位于北山之上，犹如水柜，储水以待，既可以灌溉农田，又能够以水当兵抗御金军。两座水塘还配套了水渠直通真州城的城濠，可以向城濠补充水源。因而史称“北山水柜”。由于作用特殊，两塘在当时都驻扎了军队，北山塘由忠勇军守卫，茆家山塘有游弈军防守。

① 清道光《重修仪征县志·名宦·袁申儒传》。

单安仁：明初仪真水利开创者

单安仁（1304—1388），字德夫，原籍凤阳。元末时召集义兵保卫乡里，后因粮食短缺移军维扬。朱元璋攻克金陵后，单安仁率众归附，因从征有功，官至工部尚书，不久又改任兵部尚书。归明后，占籍仪真。《真州竹枝词》注曰："天宁寺东北尚有单家桥，父老云，附近即单公府第也。"单安仁为人精明，处事机敏。归老家居后，仍然对国家要务尤其是对加强和改善漕、盐运提出许多建设性意见，为朝廷所采纳。皇帝十分赏识他，晚年再授兵部尚书，后又特授资善大夫。

明朝刚刚明建立的时候，定都应天府，就是今天的南京，直到永乐十九年才迁都顺天府（今北京）。仪真紧邻京师，仍然是漕运、盐运的重要运口。但是，这时的河道、闸堰俱已年久失修，甚至倾圮不能运行。为此，单安仁对恢复和建设仪真水利提出一系列建议，一批重要设施相继建成，开创了明初仪真水利新局面，为漕运、盐运的发展奠定了基础。

洪武十三年，根据单安仁建议，疏浚黄泥滩口仪真南坝至朴树湾三十里河道，这是漕运的主要通道。据《明太祖实录》记载，当时湖、广、江西等处运粮船由仪真县城南面的黄泥滩口驶入运河，过淮安坝，以达凤阳及以北州县。

洪武十六年，单安仁提请在仪真城南重新建闸，一共建了三座,分别为清江闸、广惠桥腰闸和南门潮闸,史称“明初三闸”。据方志记载,三闸是在宋闸废址之上重建,易其名,而未易其地。隆庆《仪真县志》记载:“三闸以蓄泄水利,分行漕船。”可见其作用有二:一是节制和调节水位,二是过船通航。明初三闸一直运行使用到成化年间新的四闸建成。

在重建三闸的同时,单安仁又提议在澳水河南侧建筑了五道土坝,分别称作一坝、二坝、三坝、四坝和五坝,并且各自配套了水渠与长江和内河相通连。五坝作为运河通往长江运口上的制水通航设施,地处“襟喉要地”,曾经在一个相当长的时期内发挥了重要的作用,一直运行使用到明末。成化、弘治后,又与新建的拦潮、罗泗、通济、响水闸配合运行,并称“四闸五坝”,成为仪征历史上著名的水利工程。

单安仁于洪武二十年去世,享年85岁。据方志记载,单安仁墓在旧江口通真观东隅。明时的仪真不仅是漕粮运输的枢纽,洪武十六年,根据单安仁的提议,批验盐引所、批验茶引所也从瓜洲移建于仪真。这样,淮南盐要到仪真解捆,然后分销湖、广、江西和江南各地。茶务亦置于仪真榷税。还有水驿、递运所等相关机构也相继从瓜洲迁入。这些机构的迁入,无疑提升了仪真的地位和影响,对经济和社会发展的推动作用是积极的明显的。隆庆《仪真县志·单安仁传》直言:“凡诸司建置悉安仁所疏请,惠利贻于一邑,今犹戴赖之。”因此传言一说因为单安仁将盐、茶务机构迁到仪真,朝廷以“擅专”将其全家杀戮。一说瓜洲盐枭闹事,乘乱杀害了单安仁全家。

邑人厉秀芳根据这样的传说,写有《景阳楼》诗:

共乐盐门今夕开,有人楼下独徘徊。

可怜如此繁华境，阁老全家换得来。

仪真民众还在任寿桥南建“福祠”，塑土神着纱帽红袍，祭祀单安仁。厉秀芳《真州竹枝词》又有诗曰：

阁老祠前散晚烟，可怜香火已萧然。
茫茫一片天池月，昔日屯船今钓船。

清道光《重修仪征县志》则记载：“〔明〕嘉靖志云，（单安仁）子姓零替，今无存者。闻之老人言，数十年前犹有一门软焉，今灭其迹。”

但是，《明史》并没有这种说法，《单安仁传》记载，单安仁“尝奏请浚仪真南坝至朴树湾，以便官民输挽；疏转运河江都深港，以防淤浅；移瓜洲仓廒置扬子桥西，免大江风涛之患”。可见茶盐务机构迁离瓜洲，有自然条件方面的因素。单安仁的建议涉及运口和运道的通畅，是从漕运大局出发，所以才迅速为朝廷批准。

不过，单安仁后人遭难的说法亦非空穴来风。据《明史·单安仁传》记载，单安仁归附朱元璋后，受命镇守镇江，“严饬军伍，敌不敢犯”。后又移守常州，单安仁共有八子一女，就在这时有一个儿子叛降了张士诚。相传单安仁十分惶恐，担心朱元璋震怒问罪，灭杀全家，迅速秘密采取应对措施，举家外迁，并将子女分散隐居。其中次子单定家、第七子单定永、第八子单定久由安徽凤阳迁居到河南固始县偏远的往流集西白露河附近。其不远处有一片野生栗林，后人称之为单家栗林，单定家遂成为该支单氏始祖。因为第七子和第八子还年幼，所以单定永由舅父周氏照顾，后改姓周；单定久由姑父许氏照顾，后改姓许。

当时天下未定，正是用人之际，还没有到“走狗烹、功臣亡”的时候,朱元璋以乡旧对待单安仁,认为他为人忠谨,没有产生怀疑,更没有追责问罪。据传不久苏州城破,单安仁之子被生擒,朱元璋将其交给单安仁,让他自己处理。单安仁的仕途也没有因此受到影响,后来迁浙江副使,进按察使,征为中书左司郎中,又调瑞州守御千户,为将作卿。

《明史·单安仁传》记载,单安仁退休后"家居"时,向朝廷提出前述一系列与仪真有关的建议,由此分析,单安仁应当居住在仪真。另有史料说,单安仁"后自愿转居河南固始往流集西白露河侧享晚年",去世后即葬于次子定居地,其墓葬至今犹存。老来思子,与子女团聚,实属人之常情。但是此说为《明史》所不载,其真实性有待考证。

又据单氏网说,单家栗林繁衍兴旺,子孙众多,并有多人进入仕途,单安仁次子单定家因此被后人称作"单百官"。由此看来,单安仁后人被朝廷诛杀和盐枭闹事说均不可信。仪真出现的种种传言,可能与其家庭的曲折经历有关,反映了仪真父老对单安仁的同情、感激和怀念之情。

郭昇:创建三级船闸　利兴明清两朝

郭昇,颍州(今安徽阜阳)人。天顺四年进士,始任工部主事,后提为巡抚郎中,任内致力于治水,曾整治扬州白塔河。王與《扬州府重修白塔河记》说:“(郭昇)治水徐淮间,亦累著奇效。”郭昇最终官升陕西参议,可惜未及上任就去世了。

郭昇任职工部时,漕粮从仪真入运主要是通过五坝。运输船只进出长江,必须将船拉上大坝坝顶,再推入长江或是内河。如果不把船上的货物卸空,民伕们拉船时稍微用力不齐,木船就很容易被搁坏。朝廷的大型运输船队过坝更是十分麻烦,不仅费时费力,还要花费上下货物和存储的费用。这样的基础设施和运输方式与繁忙的水运形势越来越不相适应。

成化间,已经担任巡抚郎中的郭昇提出建议,他说:“仪真县罗泗桥过去有通江港,港口向上到里河大约有四里多,潮大时内外水势相等。这条港可以建闸四座。建闸后船只进港时,可以乘潮先开临江闸,使船随潮而进,待潮平后再开其他几闸。这样不仅船行便利,而且里河水势疏泄起来也很方便。”但是,督漕都御史会议研究后却没有结果。郭昇没有放弃,再次上书,详细陈述建闸的理由,工部也及时奏请朝廷复议,建闸的方案这才得到批准。

成化十年,郭昇主持实施仪真建造船闸的工程。在罗泗桥开通旧有通江港河,河面宽十二丈,下阔五丈,高一丈。在东关至通江河港上建成里河口、响水、通济和罗泗四座闸。通济闸，又名中闸，长十八丈。响水闸长二十二丈。撤罗泗桥建成罗泗闸，又名临江闸，长二十二丈。三闸金门口宽都是二丈四尺，底宽都是二丈二尺，高度都是一丈三尺。里河口闸，初名东关闸，后因工部主事夏英改东关浮桥为东关闸，百姓即将郭昇所建东关闸改称首闸，又名里河口闸，长十二丈。每座闸的闸底全部用油灰麻丝舱缝，工程建造得十分牢固。工程于是年二月开工，次年六月完工。

当月即选择吉日，开闸通航了。只见过往船只秩序井然，轻松过闸，完全没有了过去车盘过坝时唯恐船只被损坏的顾虑。对此，许多人发出赞赏之声。四座闸组成三级船闸，给水上交通运输带来极大的便利。

以后在运行的实践中，曾经两度兴废响水闸，扩建通济闸。弘治年间，漕运总督张敷华又在通江河口新建了拦潮闸。由于五座闸屡经修建和兴废，所以有关记载有时称为“四闸”，有时称为“五闸”。后来因为里河口闸距离响水闸过近，仅百步许，水势冲激，不利船行，所以即不数里河口闸，而以响水、通济、罗泗、拦潮为“四闸”，与五坝合称“四闸五坝”，成为仪真历史上著名的水利工程。这些闸、坝配合运行，夏秋长江水大时过闸，冬春水小时过坝，一年四季都能通航，形成水利和航运交通的系统工程，水工建筑物构造技术和运用方式已经相当先进。到了明代后期，五坝不再使用，四闸则一直使用运行到清末。

群贤协力创建“江北第一闸”

“江北第一闸”即仪真拦潮闸,建成于明弘治十四年。拦潮闸高一丈八尺,中宽二丈零八寸,金门口宽二丈二尺,南北长三丈。因为规模较大,同时距离长江口又非常近,只有二百丈,故称“江北第一闸”。拦潮闸的创建是从朝廷到地方、从官方到民间诸位水利前贤齐心协力、共同努力的成果。他们是:

张敷华,字公实,号介轩,江西安福人。天顺八年进士,历任兵部郎中、浙江参政、布政使、刑部尚书、左都御史等职。

邹韶,常熟人。进士,弘治年间任仪真工部分司主事。

叶元,字本贞,江西贵溪人。举人,弘治十一年(1498),授扬州府清军同知,后迁知云南府。

仪真县主簿谢聪。

本地老人许晟等。

添设拦潮闸由仪真工部分司主事邹韶等建言。当时仪真已有四闸,成化十一年,巡河郎中郭昇开浚罗泗桥通江河,自东关至通江河港上建成里河口、响水、通济、罗泗四座闸,形成五里闸河,又称外河,极大地方便了漕运。那么,既然已有四闸,为什么还要建拦潮闸呢?在呈文中,邹韶详细叙述了要求建闸的理由。

这主要是考虑春季粮船过闸和冬季粮船回空时的实际需要。四闸建成后,因为泄水引起争议而影响了正常运行。四闸虽然都在闸河上,距离长江口却比较远。长江口没有闸,潮水不能拦蓄,上面的闸门一开,河水注入长江便无可挽回。即使过坝,江潮不能抵达坝下,船也过不了坝。春季粮船从仪真北上只有车盘过坝。冬季大批回空船到来时,则必须在关王庙前大江口临时打筑土坝,然后开沟放水,船只才能车绞出坝。船只过完后,又要拆掉临时土坝,一年一次,十分麻烦,劳民伤财,不能经久常便。所以水位的高低直接关系到河道的通航能力。建造拦潮闸就是为了及时便捷地拦蓄潮水,以便益粮运。

鉴此,邹韶建议在关王庙前鸡心嘴各坝汇流之所亦即打筑临时土坝的基址之上建造一座拦潮闸,上可以与五坝中的三坝、四坝、五坝和罗泗等四闸相接,下则直通长江。这样,春季在潮信速来速去的时候,装载粮食的赴京船只到来以后,可以乘潮放进拦潮闸,然后关闭闸门,水满则开罗泗等闸放行,内河的水就不会流失了。冬季大批回空船到来,正是潮水浅涸的时候,这时关闭好拦潮闸后,就可以打开罗泗等闸放下回空船,待到有潮水来接时,再打开拦潮闸将船放出长江。即使冬春水涸,只要关闭拦潮闸,三坝、四坝、五坝也能保证有抵坝之水,使船只随时能够车盘过坝。

扬州府同知叶元也提了同样的建议。在这种情况下,江口建闸取代临时土坝的意见渐渐明晰并被提上了议程。

但是,具体实施起来并非一帆风顺。漕运总戎官郭鋐欲要建闸时,有人说,江滨土地多为浮沙,不宜建闸,事情便搁置下来了。

弘治十二年冬,漕运总督、都察院左都御史张敷华到仪真检查漕运时,就建闸的事征询大家的意见。叶元说:“我曾奉命疏浚河道,到了江滨一带,深挖下去七尺全是黄土,没有发现浮沙。闸是必定可以建的。”张敷华回京后立即向皇帝报告,得到了批准,建闸的事这才决定了下来。

叶元受命建闸，十分慎重，首先带队实地测量，然后又召集有关人员进一步会商方案。闸的建造工程明确由仪真主簿谢聪主持，并聘本地老人许晟等七人分别负责各项具体事宜。每一工程部位的施工都作了精心的安排，闸区的底部全部以松木和椿木下桩，确保基础坚实牢固。临江岸边，垒筑石墙数道，以抗御江涛风浪冲刷。砌筑砖头时，接头的地方如犬牙般交错互叠，既牢固又平整。整个工程只用了四个月的时间就完成了。工程费用全部在疏浚河道专用款的结余中开支，大约用了一千余两白银。

拦潮闸建成投入运行的当年，长江和内河之间航运交通十分通畅，没有一艘船只滞留，数百艘过往船只在日常饮食都不受影响的谈笑之中轻松过闸。秋季时节，雨水连绵，虽然在较短的时间内内河水位急剧上涨，但并没有冲毁河堤、大坝和堰闸，水及时地被排泄了。这样局面的出现正是因为拦潮闸适时发挥了效益。

拦潮闸建成后，监察御史冯允中会同巡河郎中刘群浩主持制定了诸闸运行管理的有关规定，并形成文字，晓谕有关部门和人员遵照执行。主要内容有：当内河河水漫溢、江潮同时上涨时，四闸昼夜开启，闸门不要关闭；在长江水势平缓、内河河水没有漫溢时，则根据潮水的涨落掌握闸门的启闭，潮涨则启，潮落则闭；诸闸的运行必须做到，船只通行和积聚水源两方面都不受影响；冬季水位枯落时，闸门全部关闭，不要开启。

这时闸河上有五座闸，由东关至江口依次为里河口、响水、通济、罗泗、拦潮闸。由于五座闸屡经修建和兴废，如响水闸弘治四年废，正德十三年复修，所以在当地的有关记载上，有时称为“四闸”，有时称为“五闸”。后来因为里河口闸距离响水闸过近，仅百步许，水势冲激，不利船行，所以人们即不数里河口闸，而以拦潮、响水、通济、罗泗为“四闸”。

当时仪真有四闸，还有五坝，由坝而闸，无疑是变革，是进步。然而，正如一切变革可能引发动荡，新旧交替难免产生矛盾，新事物的完善可能需要一个过程一样，仪真当时曾经出现闸坝之争，争论由地方而及朝廷，延续了相当长的一段时期。但是社会和科技的进步终不可挡，随着四闸渐渐运行正常，效率和效益日益显现，五坝也就废弃不用了。

四闸一直运行沿用到清末。拦潮闸曾于清康熙二十九年重建，并于康熙二十八年，雍正十三年，乾隆二十五年、三十一年，嘉庆七年多次维修。邑人厉秀芳《真州竹枝词引》记载，每年五月十五日出都天会，水巡船队“由江口进四闸，至天池”。“至咸丰初年，则旗帜皆灯，而为灯龙船矣。”可见四闸犹存。清末，随着漕运、盐运的终结，四闸也完成了历史使命。民国十四年，淮扬徐海平剖面测量局《仪征县调查报告书》记载，运口诸闸早已废弃，日久倾圮，响水、通济、罗泗、拦潮四闸踪迹全无。

四闸是明清时期著名的水工程设施，在漕、盐运中发挥了重要的作用。众位前贤创建拦潮闸，他们的名字将永载大运河和仪征史册。

郑灵：承前启后开浚新坝河

郑灵，字希山，号云山居士，明代学者、书法家。福建同安（今厦门市）人，侨居京口。初任武学训导，景泰间升工部都水主事。方志记载了郑灵主持河务期间在仪真的两件水事活动，一是建通津桥，二是开新坝河。

通津桥又名东关浮桥，在城东门外，澳河之南。景泰五年，工部主事郑灵造。成化二十二年，工部主事夏英更建为闸，就是仪征历史上著名的东关闸。

同年因为清江闸、广惠桥腰闸和南门潮闸水浅，难以正常过船，导致五坝过往船只过多，“上下万艘，不无病雍”。工部主事郑灵开浚了元时珠金沙河，“五里为旧江口”。珠金沙河经过开广疏浚，并筑土坝一道，使送粮自北归来的空船由此出江，缓解五坝的压力。河道开浚后更名为新坝河。

新坝河是郑灵实施的一项承前启后的重要水利工程。其前身为珠金沙河，明隆庆《仪真县志》记载：“泰定元年，珠金沙河淤堙，诏发民丁浚之。”这是方志中关于珠金沙河的最早记载，但是这次施工是疏浚，而非新开。珠金沙河究竟开挖于什么时候？从方志记载看，宋元战争时珠金沙是真州的重要军港，在这里曾经多次发生过激战，所以屡被提及，但是却始终没有出现珠金沙河的身影。好在《全宋诗》收录有南宋诗人吴芾《到仪真沙河阻风三首》，叙述了诗人江中航行遭遇大风，在仪真沙河暂避的经历，为我们提供了重要的信息，证明南宋初仪真（珠金）沙河已经存在。

珠金沙河在仪征和运河史上都很重要，河道开通后，新城以南一带自元时起成为运河进入长江的运口，明时称“旧江口”。漕、盐运船从这里经过，商贩往来不绝，形成一个繁荣兴盛的商埠，至今仍然留有“旧港”的地名。

新坝河同样很重要，一直存世于今，不过过程颇经周折。据方志记载，明时郑灵开浚前，该河已成“一渠，长里许，外通小港，亘七八里入江”，主要作用是分泄运河洪水。郑灵开浚后不久，因为水流短急，河道就湮塞了。成化年间，再次疏浚，置一坝二闸。一闸在今新城镇，名减水闸，俗名饿虎闸；一闸在旧江口，名通江闸，又称二闸，但是不久又“河废不修”。嘉靖十九年，应运粮千户李显要求，疏浚新坝河，维修饿虎闸。崇祯初，运河诸闸已经废旧，难以正常运行，总河刘荣嗣和总漕杨一鸣计划开王家沟河，自王家沟至萧公庙止。据隆庆《仪真县志》记载，萧公庙“在钥匙河滨”，就是说，准备避开旧河旧闸，重开漕路。但是，河线长 20 余里，工程浩大，费用高达 20 余万，最终没有能够实施。崇祯七年，只能重新挑掘新坝河，建闸通江。由于水势迅湍，“才行回空船一二舟，即坏，河道仍然湮塞”。

到了明末清初，昔日旧江口以南江面已变成一片生长着芦苇的沙滩，从上游起依次为补新（普薪）、福德、万寿、天禄四个洲，加上南面的永兴洲，一共有五个洲。清康熙年间，官府号召开垦芦洲，承诺三年不完田赋课税。于是沿淮和里下河地区遭受水灾的难民纷纷应召而来，筑圩垦滩，安家立业。嘉庆年间，商盐转江洲捆河道形成后从此间穿过，旧港（新坝河）遂临外河。

道光三年，为了使盐船就近达洲解捆，又重开新坝河这条新城通江旧河,志称“卧虎闸河”。据道光《重修仪征县志》引陆志说:“一二年间,东、西两头即淤垫丈余,内河遂不可治。即旧港外河,亦因此闸分泄江溜,容易停淤。故关门滩、猫儿颈一带,时捞时淤,而外河亦岁费万余金而无益矣。”“内外二河遂坏,不可为矣。”童正爵等给河务部门的公禀说:“乃浊水从半腰横灌,遂致西流淮水顶阻不来闸河,江潮停遏而不进,内河首尾,均受其害。”认为这是“内外河旋挑旋淤之故”。

直到同治十二年,清政府创建的淮盐总栈由泰州,再由瓜洲改设仪征十二圩,为此,挑浚了仪征运河由新城通江的故道(即史称之珠金沙河、新坝河及卧虎闸河),因为主要用来运盐,后来改称盐河。至此基本形成现在河道形势——沙河、盐河、仪泗河三河在旧港相交。沙河和盐河北段由卧虎闸至旧港为合流河段,自旧港分流入江,沙河流向西南,盐河流向东南。

郑灵开浚新坝河,初衷是为漕运开辟辅助运口,清末又为淮盐总栈选址十二圩创造了有利条件,直到今天仍然是仪征主要的18条干支河道之一,可谓功在当代,利在后世。

夏英：创建东关闸造福仪征四百年

夏英，字育才，德化人。明成化十七年进士，二十二年任仪真工部分司主事，后来升任延平知府。明隆庆《仪真县志·夏英传》记载，夏英“有才干，建文山祠，道水利，创东关。去之日，民为立碑”。

仪真工部分司原名都水分司，又称南京工部分司，创自明景泰间，万历九年裁革。工部分司职责有二：一是管理砖厂，二是维护管理运河。仪真城东有砖厂，砖厂规模很大，其置砖场地有三处，在厂之南两处可置砖300万，厂之西可置砖200万。南京礼部郎中周英《重修工部分司记》说：“南京工部主之，岁分司以理厂事。”南京工部主事邹韶有呈文称：“本职奉本部委，来仪、瓜二厂，收放砖料，兼管河道闸坝。”据方志记载，南京工部分司曾经为仪真水利和社会事业发挥了重要的作用，拦潮闸就是邹韶等呈文，建议于关王庙鸡心嘴闸坝会流处建筑的。夏英在一篇记文中也提及在仪真期间主持完成了几件大事，“若大东关闸、大忠节祠、济民桥，行春、迎喜等坊，与各街之修甃”。

说到东关闸，人们可能会很自然地联想到曹寅，因为曹寅在清康熙四十九年第四次巡视淮盐时，主持重修东关闸，还写了著名的《重修东关石闸记》，刻成石碑竖立在闸旁。其实东关闸最初是由夏英创建的。

仪征在明代时曾经有两座东关闸。一座是郭昇所建。成化十年，工部巡抚郎中郭昇兴建里河口、响水、通济、罗泗四闸，其中里河口闸又叫东关闸。另一座是夏英主持兴建，位于东翼城外，原来是一座桥，叫作东关浮桥，景泰五年由工部主事郑灵建造，建成时叫作通津桥。成化二十三年，工部主事夏英将其改建成闸，即取名东关闸。因为这时有两个东关闸，郭昇所建的里河口闸便不再叫作东关闸了，东关闸就专指夏英将东关浮桥改建而成的闸。

东关闸的作用很重要，夏英创建的目的主要是控制五坝水位，水多时关闭东关闸，可以增加蓄水，使五坝保持有利于过船的较高水位。水少时打开东关闸，可以补充水源，在通航中起到应急的作用。所以，翰林院检讨庄昶《仪真东关闸记》说："公（夏英）来督仪真，谓仪真京师喉襟地，有京师不能无仪真。然仪真五坝取给于东关，盈则蓄东关以待，涸则泄东关以济。有五坝不能无东关。公之屹屹于此，为京师天下计也。"

到了清代，东关闸在纲盐运销管理中又成为重要的控制性建筑物，既是节制水流水位的开关口门，又是便于盐务管理和控制的关卡。这时五坝已经废弃，天池成为盐船集中停靠的地方。运盐船从产地出发，经过二三百里水路的行驶，来到仪真批验过所，到了里河以后不能出江，全部从东关闸进入，停泊在天池，等待掣验，然后解捆运行，再由盐商分别载运到江南、江西、河南、湖广等地销售。天池自清初起即作为淮南盐掣验之所，为朝廷创百万课饷，是当时仪征繁华之根本，而这些又与东关闸的作用密切相关。故曹寅《重修东关石闸记》说："是此一闸区淮水而分漕，于平地为岩险，候潮汐盈缩，设版进退，城之内外，轮蹄络绎。"

东关闸一直使用到清末，而毁于清末民国初。道光年间方志还有其正常运行的记载。民国十四年的《仪征县调查报告书》则记载:“东关闸下已淤断,闸身没入泥中。”

东关闸是仪征历史上的一座名闸。曹寅重修东关闸,功在水利和盐运,成为地方史上的一段佳话。夏英创建东关闸,造福漕运和地方四百余年,更是功不可没。仪征不应当忘记,“仪真东关闸,工部主事夏公育才所建也”。

四知县多种形式兴水利

胡崇伦：发动民众义务疏浚河道

胡崇伦，字昆鹄，山阴人。康熙三年，以河南汝宁府经历升任仪真知县。胡崇伦到任正是漕、盐运形势严峻，“仪民大困”之时。“运河自真达淮，多有淤浅。冬月、春初，般拨甚艰。”康熙五年，“总河部院按地亲勘，仪真界内朴树湾、西方寺、五里铺三处，急需挑浚，工费浩繁，非浅夫可以力任”。当时经费严重短缺，胡崇伦自知作为地方官，保证运道畅通是头等要务，责任重大，同时也清楚运河和漕运对于仪真的重要性，决定“不支官钱，不行私派，多方鼓劝”，发动民众义务疏浚河道。结果“无人不乐急公，而后浚之使深焉”。同年，胡崇伦还主持开浚了天池，“深广如旧”。

康熙七年，胡崇伦又实施了龙门桥西坝工程，这是地方群众多年来的迫切意愿。明万历五年，知县况于梧在上江以西开新河，以便于运粮船停泊，免受长江风涛的影响。结果事与愿违，“自挑新河之后，铜山源诸水悉从此出江，与县不相顾。邑人谓户口、人文之日就衰，实由于此。且屯泊路远，漕舟不复入河，仍泊江口。年久废弃，依旧淤塞”。因此备受批评和责疑。厉士贞《筑龙门桥西坝记》以人身作比：“譬诸人身，水则膏血也，今左臂（东界水）无恙，而右臂（西界水）独麻木不仁，尚可以为人乎？”

后来为了让西界水恢复故道，应县人的请求，几任地方官作出了努力，也历经了曲折。清顺治九年，知县牟文龙到任后，“始议闭塞”龙门桥西去水流，但是有当地坊民担心“此水一塞，势将淹没民田”，因而“横肆挠沮”，工程最终没有能够实施。

十八年，知县童钦承决定在冷家湾筑堤，拦阻西流水路，使河水向东流向县城方向。然而新堤建成后，童知县即奉调升任内阁中书舍人，不久山洪下泄，新堤被冲垮倒塌，工程功败垂成。

这次胡崇伦接受前任失败的教训，“相旧址，循故道”，先疏浚龙门桥至麻石桥一带钥匙河下游河道，然后又增高培厚上游河堤。工程虽然浩繁，但是民众积极性高涨，一经发动，“真之士民，无不愿以畚锸从事”。工程开工后，“负土者力于途，荷锄者勤于畔，未及两月，而岸如削，沟如砥”。龙门桥西坝筑成后，河水恢复了东流。全县赞誉声一片，认为“公之功，伟哉！”

马章玉：募捐筹款，雇工浚河

马章玉，字汉璋，浙江会稽（今绍兴）人。清康熙二十六年（1687）知仪征。

明末清初，沿江沙涨，运河淤浅加重，几乎年年清年年淤，河道疏浚任务十分繁重。康熙三十年，知县马章玉疏浚通江闸河内河，“由江口开浚，以至四闸，悉为更建，遴良材，砻美石，筑之甃之，既坚既好。凡向之溃岸溢沙，无不整除就理”[①]。不仅疏浚了通江河道，而且更建了四闸，护砌了堤岸。

由于响水闸入内河，河身淤高，漕艘难进，盐船也浅滞难行。

① 潘祺庆《修浚通江闸河内河记》，载清道光《重修仪征县志》。

为了解决“岁捞岁梗,卒以疲民”的问题,县令马章玉首倡募捐,“不用单里民夫,亲课畚锸,厚给工糈,踊跃从事”。通过募捐筹款,然后雇工浚河,自己亲自到施工现场和民夫一起挖土挑土,对雇来的民夫则付给较为优厚的报酬,人们积极性很高,四十余里河道挑浚深广,漕运盐运畅通无阻。带子沟一带是龙河和运河的交汇处,每遇夏秋连续阴雨,水位上涨,河水冲突泛滥,河道南北两岸禾苗常常被大水淹没。运河挑浚深阔后,不仅船行通畅,两岸农田也得以滋饶,一举而商民均利。

潘祺庆《修浚通江闸河内河记》评价说:“公本忠爱实心,而才猷过人,故能举巨功,虑周而成敏也。”后来的县令陆师《挑浚运河详文》[1]也说:“前令马章玉实心办事,募劝商民,积有多金。四十余里河道,挑广浚深,漕盐遄行,永无淤患,父老立碑,至今啧啧。”

陆师:改革派捐办法,杜绝贪腐扰民

陆师,字麟度,浙江归安人,进士。康熙五十六年,以新安令补知仪真。次年擢吏部验封司主事。四迁,至广西道御史。

新任知县陆师刚到仪真,就面临派捐浚河两难境地。因为上一年仪真刚刚经历一场大旱,百姓生活非常困难,“思恤民则恐误运,而欲利运又苦于困民”。当时仪真县江口至江都、甘泉所辖三汊河,作为通江达淮要津,形成三年大挑一次、捞浚一次的制度,所需银两按照商三民七分派捐输。但是在实施工程中“经营里甲不无苛索滋扰,而承修各官又复层层侵扣”,竟然使“商民叹为畏途,而官役视为乐业”。经过走访民众,得知派捐浚河过程中的种种

---

① 陆师《挑浚运河详文》,载清道光《重修仪征县志》。

弊端,陆知县决心兴利除弊。

他与分管水利的县丞一道亲自打探运河水势,弄清了自拦潮闸至石人头水深一般都在七八尺。根据推算,即使到了冬季潮落水浅,水深也能保持在三到四尺,可保济运。只有两处河段必须挑浚,一处是朴树湾一带,因为是沙土,所以淤浅比较严重;还有一处是带子沟一带,由于龙河在这里汇入运河,山水下泄,河床易淤,堤岸也多受冲刷,因而出现坍塌。于是决定当年重点先对这两段河道进行清淤整修,而运河全线疏浚则暂缓一年。对于朴树湾和带子沟河段的整修,陆知县决定不行派捐,经费由自己设法解决,并亲自负责雇人施工,确保当年漕、盐运通行无阻。

同时改革派捐办法。根据地方上缙绅的建议,改征银为征谷。应捐人按照各自所认的份数一律捐送谷物,由县集中储仓,等到第二年谷价上扬时上市卖出,作为冬季浚河的经费。这样,"转移之间,贱收贵卖,今岁之捐派不苦其多,来岁之经费不忧不足"。为此,还专门召集邑人公议,最终得到了大家的一致赞同。

古代官场历来有一个公开的秘密,地方官员为了讨得朝廷和上司欢心,以换取个人仕途,往往以赋税盈余为名向皇室进贡或是向上级解交,这样的税款被称作"羡余"。清代州县在正赋外还增加征收附加额,这部分收入除去实际耗费和归州县官吏支配的以外,其余的解送上级财政。顾炎武《亭林文集·钱粮论下》说,官吏中饱部分要占到解交款项的一半。仪真作为淮南盐掣捆之地,"邑向有运盐羡例",陆知县却"不取私利",全部用作"建仓廒,置寅宾馆,修囹圄",还革除一些摊派夫役项目,减轻百姓负担。当时官府对应征徭役实行"给单认差,输钱应役",称作"单夫牙饷"。但是实际执行中往往是"既征其赋,又役其力",加上里胥、催头借机贪索敛财,使得民众负担加重。陆知县访民疾苦,亲自清单,"不惜百日之劳,逐单厘剔,按户查差”,每户印发牌贴,将应输“单夫牙饷”书写在牌上,悬挂在门口。应缴银两则由各户自行封好投入柜中,让“从前借名侵蚀者,概行禁革”。他说:“不忍吾民困徭役也。”[①]

第二年陆师奉调入京,离开仪真时,仪人建书院,一作讲院,又称陆公生祠,为他塑像,以示崇敬和纪念。陆师的儿子陆端留下来奉祀,后来入了仪真籍。

李昭治:自输俸钱疏捞河道

李昭治,字虞臣,四川西充县举人。康熙五十七年,知仪真。李昭治在仪真任上六年,其中利用两年时间全面疏浚了市河。

过去仪征有两条市河,一条由东水关外引淮水,一条自南水关门中通江水,二水会合环绕,曲折贯注通城,使县城充满了生气和活力,给市民的生产、生活带来了便利。但是,自从明代万历元年(1573)知县唐邦佐[②]开浚以后,一百多年来一直没有疏浚大修,到了康熙年间已经绝流阻源,只有河港故迹可寻。每逢连续阴雨,大街小巷尽成泽国,遇到火灾连救火取水都很困难。因此,重挑市河成为市民们长期以来的迫切愿望。

李知县到任后,人们纷纷要求他主持兴办这项城市水利工程。李昭治在广泛征求各界人士意见,并且在提倡自愿捐资等各个方面作了充分准备的基础上,于康熙五十九年(1720)带领城区民众着手开浚,到雍正元年全面完成,终于恢复了市河原貌。李昭治开

① 陆师《挑浚运河详文》,载清道光《重修仪征县志》。

② 唐邦佐,字中廓,金华兰溪人,明隆庆元年(1567)进士。康熙《仪真县志》(陆志)载:“知如皋县,以才能调知仪真。”

市河，理所当然地得到人民群众的积极支持和衷心拥护。据载，当时城区群情振奋，“趋役赴工，万众皆然”。

工程完成后，人们又为他树碑作记，给予了相当高的评价。郑相如《重开仪征市河碑记》[①]写道：“以曹民之利，则公；以通地之脉，则和；以开天之运，则灵；而又宁捐以毋强人，则恕；为众人之所欲为，则顺；以身任数百年颓废之举，则创。所谓惟非常之人能行非常之事者欤。”碑铭赞誉曰：“以公实心，何功不树。嵯峨其碑，永长似水。”

在实施运河疏浚工程时，李昭治同样显示出体恤民情、爱惜民力的真情和正直、务实的作风。他到任后，即对运河进行了全面探量，对已经查明的水浅河段，决定免予派捐，“自输俸钱，雇夫疏捞”。自立军令状，直接负责雇用船夫，亲自在现场督促施工，保证捞浚深通。工程需要的白银二三百两，也全部由他本人志愿捐资解决。

① 郑相如《重开仪征市河碑记》，载清道光《重修仪征县志》。郑相如，字汉林，号愿廷，泾县人。清康熙五十九年副贡，以博学鸿儒举荐不遇。工诗文，博通经史，是清代著名的方志学家，曾受聘纂修《仪征县志》（李昭治主修，即李志）。

巴彦岱：仪征运河内外河时代的开创者

巴彦岱，字秩然，清代满洲镶白旗生员，嘉庆四年补淮南监掣同知。道光《重修仪征县志·巴彦岱传》说他“秉性和厚，生平无疾言怒色，恤商爱民，敬礼士大夫。大凡有公事，务持大礼，不以苛察为明。尝谓吾辈处而居乡，出而在朝，均不可失读书人本色。公事余间惟手一编，自怡而已。历今数十年，商怀其德，民感其恩”。

巴彦岱在监掣同知任上最突出的功绩是会同仪征知县黄玙，兴建完成了商盐转江洲捆河道，即方志所称“外河”。黄玙，湖南澧州人，嘉庆二十年任仪征知县。自此，仪征运河进入内外河时代。

监掣同知是盐官。清代于山西、河东、两淮（淮南、淮北）各置一人，掌管掣盐之政令，凡官盐起运，均须经过掣盐验引手续，验明盐引，以辨别官盐、私盐，查明发运额数。两淮是大盐区，朝廷设有两淮盐运司，下设淮南、淮北两个监掣同知和两个盐引批验所大使，分驻仪征和淮安。监掣同知为正五品，批验所大使是正八品。顾名思义，监掣同知和盐引批验所大使的职责就是监掣和批验，实质就是检查，淮盐出境必须到设有监掣同知和批验所的地方接受检验，事关国课，责任重大。不过当时仪征运道淤塞严重，所以兴修河道的任务显得更为繁重。如嘉庆八年，盐运使曾燠、淮南监掣同知巴彦岱整修带子沟对岸，石、工用银五百六十九两。十一年，挑浚五里闸河，修理响水闸，等等。

再后来通江运口形势更加复杂，沿江沙洲遍布，盐船出江严重受阻。为了保证淮盐顺利解捆转运出江，嘉庆二十年，按照两淮盐政下达的指令，监掣同知巴彦岱会同仪征知县黄玙组织挑捞了商盐转江洲捆河道，上游自沙漫洲盛滩受江水，入境后经一戗港、铁鹞子、捆盐洲、旧港、安庄，至猫儿颈（今土桥一带）出江，实际上是在沿江特定的自然条件下经人工打造形成的夹江河道。由于仪征运河由石人头入境，经朴树湾、带子沟、新城、仪征东门抵天池，根据其地理位置，人们将之称为内河，商盐转江洲捆河道称为外河。这样，仪征运河就有了内河和外河，出现内外河并存，互为表里，内受淮水，外受江水的特殊局面。

仪征自明代起即有外河，与之相对应还有里河。明隆庆《仪真县志》记载，外河"水自里河口闸，下通通济诸闸，会大横河，入于江"，也就是郭昇建闸时挑浚的五里闸河。里河"即今东关内西抵莲花堰者"，莲花堰就是天池。而此外河非彼外河，里河也有别于内河。

商盐转江洲捆河道即外河的建设是应对沿江形势变化的非凡之举，也可以说是无奈之举。因为"河道淤阻，以致盐船阻滞，课额积亏；商贾不通，关税缺少；田无灌溉，民无汲饮；一遇火灾，救护无措；种种受害，不可胜言"。内外河形成后，内河自江都三汊河至仪征天池，"分淮水以西注，长约五十余里"。外河自沙漫洲至猫儿颈，"分江水东注入河，复自河以达江，约长四十余里"。屯船载盐出江，由天池经都会桥鸡心洲至捆盐洲。江广盐船则自沙漫洲入干河捆盐洲停泊受载，仍由沙漫洲出口。故道光初监掣同知陈延恩禀文称："仪邑为百万引盐掣捆之区，全赖河道一律通深，以利商运而裕国课。至由铁鹞子起，至猫儿颈止，均系盐运、百货通行之河。"商盐转江洲捆河道在盐运和民间日常生活中都发挥了重要的作用。

巴彦岱会同知县黄屿主持开通商盐转江洲捆河道，打开新运道，开辟新运口，保证了盐运通畅，可以说是受任于艰难之时而不辱使命。仪征运河内外河并存的局面延续了近半个世纪，书写了运河和盐运史上不平凡的一页。

陈文述:《仪征浚河记》记载珍贵史实

陈文述(1771—1843),初名文杰,字谱香,又字隽甫、云伯,英白,后改名文述,别号元龙、退庵、云伯,又号碧城外史、颐道居士、莲可居士等,钱塘(今浙江杭州)人。清嘉庆时举人,官昭文(今常熟)、全椒、繁昌、江都、崇明等地知县。著有《碧城诗馆诗钞》《颐道堂集》等。

道光二年,陈文述任淮南监掣同知,到仪征即遇到群众请愿风波。当年冬,捆盐洲上下淤涸成平地,盐船七百余艘、盐数万引搁浅。前任监掣同知罗翙远急于解决盐运难题,计划疏浚捆盐洲至黄连港河道,而其余河段均没有考虑和安排。消息传出后,民众一片哗然,认为盐船既通,全河肯定不会疏浚,农田水利就没有指望,一时群情激奋,导致数千人集中到县城上访,甚至出现了一些过激行为。仪征知县伍家榕知道事态严重,立即赴江宁面陈两江总督。总督府与鹾使商议后决定顺从民意,全面挑浚仪征内外各河。因运库不充,款无所出,于是奏借江宁、江苏、安徽三藩司库银二十四万两,不足部分在运库支取。

工程由监掣同知陈文述总理。为了保证盐运与浚河两不误,首先打坝蓄水,使受阻的七百余艘盐船退到黄连港安滩,就地解捆。河道疏浚工程随后迅速展开,外河由沙漫洲盛滩、捆盐洲、鸡心洲至鱼尾、老河影;内河由西石人头、乌塔沟、新城、天池、四闸至大码头；捞工自平江桥东，至猫儿颈江口。并复开卧虎闸河，重建卧虎闸、新城木桥，添筑都会桥石闸（未装闸门，没有发挥作用）。又于沙漫洲江口建筑兜水石坝，重修天池石岸。外河自正月中旬开工，至二月下旬竣工。内河自二月初旬开工，至三月中旬完工。至夏，除天池外建筑物工程也全部完成。

道光三年夏，暴雨成灾，江水泛滥，陈文述又带领大家救灾抚恤，深得群众赞誉。所幸河道疏浚工程已经完成，没有造成大的损失。对灾后形成的一些水毁工程，陈文述认为“非善后无以经久，非岁修无以善后”，亲自勘查制定了维修计划。但是还没有来得及实施，就因为丁忧去官，只能交由复任的监掣同知罗翙远接理完成。

陈文述总理的河道疏浚工程，是仪征运河内外河形成后的第一次全面维修，也是规模最大的一次。工程完成后，陈文述撰写了《仪征浚河记》，收录在他的文集《颐道堂文钞》。文章详细记载了当时仪征运河的工程状况和盐运形势，以及河道疏浚工程的全过程，具有珍贵的史料价值。为了有助于认识陈文述，本文即以《仪征浚河记》结语收尾：“因以思任国家之事者，虑事宜裕，持论宜平，责任宜专，赏罚宜信。舍是道也，非所以任艰巨而消萌也。用详着之，俾后之膺斯任者有所考焉。”

冯思澄：仪征泗源沟的最初拓浚者

冯思澄，山阴人(今浙江绍兴)，清嘉庆十九年进士，道光十一年任淮南监掣同知。冯思澄在仪征任上的一年多时间内，主持实施了泗源沟展宽工程，成为泗源沟的最初拓浚者，为后来仪征运河开辟新的入江河段和口门奠定了基础。

道光初曾任淮南监掣同知的陈文述著有《仪征浚河记》，文中说到仪征外河南岸“有小沟数道，自河通江，方舟不足以容，为私盐出江之地，曰私盐沟，土人易其称，曰泗源沟”。这是目前可知关于泗源沟的最早记载。水沟以“私盐”名，是因为仪征自唐代起就是淮南盐集散地，受到利益的驱使，走私活动一直存在。明代黄汴的《一统路程图记》也记载仪真有“私盐港”。

方志关于“泗源沟”的记载始见于道光《重修仪征县志》：“道光十二年，监掣同知冯思澄展宽泗源沟，挑浚捆盐洲一带。”自此以后，在内外河疏浚的记载中泗源沟即不断被提及，如：道光十六年，监掣同知姚莹加捞猫儿颈、关门滩、捆盐洲、鱼尾、泗源沟、旧港、鲍庄一带。十七年，监掣同知陶焜午详挑捆盐洲、猫儿颈、泗源沟各河。二十四年，监掣同知谢元淮挑浚捆盐洲、泗源沟、猫儿颈、关门滩。其实早在道光初全面疏浚内外运河时，就有挑浚泗源沟的计划，不过由于征地时洲民要价过高而没有能够实施。

泗源沟之所以受到关注和重视，是因为泗源沟处于外河中段位置，如果能够通航，自捆盐洲对面直出，向南三里入江，盐船的进出和管理就可以十分便捷。而打开这个通道，必须将原来“方舟不足以容”的小沟拓宽。因此在诸多记载中，冯思澄实施的泗源沟工程显得比较特殊，不是“挑浚”“加捞”“详挑”，而是“展宽”。经过连续的拓浚，泗源沟与北新洲、老河影横河一起成为外河通江的三条主要通道。

随后不久形势发生了大的变化。太平天国运动爆发后，南京附近地区成为太平军和清军交战的主战场，仪征城在战火中几成废墟。咸丰十年八月，仪征城区延续了千年的淮盐中转结束了。仪征的水运环境迅速恶化，仪征运河基本丧失了航运功能。盐运中止后，河道疏于维护管理，只能自然湮废，于是泗源沟成为仪征运河的入江河段和口门。《仪征县调查报告书》记载，水道盐河即仪征运河“由里河入外河至泗源沟口入江”。据载，民国初泗源沟河口宽 40 米左右，民国末还有 30 米左右。

20 世纪 50 年代末，大运河开辟了六圩新航道，改道由六圩入江。仪征运河即仪扬河同时进行了重大改造工程。1959 年 11 月至 1960 年 2 月，扩宽浚深石桥沟口至江边段河道，长 3035 米，渡口以下开新河出江，原来的出江口老泗源沟被封堵，新的出江口西移 400 米，即新泗源沟，配套了节制闸和船闸。自此，仪扬河成为地方性河道，老泗源沟也成为历史。现在，老泗源沟昔日老街仍有遗迹可寻，就在原东方化工厂西。

姚莹：仪征《挑河歌》的创作和实践者

姚莹，字石甫，号明叔，晚号展和，安徽桐城人。清嘉庆十三年进士。历任福建平和、龙溪、台湾知县，噶玛兰通判，江苏武进、元和知县。道光帝诏谕朝廷内外大臣举荐人才，姚莹为两江总督陶澍、江苏巡抚林则徐所器重，力荐朝廷，皆认为“可大用”。林则徐推荐姚莹的评语，尤为恳切。他说姚莹“学问优长，所至于山川形势，民情利弊，无不悉心讲求，故能洞悉物情，遇事确有把握。前任闽省，闻其历著政声，自到江南，历试河工漕务，词讼听断，皆能办理裕如。武进士民，至今畏而爱之”。姚莹因此升为高邮州知州，未赴任便调署两淮监掣同知，护盐运使，于是与仪征有了一段渊源。

清道光年间，仪征运河形势已经不容乐观，人们甚至发出了“千年故道将废哉”的感叹，维修养护的任务十分艰巨。姚莹任监掣同知期间，在仪征三年年年忙于运河疏浚。十四年，罱捞猫儿颈、关门滩。十五年，据举人厉秀芳禀请，于北新洲开新河，以引江溜。十六年，加捞猫儿颈、关门滩、捆盐洲、鱼尾、泗源沟、旧港、鲍庄一带。

姚莹善于联系和依靠地方人士，征询和听取乡绅们的意见。北新洲新河就是由邑人厉秀芳首倡，属于新开河道，在沙漫洲一带，是南门外大码头到长江的新通道，意在引进江溜，冲刷淤沙，保证盐运。姚莹认为可行,立即组织实施。种植业户厉德泰等人积极支持,为了保证工程用地的需要,主动捐让了洲地。为了表彰他们对盐运的贡献,运司向厉秀芳颁发了“通渠利运”匾额,南掣厅向厉德泰颁发了“急公利运”匾额,厉德泰等挑废的洲地租赋由县里据实予以豁除。新河挑成后,厉秀芳作《苇庵》诗表达了欣喜之情。因为新河由姚莹主持兴建,诗中称“姚新河”,表达了地方人士对姚莹的认可和赞赏:

绿苇丛中屋数椽,一编独坐晚风前。
姚新河上烟波阔,看进屯船出驳船。

由于挑河、浚河活动频繁,人们在实践中积累了不少经验,监掣同知姚莹结合自身在河道工程中的体会,编成《挑河歌》,以通俗易记的形式,便于人们在施工过程中掌握和推广。歌曰:

远堆新土方稀罕,近见黄泥始罢休。
两岸马槽斜见底,中间一线水长流。

歌词的意思是说,出土要送到规定的位置,绝不能贪图方便和省力气就近乱堆乱倒。河道挖深一定要见到老土,浚河更要尽去淤泥,这样才能达到预期的效果。河道应当口宽底窄,形成一定的比坡,就像马槽的形状一样。河坡要平,不能有凸出来的鼓土,也不能有凹进去的洼塘,上坡一眼要能够斜视到底。中间一线指的是垄沟,挑河必须先在河心抽挖垄沟一道,以便沥干两边积水,这样便于挑土作业。除了排水,垄沟还有其他妙用,因为水是平的,如果河底高低不一,垄沟就不能成顺轨之势,所以借助垄沟又可以在施工的过程中，包括工程验收时检验河底是否相平。

《挑河歌》是当时人们挑河浚河的经验总结，虽然只有四句二十八个字，却对施工的全过程包括排水、出土和把握标准等作了全面概述，简明扼要，反映了先人的智慧，是古时浚河的技术规范。姚莹作为创作者和实践者，显示了遇事“无不悉心讲求”，“河工漕务，皆能办理裕如”，“遇事确有把握”的作风和才能，为维持盐运作出了不懈的努力和积极的贡献。

谢元淮：三任监掣同知五浚仪征运河

谢元淮，字钧绪，号默卿，湖北松滋人，监生。谢元淮一生有两个最重要的成绩，一是在文学艺术上，将《九宫大成》所收的词乐谱辑录为《碎金词谱》，后来又用昆曲唱词编纂了新一版的《碎金词谱》，使词得以重新传唱。同时，他还有散曲、词谱、诗词等著作。二是在漕运、盐政上，谢元淮曾随朝廷重臣、两江总督陶澍筹办海运，参加陶澍主持的淮北票盐改革，后来又主持淮南票盐改革，有效地解决了清代中期盐政荒敝的局面。所以，谢元淮于文学、政绩都是一位值得关注的人。

道光年间，谢元淮曾三任淮南监掣同知。十九年（1839），谢元淮升任淮南监掣同知，未几去。二十年，再任淮南监掣同知，不久因鸦片战争爆发，调赴上海军营。二十四年，重任淮南监掣同知。二十七年，换花翎并加知府衔，从四品。咸丰三年，授广西桂平梧郁盐法道，正四品。因太平天国事，未得即行。次年因疾告休。

谢元淮到仪征淮南监掣同知任上已是道光晚期，沿江形势十分严峻，他在给运司的呈文中说："仪征运盐河久形淤垫，水大则陆地皆河，水小则河皆陆地。每交冬令，屯艒各船不能入口，移于滨江之老河影地方解捆，以致离城寫远，稽查难周。"过去谢元淮在担任苏州府照磨、金坛县县丞等职务期间，曾经有挑办吴淞江工程和三浚南京秦淮河的经历，对于实施河道工程颇有经验，决定改变传统的做法，工程不再由盐运官员承办，而直接派令盐商分段认办。谢元淮认为,“仪河挑工,向系委员承办,不能尽实归公”,而由盐商认办,“事属切己,与自办家事无异”。具体操作时,他“派令商工、船户人等,阄分段落,照依章程,自雇土夫承挑,以专责成”。如二十五年,曾经将内河分成十二段,派令扬州盐商钟福盛等人承挑;将外河分成九段,派令仪征盐商江本璐等人承挑。在组织形式上设立董事局,“先选公正董事二人,幕友一人,老成家丁一人,书办一人,专管银钱出入,一日一结,以凭工竣核算”。在时间安排上,坚持乘“农隙人暇之时,一气呵成,俾免移捆老河影”。

谢元淮任内兴办河道工程几无间隔。道光二十四年,挑浚捆盐洲、泗源沟、猫儿颈、关门滩。于北新洲新河以西冲处,开生河一百三十丈,引溜入内。二十五年,全面挑浚仪征运河。二十六年,因江溜不能灌注正河,于沙漫洲营房左首开新河一道。卧虎闸底落深四尺,捞拆沙漫洲石埽。与署仪征县学张学襄等分段挑浚内外各河。二十七,疏浚仪征内外河道。二十八年,带子沟至旧港配套挑深与卧虎闸底相平,重修新城木桥。同时坚持安排正常的善后岁修,“每年春冬水涸时,随浅随捞,总以屯艅无阻为度”。

当时河道疏浚费用实行“分派捐输”。具体规定是,“每盐一引,除扬商在于运库缴纳一分外,工等每引捐银五厘,屯船五厘,江船一分”,扬商“又另捐新挑河费一分”。道光二十四年正月,扬商却一反常规,禀请将其在运库缴纳一分,及新挑河费一分,“一并停捐”。谢元淮坚决反对,认为这样“似不足以服众心”。他说“仪河淤塞,乃运商切已之事”,“何商反以切已之事,半途禀止?各项苦捐,何济于事?”明确提出,即使经费充足,无须多捐,亦应先尽各工人停捐,以示体恤。运司同意谢元淮的意见:“自应仍令工商船户,分别捐缴,以备工需。”由于谢元淮的坚持,保证了河道工程的经费来源,稳定了人心,维持了盐运大局。

仪征前贤论治水

蒋山卿《河渠论》[1]

蒋山卿(1486—？),字子云,号江津,仪征人。明代文学家、画家、书法家。正德九年(1514)进士,授工部主事,后改刑部主事,历员外郎、郎中,出为河南知府,改浔州府,再改南宁,官至广西布政司参政。与乡人景旸(伯时)、赵鹤(叔鸣)、朱应登(升之)并称“江北四子”。

春秋时,吴城邗沟,以通江、淮。汉以淮南封诸王,是时,仅仰给关东之粟,而未漕江淮,故视淮南为轻。魏正始四年,邓艾言于司马懿,开广漕渠。东南有事,兴众泛舟而下,达于江淮,资食有储,而无水害。自此,江淮为漕渠矣。鲍照《芜城赋》曰:“引以漕渠。”是也。后魏自徐扬内附,仍代经略于兹。

隋大业元年,引河通于淮海,广开邗沟,自山阳至扬子入江,以利转输。唐初,江南租庸皆由扬子入水门,以渡淮入汴。裴耀卿为转运使,而漕事讲求始详。迨刘晏,则几乎尽矣。当汉陈元龙之开塘,与唐李袭誉之筑句城也,本以溉田而已。贞元以后,引陂穿渠,以灌漕河,卒赖其利。宋之转运,则尤以扬子为要区。乃置发运使

---

① 清道光《重修仪征县志》卷十《河渠志·水利》。

治其地，以总天下之漕。其堤堰疏浚之功，趋避康济之术，益加详密。至以“主管塘事”系之官衔，其重如此。异时，郡守方信孺、袁申儒、吴机诸人，先后开浚北山、茅家山二塘，为防御固守之计，其智虑固岂浅哉？

今黄河变迁，由济州以南，至于清河，水皆壅塞，而吕梁竭矣。漕运、水利诸司，自都御史以下，使者冠盖交道，发卒数万人，穿浚引湖及川谷以灌注之，然随注随涸，漕舟日滞。太仓之粟，不足以支岁计，而钱谷之司亦急矣。惟江淮多雨，渠水颇通，稍省其患。诚使司国者预虑其难而早图其备，则夫浚陈公、句城塘以复旧规者，是宜所急先也。开靖安河，避黄天荡之险者，亦宜所量度也。

夫淮南小弱，而实当四方之衝。往者盗贼之起，尝有意窥伺之矣。一旦卒然有急，将何以备之？是故循方、袁之故迹，凿山塘以为防御计者，亦不可不为未然之思也。宋之往事，已可知矣。呜呼，可不惧哉！

蒋廷章《东西两界水说》[1]

蒋廷章，字美含，仪征人。清康熙元年(1662)，以恩贡授州判。淹贯经史，尤邃于《易》，多所著述。

盖闻都会之地，莫不山环水聚，以固其风气。真邑虽小，岂可无所环聚哉？

考真地脉，发自冶山，历大横山，自樊公店迢递至谢集西，中延一脉，遂分两界水。其东，自腊山，过高家集，下陈公塘，出带子沟，

① 清道光《重修仪征县志》卷十《河渠志·水利》。

以达于县。其西，自三十里墩，过米家冈，历大铜山，由马家河出胥浦桥，以达于县。然详带子沟水源，由何家港出江，而自放塘水济运以来，则自宜塞断何家港并淮水以西来矣。先是，粮艘、江船不入淮，由仪真支兑，则东界水随淮水以汇于天池，西界水随江潮以通于诸坝。两水交襟，以故户口殷繁，人文蔚盛。景泰间，开建闸河，东界水虽泄，然由闸河以达江口，而西界水由九龙桥以达江口，其交襟如故也。

惟是，万历五年，由冷家湾开决新河，而铜山源诸水悉从此出，遂撇与县不相顾。此户口、人文之日就衰也。

总之，水贵屈曲，山贵朝拱，真故泽国，多水少山。且大江之来处，有石帆、瓜步、方、丫诸山，而其去处，曾无一山为之屏蔽，宜乎其不足为都会也，而况使两界水不交襟乎？今之议者，断宜塞新河口，俾西界水来县也。然人皆知之，而莫能举之。

岁庚子，会山阴童公钦承莅兹土，乃命于冷家湾筑堤，遏水东注。堤成，而童公内召，值山水冲决，堤复倾圮。

嗣今胡公崇伦继任，绅衿以为请，公遂相度地势，曰："治水者，须从下流始，今下流斥卤，变为桑田。若非挑浚下流，虽百堤，何益？"于是真之士民，无不愿以畚锸从事。自龙门桥以至麻石桥一带淤河，刻日成事；而上流之堤，亦培薄增高焉。于是百年龉龃之水，一朝复故道而交襟矣。公之功，伟哉！

然愚尤有说焉，天下事，不难于垂成，而难于成而不败。考铜山源诸水，冬则干涸，夏则涨溢。其涨溢也，损堤伤田。今曷若于新堤之上，甃以大石，效江南鱼梁坝制，水小则尽遏之东，水大亦稍减之西，则既无妨堤堰，而又不碍民田，岂非两利久存之道哉？

蒋廷章《江沙说》[1]

予闻故老云，隆万间由拦江闸至江口可十里，其间民居稠密，土田膏腴。后为江水所啮，日侵月剥，以底于兹，而风气寖坏。以余度之，真邑濒乎大江，无高山以为屏蔽，所赖内水交襟，出口纡曲，堪舆家所谓“阴沙”也。侵剥若此，真民曷有幸乎？

自万历中年，江上有沙，起青山，以迄旧江口，勋贵之家争课佃焉。昌启间，遂有洲，可植芦荮谷矣。当时谈风水者，谓此洲无益于真，后果以洲不利泊，凡商贾重载，辄望望然扬帆而去，转徙镇江，而真民大困。是江沙之为害也。然昔日江岸日崩，而今日江岸日固，未必不赖有此沙。所可恨者，江水既顺流，淮水复顺出，终无济耳。且盐商转输，岁集盐艘数千，旧江口不可泊，往往泊于外江，难免风涛之险。

考上流沙漫洲内，南北可里许，东西六七里，风静浪恬，利于屯泊。但夏则水涨可舟，冬则泥涂可步。若挑去浮沙，深浚彻底，数千盐艘，藏之甚便。因而辟开上口，以通往来，不惟盐艘便，而商舶亦便。则凡川广之货，荆楚豫章之产，有不麇至辐集于真哉？商舶既利，而粮艘亦因以免旧江口转尖之难，更为便也。迨粮艘通行，然后闭塞下口，俾淮水尽出上流，而浮沙日见冲刷，自无胶浅之患矣。

诸生吴明德尝曰：“国家大计，惟盐与漕。”一河成，而利盐艘之屯泊，利漕艘之往来，其裨益地方，又其余事耳。虽然，位卑言轻，何敢议此，姑存其说，以俟世之留心地方者。

---

① 清道光《重修仪征县志》卷十《河渠志·水利》。

陈邦桢《蓄泄水道记》[1]

陈邦桢,字刚木,仪征人。博学工文,清康熙间知县胡崇伦修志,多出于其手笔。庚戌岁贡,授颍上训导,摄县事,有治声。

仪之水,真天下未易有之水也。以天下未易有之水,而今日往往不及乎天下者,用水之法失也。

自明丁丑献贼[2]攻陷和阳,过棠邑,焚野浦,仪以切肤震焉。守戎程宏达[3]掘哑叭桥为护商河,而西府坏;掘南门为吊桥,而城之关厢坏。盖南门古无吊桥,以东西南三面皆有水可恃。当日,中尊偶为之,不过权宜以固一时之计,初不意后之人遂安焉而不复也。若谓吊桥可以御贼,囊土投鞭,皆不闻乎?是年,贼且未至,而仪之水法乃大坏矣。城以外,不残破而残破也;城以内,不奔窜而奔窜也。民不贫,而数以贫亡也;商不乏,而数以乏告也。官以廉能闻,而或参,或调,或忧,或病;士以文章著,而不科、不第、不尊、不显,则职此之由。

今欲修救水法,以一县之全势计之,则宜蓄者四:龙门桥、邬家嘴、哑叭桥、仁寿桥是也。宜泄者二:东门水关之坝、城中市河之故道是也。宜半蓄半泄以减水者四:清水闸、永济桥、飞虹桥、凤凰桥之故道是也。

仪之县龙,从横、冶山分劈而结溯。而太祖实自盱眙莲塘、义井,一脉东分,而送龙之水五百余里,千流万派,至铜山源而一大

---

① 清道光《重修仪征县志》卷十一《河渠志·水利》。

② 献贼,指张献忠。

③ 程宏达,武进士,明崇祯间仪真守备。

汇。又自铜源，历胥浦，至龙门桥，为县之右臂。已将湾抱矣，忽焉西反，惜哉！惜哉！此主水也。江淮二水，客水也。客已到堂，主人不顾而去。主客少情，无相投之欢，有相背之势。内气之不固，盖由此矣。

至牟中尊[1]时，始议闭塞，坊民葛有遇以佥邪居贿，横肆挠沮，诘余曰："此水一塞，势将淹没民田，何以策之？"

余曰："信然。铜源夏秋湍激，其势洵不可御。但未塞而田亦淹，此何说耶？子能言不塞淹田之故，吾当告以塞而不淹之理。"

葛不能答。

余笑曰："水性善下，而就上者，势激之也。龙门桥河道，西南入江，东入新济桥河，但因水道污浅，遂至不行。而此水势又湍急，不能遽出，故至泛滥而淹田耳。若填塞西南后，随将东南新济桥一路河道加倍浚深，则水势东行，消入于江矣，又何淹田之有乎？"

试观东路，陈公塘水七十二汊，亦千流万派，出带子沟。其田之不淹者，有运河消之故也。苟顺水性，虽神禹之治，不外此理，独何疑于龙门桥之塞乎？但最要之务，一塞，而新济河不容不先为之浚，不浚，则水势不行；邬家嘴不容不次为之闭，不闭，则水法仍反。由钥匙河出九龙桥，与江淮会合，宾主欢投，融聚之美，真有不可名言者矣。有欲从玉虚阁打坝，令入虎溪沟口注城濠者，意则诚善，亦恐水势迅发，难以回逆，将有浸城没板之忧，似未可从。然不打坝而水力无微不到，亦未尝不从此入城濠也。此龙门桥、邬家嘴宜塞之说也。

至若哑叭桥河一开，而守备府西朱宅化为瓦砾，县失一屏障之蔽，而官长不利，坐此将三十年。今虽略塞，而坝基尚狭，亦未坚固，

---

① 指牟文龙。

所宜倍加广厚,以行久远,万万不宜复开者。

戊寅间,有形家李衡枢见此而大笑,曰:“此名为护商,实害商耳。”见吊桥,则深叹古人之多识而今人之疏谬也。语余曰:“仪真三门皆设吊桥,而南门独不设者,古人信有见。盖以龙气至此方伸,从城内出脉,直趋拦江闸,转折四、五坝,至响水闸方尽。所以收淮之逆流者,全赖此砂之力也。今以水截之,则为断颈煞矣。譬如一人,城内,身也;城外,首也,曾见身首异处而两体犹能偏活乎?此其为民之害者,至不小也。虽然,不独民也,而商则尤甚。并不独商也,而国则尤甚。”

余深讶之。李曰:“哑叭桥一带,自铜山起伏迤逦而来,至西门外老虎山,皆县之右砂,虽属平阳,实为诸盐垣所托脉。今截为河,而前又有广舆桥河隔之,是其弃此,已若浮烟断雾矣,犹望盐务能若前之盛乎?至若吊桥一开,财赋水恰从丙方走失。此商之所以穷不可底,而国之所以匮不能支也。何言之?盖以仪论,淮水,艮水也,迢迢千里,逆流而至。天下之水,无不朝东,而此水独朝西者。古云:两淮夹辅天下,唯其水之逆流。盖谓是也。其自扬而转也,从艮转也;其至仪而入也,从卯入也。卯为雷门,为横财之水。艮方在口,为天市垣,实主财赋。逆流千里,停潴天池之内,故朝廷百万之课饷于是乎出,商家千万之子母于是乎成。《经》云:艮水聚丙,富可敌国。此真天下未有之水也。今从南门丙方走失,是自求败矣。”

余请其验。

李曰:“商家之害,必中于火;民家之害,必中于兵。中于兵者,所谓断颈之煞是也;中于火者,艮水聚丙。艮,土也;丙,火生之,是以聚则长富。今水从丙方泄去,不生艮土矣。至艮土所生之金,又安能久聚乎?此不独商之困,而国亦由是匮也。”

李之为说有如此者。由今思之，自崇祯末年，左兵则烧船矣，金兵则烧船矣，海兵则又数数烧船矣。其后，火之流祸，则有若九江，若汉口，若湾沚等处，商家盐店多受之，则火之说验。而城外百姓，流离播迁，辛苦垫隘，无所底告，无所凭借；城内关厢不顾，唇亡齿寒。数岁以来，烽火频仍，虽有城可凭，亦未见能安枕而卧也，则兵之说又验。此哑叭桥、仁寿桥宜塞之说也。

若夫东方生气及周身血脉，所谓宜通而不宜塞者。今东水关外，无故特设一坝，不审何谓。谓蓄水以行盐耶？天池乃淮水也。谓蓄以护城也？城濠淤浅，始至枯涸，每岁浚浅之钱粮，安往而反，故作此厄塞生气之坝耶？

至若城内市河，乃一县一城通身血脉。气融血活，身乃康泰。若气凝血滞，能保身之不病乎？今城中自欧公祠、白沙庙、鼓楼桥、珍珠桥、通县桥、西门桥，及西北县后一带绕县古河，水道多为民间隐占壅闭，非县之利也。昔曾挑浚。即城南，多有议者谓："鼓楼掘断龙脉，不利城南。"此真井底子阳，不堪图大事矣。

盖市河乃龙身周流灌注之脉，非若天池之为财赋，蓄而不宜泄也。江南水乡，不能枚举。即如江宁、苏、常等府，城内无不通舟楫者。吾扬十邑，不通舟楫者，独吾仪耳。民间殷富及科第蝉联，何以反不及他属耶？此东门水坝及城内市河宜通之说耳。

至若水势泛滥之时，大雨流行之日，非有以泄之，其势必为城患。今计东来之水，则有淮水，有陈公塘、带子沟千流万派之水；西来之水，则有山水，有铜山源、胥浦桥千流万派之水。东西二水，奔会江水，复为沮洳，有巡城濠而纵者，有入天池而涨者，唯稍稍泄之，始无灌城之虞耳。马驲街桥口，古名清江闸，原不相通。今欲通之，只宜造一屈曲减水小闸。水之势大，则去板以泄；水势小，则下板蓄水以护城。盐所后永济桥减水故道，宜略通至飞虹桥、凤凰桥，则天池不患泛滥矣。所以然者，水有口以纳之，即有尾闾以泄之，未有以饮食之处为便溺之处者也。此半蓄半泄，以减水势之说也。

今欲造仪之福，必先修仪之水，使皆务利而避害，宜盈而节虚。蓄水得宜，修救有法，然后百害可除，百利可兴。此诚一县之计，而非一身一家之计也；千世万世之计，而非一时之计，不终日之计也。然，必先破其三弊，而后可以收其五利。何谓三弊？利于人，不利于己，仪之人弗为也，此一弊也。利于贫，不利于富，仪之人弗为也，此二弊也。利于城外，不利于城内，仪之人弗为也，此三弊也。此等畛域，尤其不可不化者也。何谓五利？带子沟、胥浦桥夹龙之水合而主利，江、淮之水合而客利，哑叭桥、清江闸之水修而官利，龙门桥之水修而民利，仁寿桥之水修而商利。

凡此，皆公乎一县之事，而非私也；大乎千万人之举，而非小也；察乎兴衰利病之故，而非暗也。还其道于古人，正其理于山泽，帝王兴建之制，治平之略，万世之利也。

仪征运河年表

春 秋
（约前 770—前 476）

周敬王三十四年(前 486) 吴王夫差为称霸中原，筑邗城，开邗沟，东北通射阳湖，再出西北至末口入淮，沟通江、淮。

西 汉
（前 206—公元 25）

汉文帝元年至景帝后元三年(前 179—前 141) 吴王濞[①] 开运盐河(今通扬运河)，从广陵茱萸湾(即今湾头镇)经海陵仓(今泰州)，东至如皋蟠溪，亦称邗沟，后改称邗沟支道、吴王沟或茱萸沟。

元封五年(前 106) 划广陵、江都地置舆县，设白沙村、广陵乡。

---

① 刘濞(前 216—前 154)，沛郡丰邑(今江苏徐州丰县)人，西汉宗室。公元前 195 年，刘邦封刘濞为吴王，改当年刘贾所封的荆国为吴国，统辖东南三郡五十三城，定国都于广陵(今江苏省扬州市)。刘濞在封国内大量铸钱、煮盐，西汉文景年间(前 179—前 141)开凿运盐河，西起扬州茱萸湾(即今湾头镇)，经海陵仓(今泰州)，东至如皋蟠溪，长 159 公里，后又逐步延伸至南通九圩港，全长 191 公里。开始时，因和广陵古邗沟相连，亦称邗沟；后为区别夫差所挖邗沟，称为邗沟支道、吴王沟或茱萸沟。

东 汉
（25—220）

建安二年（197） 广陵太守陈登筑陈公、句城、上雷、小雷、小新等塘，史称“扬州五塘”，民受其利。

陈登因淮湖纡远，山阳不通，博支、谢阳两湖多风浪，即穿樊良湖（今高邮湖）北口，下注津湖（今界首湖），更凿马濑（今白马湖）百里，直达末口。运道取直，史称“邗沟西道”。

三 国
（220—280）

黄初六年（225）十月 魏文帝曹丕伐吴，筑东巡台于城子山（今曹山）。幸广陵故城，临江观兵。吴人严兵固守，船只不得入江。魏文帝见波涛汹涌，叹曰：“嗟乎，固天所以限南北也！”不克而还。回师到津湖，“船连延在数百里中”。三国时缺水而邗沟不通。

东 晋
（317—420）

永和中（345—356） 江都水断，其水上承欧阳埭，引江入埭，六十里至广陵城。

义熙十二年（416） 太尉刘裕西征长安，从欧阳埭进入邗沟，经过江都和广陵，一路北上。

南北朝
（420—589）

宋大明三年（459） 竟陵王诞举兵广陵，诏沈庆之讨之。庆之进至欧阳，率军攻破广陵城。

齐建元三年（481） 于白沙洲置一军，称白沙军，以防北魏。

齐延兴元年（494） 萧鸾使王广之袭南兖州刺史安陆王子敬，广之至欧阳，遣部将陈伯之先驱入广陵。

梁太清元年至承圣元年（547—552） 侯景之乱。南郡王正表于欧阳立栅欲袭广陵。

陈太建五年（573） 北伐。徐敬成为都督，自欧阳引埭上溯江，由广陵自樊良湖下淮。

隋
（581—618）

开皇七年（587） 四月，隋文帝开山阳渎，南起茱萸湾，北至山阳，以通漕，史称邗沟东道。

开皇十年（590） 陈之故境皆反，命杨素讨之。素帅舟师自扬子津入，击破朱莫问于京口。

大业元年（605） 发淮南民十万开邗沟，自山阳至扬子入江，长三百余里，渠广四十步，渠旁皆筑御道，树以柳。

大业七年（611） 炀帝升钓台，临扬子津。

唐

(618—907)

贞观十八年(644) 扬州大都督府长史李袭誉筑勾城塘,以溉田八百顷。

永淳元年(682) 置扬子县。

开元十八年(730) 宣州刺史裴耀卿条上便宜曰:“窃见每州所送租庸调等,本州正二月上道,至扬州入斗门,即逢水浅,已有阻碍,须留一月已上。”

开元二十二年(734) 裴耀卿充江淮、河南转运使,改革运河粮运方法,实行“转般法”,即分段运输的办法,船到地头卸下货物仓储起来,由下一站负责再运。三年时间运输漕粮七百万石。

开元二十六年(738) 润州刺史齐澣开伊娄河,长12.5公里,25里即达扬子县。从此,瓜洲运口与仪征运口并用,下江浙东西诸郡漕运船只入瓜洲,上江湖、广、江西等船只仍然由仪征运口进出大运河。

开元年间(713—741) 约颁行于此期间的唐代《水部式》记载有“扬子津斗门二所”。

广德二年(764) 刘晏领东部、河南、淮西、江南东西转运租庸盐铁使,自是凡漕事皆决于晏,按照“江船不入汴,汴船不入河,河船不入渭”的原则,改进完善转般法。又在全国设立13个巡院,其中有白沙巡院,后来又在江淮置扬子院,形成扬子、河阴、永丰三仓为枢纽的漕粮转运线。江南诸省上缴的税谷经长江运抵白沙,再由白沙转运。

于扬子设船厂10个,建造漕运船只。

贞元四年(788) 淮南节度使杜亚浚渠蜀冈,疏勾城塘(即句城塘)、爱敬陂(即陈公塘),起堤贯城,以通大舟。

元和年间(806—820) 淮南节度使李吉甫在运河筑平津堰,平缓水流,以泄有余,防不足。为了济运,又疏浚了太子港(今龙河)和陈公塘。

长庆元年(821)三月 盐铁使王播奏:“扬州、白沙两处纳榷场,请依旧为院。”

长庆年间(821—824) 盐铁使王播自七里港引渠,东注官河,以便漕运。

五 代
(907—960)

吴顺义四年(924) 吴主杨溥至白沙镇检阅水军,金陵尹徐温来见,白沙镇因此改称迎銮镇。

南唐升元元年(937) 改扬子县为永贞县。

北 宋
(960—1127)

乾德二年(964) 迎銮镇升为建安军,开始筑城。

置榷货务于建安军,全国只有六处,建安军是其中的一处,“旧在州仓故址”。

开宝二年(969) 榷货务徙扬州。

雍熙三年(986) 划扬州的永贞县归建安军管辖。

雍熙中(984—987) 淮南转运使乔维岳于建安军建“二斗

门”,这是世界上最早的船闸。

淳化(990—994)初　仍以淮南发运使分调舟船,由真州溯流入汴。杨允恭主持淮南漕运后,着手进行改革,重点是明确规定漕运路线和确立完整的转般制度。史载“凡水运自江淮、剑南、两浙、荆湖南北路远,每岁租籴至真、扬、楚、泗四州,置转般仓受纳,分调舟船,计纲溯流入汴,至京师”。

淳化三年(992)　江淮制置发运司置司真州,官一员。“其发运之权,比诸路为重。”

至道二年(996)　划扬州的六合县归建安军管辖。

大中祥符五年(1012)　建安军升为真州。

大中祥符年间(1008—1016)　设置专管机构负责塘水济运的管理,“岁借此塘灌注长河,流通漕运”。

置江淮、两浙、荆湖发运使司于真州,真州是发运使和副使驻跸的本司。发运司不但掌漕诸路储廪输中都,还兼制茶、盐之政(宋初即置茶务于真州榷税)。

江淮制置发运使修陈公塘,建斗门、石础各1座。

真州官河堰改名灵潮堰,灵潮堰在南门外官河。

真宗朝初(998—1004)　李沆任发运使,推行改革,实施漕盐结合的运输方法。“于建安军置盐仓,运米转入仓,空船回,皆载盐,散于江、浙、湖、广。诸路各得盐,以资船运。”史称“转仓法”。

天禧四年(1020)《宋史·真宗纪》记载:“正月丙寅,开扬州运河。”邗沟由此始称运河,并延续后世。仪征运河时属“淮南漕渠”“淮南运河”。因为属古邗沟,主要由真州通楚州,宋人又称真楚运河。真州至扬州河道称真扬漕漕河、真扬运河,真州河段称真州漕河、真州运河。

天禧年间(1017—1021)　江淮发运使鲁宗道浚真扬漕河。

天圣元年(1023) 避宋仁宗讳,永贞县恢复扬子县名。

再设榷货务于真州,时为盐茶专卖机构。

天圣三年(1025) 监真州排岸司、右侍禁陶鉴在真扬运河建通江木闸二,是为真州复闸。

江淮发运副使张纶开长芦口河,“属之江,以避大江风涛之险,舟楫以为便”。故址在今南京市六合区。

天圣四年(1026) 在澳水河(莲花池)上,真州闸旁侧建通江澳闸,用以储补水源,减少耗水。船闸的发展又进一步。

天圣七年(1029) 设转般仓,在宁江门(时仪征南门)西,发运司主之,淮盐和南方漕米由此转运。

景祐中(1034—1038) 真、楚、泰、高邮等州县置斗门19座。

庆历(1041—1048)初 京师粮食供应紧缺,参知政事范仲淹举荐许元为江淮发运判官。许元到任真州后,火速调集濒江州县仓储的粮食,留足当地三个月的口粮,“远近以次相补”,其余集中安排千余艘船只从速北运进京。“未几,京师足食。”

熙宁年间(1068—1077) 浚淮南运河,自邵伯至仪真。

熙宁九年(1076) 修建陈公塘。

元符二年(1099) 浚真扬运河。

崇宁二年(1103) 徽宗“诏淮南开玉明河,自真州宣化镇江口,至泗州淮河口,五年毕工”。

大观元年(1107) 升(真)州为望,仍领县二,扬子、六合。

政和三年(1113) “毁拆转般诸仓。”至此,北宋实行了110多年的转般法被直达法取代。盐法随之而变,改为钞法。

政和七年(1117) 修《元丰九域图志》,赐名仪真郡。

重和二年(1119) 真、楚、泰、高邮等州县造斗门79座。

宣和二年(1120) 真扬运河浅涩,在真州太子港筑坝一道,以复怀子河故道；在瓜洲河筑坝一道，以复龙舟堰；在海陵河口筑坝一道，以复茱萸、待贤堰。使真州诸塘之水，不为他河所分。

宣和三年(1121) 诏发运副使赵亿组织用水车人工提水，补充水源，抬高运河水位，帮助船只航运，史称“车畎助运”。

发运使曾孝蕴严三日一启之制，复作归水澳，惜水如金。

宣和六年(1124) 发运使卢宗原开靖安河、仪真新河(下新河)。靖安河在长江南岸长约80里，经青沙夹出小江，穿过坍月港，由港尾越过北小江，入仪真新河。仪真新河从黄沙潭直通真州城下，与真州运河相接，从而避大江80里风涛之险。

宣和中(1119—1125) 淮南转运使陈遘引陈公、句城两塘水达渠济运。

靖康元年(1126) “诏淮南转运使陈遘引句城、陈公两塘达于沟渠”，再次借用陈公、句城塘水济运。

南宋
(1127—1279)

建炎元年(1127) 发运使及提领措置东南茶盐官梁扬祖“即真州置司”，于真州印钞，给卖东南茶盐。其名称先为“提领措置真州茶盐司”，后来改作“真州榷货务”，这是南宋朝廷第一个中央专卖机构。不久，于当年底至次年正月，“并真州榷货务都茶场于扬州”。

绍兴二年(1132) 正月，设置于真州的江淮发运司废罢。此后于绍兴八年及乾道六年两次复置发运司，皆旋即又废。

不久，设淮东转运司于真州，主官为淮东转运使。

绍兴四年(1134) 诏宣抚使拆毁真、扬堰闸及陈公塘，无令走入运河，以资敌用。

绍兴五年（1135） 张浚以右相出任都督，下令将镇江榷货务场一部分官吏，分到真州"别置务场"，专门办理出卖楚州盐钞的业务。于绍兴七年废罢。后来，杭州、建康两榷货务又在真州设置卖钞库。

真州官河堰改名莲花堰。《郡国利病书》记载莲花堰在仪真县东，方志记载莲花堰在县东南。

绍兴十二年（1142） 宋金议和以淮水为界，一度停歇的漕运此后又恢复了真州至淮阴的通航。

绍兴十四年（1144） 陶鉴四世孙陶恺任龙图阁当值知鄂州，赴任途中取道真州，因为真州复闸原来的碑记已经不存，向权真州军事张昌提出，重新刻石立于闸的旁侧。

淳熙九年（1182） 淮南漕臣钱冲之自发卒，修复陈公塘，贴筑周围塘岸，建置斗门、石础各一所，通漕济运。并建议："乞于扬子县尉階衔内带'兼主管陈公塘'六字，或有损坏，随时补筑，庶几久远，责有所归。"

淳熙十四年（1187） 扬州守臣熊飞建议"令有司葺治"真州二闸。

庆元六年（1200） 知真州吴洪开上新河二十里，通运舟，以避大江黄天荡之险。

嘉泰元年（1201） 仪真郡守张颇因北宋时所建的木闸年久朽坏，改建成石闸二座。

开禧三年（1207） 扬子县民兵总辖唐璟决陈公塘堤，放水阻遏金兵。

嘉定六年（1213） 在城南开大横河，城西开钥匙河、葫芦套河，城东开月河、汉河（今梅家沟），城内开归水澳（莲花池），城内外河流互相贯通。

嘉定十四年(1221) 州守吴机修陈公塘堤二百余丈,建石闸,沿西湫故道浚渠二十里,导塘水达城濠。

嘉定年间(1208—1224) 真州设置卖钞司,与镇江、杭州、建康三榷货务场并列,享有中央专卖机构的同等地位。

元
(1206—1368)

至元十三年(1276) 设立真州安抚司。

至元十四年(1277) 改真州路总管府,设置录事司。

至元二十年(1283) 撤销录事司,划入扬子县。

至元二十一年(1284) 恢复真州建置,下辖扬子、六合二县。

至元二十八年(1291) 扬子县治由真州附郭迁移至新城。

至元后期(1283—1294) 采取“弃弓取弦”的办法,大运河从徐州改道直接往北,不再绕道开封、洛阳。这样,大运河由杭州经江苏、山东、河北、天津至北京,全长1700余公里。至元末,疏通宋之所称相当于古邗沟的真楚运河。

至元二十一年到至正年间(1284—1368) 多次疏浚淮东漕渠(即真、扬等州漕河)。

大德四年(1300) 在真州置盐引批验所,设提领、大使、副使等官员负责批验两淮盐引。

大德十年(1306) 令盐商每引输钞二贯,作为佣工资费,疏浚真、扬等州漕河。

至大四年(1311) 此前湖广、江西的漕粮运送到真州,然后泊入海船,此后改为在嘉兴、松江将江淮、江浙漕粮集中装运出海。

延祐年间(1314—1320) 大规模整治江北段运河。

泰定元年(1324)十月 浚珠金沙河,仪征运河开辟了新的入江河段和口门。

至正十二年(1352) 置淮南江北行省于扬州。当时河南兵起,两淮骚动,以赵琏参知政事,移镇真州。

元末(1333—1368) 王都中为两淮盐运使,引海水入扬州漕河,以通江淮。修筑陈公、句城、雷塘三塘及输水渠道,又疏浚珠金沙河,以保证船只行运。

明
(1368—1644)

洪武元年(1368) 在旧江口设巡检司。

开平王常遇春北征,军需器械船到湾头,浅阻不能前进,开五塘放水,军械船得以北上。

洪武二年(1369) 撤销真州,设仪真县,隶属扬州府。

洪武五年(1372) 移通、泰等州批验所于仪真,专管疏浚运河。

洪武十三年(1380)《明太祖实录》载,致仕兵部尚书单安仁奏言:“大江入黄泥滩口,过仪真县南坝,入运河。自南坝至朴树湾,约三十里宜浚,以通往来舟楫。其湖广、江西等处运粮船,可由大江黄泥滩口入运河;其两淮盐运船,可由扬子桥过县南坝,入黄泥滩出江;其浙江等处运粮船,可从下江入深港,过扬子桥至运河;凡运砖木之船,皆自瓜洲过堰,不相混杂。如是,则官船无风水之虞,民船无停滞之患。”皇帝恐“此役一兴,未免重民力,姑缓之”。

洪武十四年(1381) 浚漕河扬子桥至黄泥滩九千四百三十

六丈。

御盐船到湾头搁浅，开五塘放水，船始得前行。

洪武十五年(1382） 浚仪真漕河九千一百二十丈，置闸坝十三处。

洪武十六年(1383） 设在瓜洲的淮南盐引批验所移建仪真。

单安仁请浚开河道于城南，重建清江闸(即南宋张颀石闸故址)、广惠桥腰闸和南门潮闸。据方志记载，建闸的地点是在县城正南三里城外。又在澳水河南侧筑土坝五道，分别称一坝、二坝、三坝、四坝、五坝，用于车盘过船。

洪武三十年(1397） 建广实仓，可储粮二万石。

永乐二年(1404） 浚清江闸下水港(即宋时葫芦套河)。

平江伯陈瑄总理漕河，全资塘水济运。

永乐五年(1407） 诏平江伯陈瑄督浚仪真漕河。

永乐十三年(1415） 天气干旱，盐船至湾头搁浅，开五塘放水济运。

永乐十五年(1417） 工部札令重修三闸。

运输皇木的船只浅阻，再次放五塘水济运。

“扬州五塘”设立塘长、塘夫，管理五塘，非遇大旱，运河浅阻，不得擅自开塘放水。

洪熙元年(1425） 疏浚仪真坝河。后定制仪真坝下黄泥滩、直河口二港及瓜洲二港、常州之孟渎河皆三年一浚。

宣德六年(1431） 左侍郎赵新言浚钥匙河、清江闸下河道等。

宣德十年(1435） 改“扬州五塘”属扬州府专修济运。

正统二年(1437） 淮河流域大水，“扬州五塘”留二百人管理塘水蓄泄，其人员由隶属盐运司改属扬州府。

正统五年(1440） 左御史李匡浚仪真、瓜洲进水港。

景泰五年(1454) 工部主事郑灵开浚元时珠金沙河,并更名为新坝河。

浚仪真进水港,坝下置闸,于涨潮后闭闸蓄水,以通舟船。

景泰六年(1455) 都御史陈泰奉旨动员6万人,督浚仪真、瓜洲、江都、宝应及淮安一带河道180里,并定三年一浚制度。

景泰间(1450—1456) 仪真置南京工部分司(原名都水分司),在县东南三里。其职责有二:一是管理砖厂,二是维护管理运河。万历九年裁革。

天顺二年(1458) 泰兴都督徐恭浚仪真运河。

天顺六年(1462) 疏浚淮安以南河道。

成化二年(1466) 修理通州至仪真河岸堰闸及坍塌堤岸。

成化三年(1467) 总督漕运右副都御史滕昭[①] 定仪真、瓜洲诸处河港三年一浚。

成化四年(1468) 刑部侍郎王恕[②] 工部管洪主事郭昇于上下雷塘各造石闸一座,石础二座;句城、陈公塘各增筑石闸一座,石础二座。

成化七年(1471) 侍郎王恕疏浚修筑淮安至仪真、瓜洲河湖堤岸,并制定盗决塘水用于农田灌溉的处罚规定。

成化八年(1472) 王恕总理河道,修筑淮安至仪真、瓜洲河湖堤岸冲决者一十五处。修浚陈公塘、句城塘,各造木闸一座、减水闸两座。引塘水济运。

---

① 滕昭(1421—1480),字子明,明汝州滕莹坊村人(今城北马庄村东)。历任陕西道监察御史、顺天府主考、左佥都御史、辽东巡抚、福建巡抚、兵部右侍郎、兵部左侍郎等。

② 王恕(1416—1508),字宗贯,号介庵,又号石渠,三原(今属陕西)人。明代中期名臣。

成化十一年(1475) 工部郎中郭昇开罗泗桥旧通江河港为闸河,建成里河口、响水、通济、罗泗四闸。

成化二十二年(1486) 工部主事夏英更东关浮桥为东关闸。

成化年间(1465—1487) 疏浚新城通江旧河,即新坝河,置一坝二闸,一闸在今新城镇,名减水闸,俗名饿虎闸;一闸在旧江口,名通江闸,又称二闸。

弘治元年(1488) 浚仪真、瓜洲二处坝下进水港。

弘治四年(1491) 浚扬子桥至朴席湾运河。

改建通济闸,撤废响水闸。

弘治十四年(1501) 总漕都御使张敷华建仪真拦潮闸,号称“江北第一闸”。

弘治十六年(1503) 修浚通州至仪真一带河道。

弘治十八年(1505) 复建通济闸。

正德十三年(1518) 工部主事杨廷用重修仪真诸闸,复建响水闸。

嘉靖二年(1523) 御史秦钺浚扬州五塘,“令禁占种盗决”。

嘉靖十四年(1535) 修建饿虎闸。

嘉靖十六年(1537) 因为遭遇连续多日的大雨,塘堤坍塌,句城塘湮废。

嘉靖十九年(1540) 应运粮千户李显要求,疏浚新坝河,维修饿虎闸。

嘉靖三十年(1551) 将军仇鸾占塘废制,将陈公塘淤废的土地租给农民耕种,由官府收租,称为塘田。接着防御倭寇入侵,修筑瓜洲城时,管工官高守一受私,拆塘闸移运石料筑城,至此陈公塘全废。

隆庆四年(1570) 浚东关至石人头仪真运河45里。

隆庆六年(1572) 河道侍郎万恭在三汊河建石桥一座,如同闸的规制,控制节束水流,防止瓜洲运河争夺仪真运河水源。

万历四年(1576) 于朱辉港、钥匙河、清江等处各开河,以便漕船停泊。

万历五年(1577) 仪真知县况于梧在邓家窝至冷家湾开新河,用来停泊粮船,取名"屯船坞"。同时,自冷家湾至新济桥钥匙河口,再到九龙庙,老河全线疏浚。

万历六年(1578) 浚仪真运河自高庙至东关一千五百余丈。

万历八年(1580) 开朱辉港,以便漕船停泊。

万历二十八年(1600) 仪真知县苏守一甃砌拦潮闸至罗泗闸古堤六千余丈,以便挽运。

崇祯七年(1634) 总河刘荣嗣、总漕杨一鹤复浚新坝河,重建饿虎闸。

崇祯十五年(1642) 总理河道张国维[①] 疏请挑浚山(阳)、清(江)、高(邮)、宝(应)、江(都)、仪(真)300里运河。

清
(1616—1911)

顺治十七年(1660) 仪真知县童钦承于冷家湾筑堤,遏水东注,后堤复冲决。

康熙二年(1663) 淮南批验盐引所扩建后,规度如察院,自此两淮巡盐御史"遂久驻节焉",即常驻仪真。

---

① 张国维(1595—1646),字玉笥,浙江东阳人。曾任明末江南十府巡抚,后任兵部尚书。积累数十年治水经验,写成并刊刻了70万字的《吴中水利全书》,为我国古代篇幅最大的水利学巨著。

康熙五年(1666) 仪真知县胡崇伦劝募挑浚县界内朴树湾、西方寺、五里铺三处运河,深通如故。

康熙七年(1668) 知县胡崇伦筑龙门桥西坝,浚钥匙河。

康熙八年(1669) 复开朱辉港,浚仪真运河。

康熙二十八年(1689) 疏浚北新洲旧河,直通四闸,令粮船循北新洲尾转入新河口。修响水、通济、罗泗、拦潮四闸。

康熙二十九年(1690) 重建拦潮闸。

康熙三十年(1691) 疏浚通江闸河内河,更建响水、通济、罗泗、拦潮四闸。由响水闸入内河,河身素高,漕艘艰进,盐艘亦滞,岁例有捞浅之役,而岁捞岁梗,卒以疲民。知县马章玉首倡募捐,不用单里民夫,亲课畚锸,厚给工糈,踊跃从事,内河复浚。

康熙三十二年(1693) 河臣于成龙请将瓜洲、仪真河道交江防同知管理。

康熙四十九年(1710) 巡盐御史曹寅重修东关闸。

浚自响水闸至江口闸河,长六百九十丈。

康熙五十五年(1716) 修通济、罗泗二闸。

雍正元年(1723) 避雍正帝胤禛讳,改仪真县为仪征县。

雍正十年(1732) 盐政高斌移署扬州。

雍正十三年(1735) 重建响水闸,修拦潮闸。

乾隆二十五年(1760) 重修拦潮闸。

乾隆三十一年(1766) 总河李宏筑坝拆修通济、罗泗、拦潮闸。

乾隆三十七年(1772) 两淮盐政将三汊河口埽坝口门收小二丈,口宽十丈,约束奔腾水势,引导淮水分流归于仪河。

乾隆四十二年(1777) 修响水闸。

乾隆年间(1736—1795) 分别于十八年(1753)、二十年、三十一年、四十一年、四十六年五次大挑自三汊河口至江口仪征运河。

嘉庆三年(1798) 修带子沟石岸,用银五百陆拾九两。

嘉庆四年(1799) 修通济、罗泗二闸。

嘉庆七年(1802) 修拦潮闸。

嘉庆八年(1803) 盐运使曾燠、南掣厅巴彦岱整修带子沟对岸,石、工用银五百六十九两,在运库动支。

嘉庆十一年(1806) 挑浚五里闸河,修响水闸。

嘉庆二十年(1815) 两淮盐政饬札南掣厅巴彦岱会同知县黄玙挑捞沙漫洲至捆盐洲,鱼尾至旧港运盐河道,又称外河,仪征运河形成内河、外河。

道光三年(1823) 江防同知王养度重修三汊河束水坝,用银一千六百四十两八钱四分,不过“此坝筑成,旋即坍卸”。

民人张益安等赴都察院,呈请挑浚沙漫洲盛滩内外各河。外河由沙漫洲盛滩、捆盐洲、鸡心洲至鱼尾、老河影。内河由西石人头、乌塔沟、新城、天池、四闸至大码头。捞工自平江桥东,至猫儿颈江口。复开卧虎闸河。重建卧虎闸。沙漫洲江口建兜水石坝。重修天池石岸。添筑都会桥前石闸(未装闸门,没有发挥作用)。

道光五年(1825) 监掣同知应洪钧疏捞猫儿颈、安庄、旧港一带。

道光十二年(1832) 监掣同知冯思澄展宽泗源沟、挑浚捆盐洲一带。

道光十四年(1834) 监掣同知姚莹罱捞猫儿颈、关门滩。

道光十五年(1835) 监掣同知姚莹据举人厉秀芳禀请,于北新洲开新河,以引江溜。

道光十六年(1836) 监掣同知姚莹加捞猫儿颈、关门滩、捆盐洲、鱼尾、泗源沟、旧港鲍庄一带河道。

道光十七年(1837) 监掣同知陶焜午详挑捆盐洲、猫儿颈、泗源沟河。

道光二十四年(1844) 监掣同知谢元淮挑浚捆盐洲、泗源沟、猫儿颈、关门滩。于北新洲新河以西冲处,开生河一百三十丈,引溜入内。

道光二十五年(1845) 监掣同知谢元淮估挑内河工分十二段,外河工分九段。

道光二十六年(1846) 由于江溜不能于正河灌注,监掣同知谢元淮于沙漫洲营房左首,开新河一道;捞拆沙漫洲石埽;卧虎闸底落深四尺。

道光二十八年(1848) 监掣同知谢元淮将带子沟至旧港配套挑深与卧虎闸底相平,重修新城木桥。

道光三十年(1850) 修军桥闸至旧港沿江大堤和里运河(瓜洲运河)西岸、饿虎闸东岸、仪征运河南岸三面沿河大堤,周长约百里。

咸丰十年(1860) 仪征城区延续了千年的淮盐中转终告结束。

同治十二年(1873) 淮南盐栈改设十二圩,挑浚新坝河。

光绪十三年(1887) 浚仪征运河。

光绪二十七年(1901) 漕粮改征折色,为货币银两代替,漕运废除。

宣统元年(1909) 避溥仪讳,改仪征县为扬子县。

中华民国
（1912—1949）

民国时期　改回仪征县名。

民国九年（1920）　逾年大水，大兴江北运河善后工程，创办淮扬徐海平剖面测量局。

民国十四年（1925）　盐商集资挑疏延寿庵至十二圩盐栈盐河。

淮扬徐海平剖面测量局《仪征县调查报告书》记载："水道盐河（即仪征运河），夏秋之季大小船只皆可通行，冬春水小，则大船不能通行。""泗源沟口宽约四十公尺左右，水深二公尺二。"运口诸闸早已废弃，日久倾圮，响水、通济、罗泗、拦潮四闸踪迹全无，"东关闸下已淤断，闸身没入泥中"。

民国二十四年（1935）　江苏省建设厅筹资挑疏南门至新城运河，长13里许。

民国二十五年（1936）春　又浚盐河，挖支河。

中华人民共和国
（1949年以后）

1959—1961年　开挖瓦窑铺至六圩航道新的入江口，仪征运河成为大运河支流和地方性河道。

1959年11月至1960年2月　扩宽浚深仪扬河石桥沟口至江边段河道，长3035米，渡口以下开新河出江，原来的出江口老泗源沟被封堵，新的出江口西移400米，即新泗源沟。

1960 年 10 月　泗源沟节制闸建成，闸身全长 147 米，7 孔，中孔宽 5 米通航，其余各孔均宽 4 米。实际排水能力 530 立方米每秒，引水能力 144 立方米每秒。

1971 年 11 月 20 日至 1972 年 1 月 11 日　从乌塔沟口至泗源沟节制闸长 15 公里，全线整治，拓宽、浚深、切弯，仪扬河基本呈顺直之势。

1973 年 7 月　仪征船闸建成，位于节制闸南侧，可通航 800 吨船队。

进入 21 世纪后，两闸又分别进行了重建和改建。

主要参考文献

〔汉〕班固:《汉书》,中华书局1962年版。

〔西晋〕陈寿撰,陈乃乾校点:《三国志》,中华书局1959年版。

〔北魏〕郦道元撰,陈桥驿点校:《水经注》,上海古籍出版社1990年版。

〔梁〕沈约:《宋书》,中华书局2000年版。

〔唐〕魏征等:《隋书》,中华书局2000年版。

〔后晋〕刘昫等:《旧唐书》,中华书局1975年版。

〔宋〕郭茂倩编:《乐府诗集》,中华书局1979年版。

〔宋〕欧阳修、宋祁:《新唐书》,中华书局2000年版。

〔宋〕司马光编:《资治通鉴》,中华书局2001年版。

〔宋〕沈括:《梦溪笔谈》,广陵书社2003年版。

〔宋〕乐史著,王文楚校:《太平寰宇记》,中华书局2007年版。

〔宋〕陆游:《陆游集》,中华书局1976年版。

〔宋〕王象之:《舆地纪胜》(中国古代地理总志丛刊),中华书局1992年版。

〔宋〕祝穆撰,施和金点校:《方舆胜览》(中国古代地理总志丛刊),中华书局2016年版。

〔元〕脱脱、阿鲁图等:《宋史》,中华书局1977年版。

〔明〕申嘉瑞、潘鉴、李文、陈国光修:《仪真县志》(天一阁藏明代方志选刊),上海书店1963年版。

〔明〕宋濂、王祎等:《元史》,中华书局1976年版。

〔明〕杨宏、谢纯撰,荀德麟、何振华点校:《漕运通志》,方志出版社2006年版。

〔明〕张岱:《陶庵梦忆》,紫禁城出版社2011年版。

〔明〕计成:《园冶》,江苏凤凰文艺出版社2015年版。

〔清〕屠倬:《是程堂集》,嘉庆十九年真州官舍刻本。

〔清〕厉秀芳:《真州竹枝词》,台湾书店1957年版。

〔清〕彭定求编:《全唐诗》,中华书局1960年版。

〔清〕张廷玉等:《明史》,中华书局1977年版。

〔清〕董诰等编:《全唐文》,中华书局1983年版。

〔清〕王检心监修,刘文淇、张安保总纂:《重修仪征县志》(江苏府县志辑45),江苏古籍出版社1991年版。

〔清〕陈文述:《颐道堂文钞》(《续修四库全书·集部》,上海古籍出版社2002年版。

〔清〕顾炎武:《天下郡国利病书》,上海科学技术文献出版社2002年版。

〔清〕刘文淇著,徐炳顺标注:《扬州水道记》,(香港)天马图书有限公司2004年版。

〔清〕顾祖禹:《读史方舆纪要》,中华书局2005年版。

〔清〕林溥著,刘永明点校:《扬州西山小志》,广陵书社2005年版。

〔清〕阎若璩:《尚书古文疏证》,上海古籍出版社2010年版。

武同举:《江苏水利全书》,南京水利实验处1949年印。

中国广播影视出版社编:《大元圣政国朝典章》,中国广播影视出版社 1981 年版。

陶今雁:《唐诗三百首详注》,江西人民出版社 1982 年版。

杨伯峻编著:《春秋左传注》,中华书局 1990 年版。

北京大学古文献研究所编纂:《全宋诗》,北京大学出版社出版 1991 年版。

钱祥保、桂邦杰修:《甘泉县续志》(江苏府县志辑 44),江苏古籍出版社 1991 年版。

卞琛主编:《六合县志》,中华书局 1991 年版。

李仰华主编:《仪征市志》,江苏科学技术出版社 1994 年版。

彭云鹤:《明清漕运史》,首都师范大学出版社 1995 年版。

杭虎:《仪征水利志》,江苏科技出版社 1995 年版。

盛成:《盛成文集》,北京语言文化大学出版社 1997 年版。

白寿彝主编:《中国通史》,上海人民出版社 1999 年版。

江苏省地方志编纂委员会编:《江苏省志 · 水利志》,江苏古籍出版社 2001 年版。

范文澜、蔡美彪等编:《中国通史》,人民文学出版社 2009 年版。

徐炳顺:《扬州运河》,广陵书社 2011 年版。

顾一平:《扬州名园记》,广陵书社 2011 年版。

宋建友:《仪征市水利志》,方志出版社 2011 年版。

葛剑雄、傅林祥主编:《中华大典 · 交通运输典 · 交通路线与里程分典》,上海交通大学出版社 2018 年版。

淮扬徐海平剖面测量局:《仪征县调查报告书》,仪征市档案馆藏。

仪征市民间文学集成编委会编:《中国民间文学集成 · 仪征市

资料本》。

仪征市政协文史资料委员会编:《仪征文史资料》。

仪征市地方志办公室、仪征市诗词协会、仪征市老干部诗词社编:《古诗咏仪征》。

〔意〕马可波罗口述,鲁思梯谦笔录,陈开俊等译:《马可波罗游记》,福建科学技术出版社 1981 年版。

康复圣、陈光临:《河湖分离规划的历史考证》,《治淮》1999 年第 1 期。

后 记

仪征运河从历史深处流出,流淌千年,始终与邗沟、隋唐运河、京杭运河同脉,与仪征大地兴衰相依,历史悠久,内涵丰富,底蕴深厚。为了叙述方便,本书按照朝代分述,其中宋是漕运和仪征社会经济发展的鼎盛时期,南北宋形势又相殊异,故分为两篇。清末以后内容较少,统为现代篇。加上治水人物和运河年表,共分十篇,既为整体,又独立成篇。

仪征运河是大运河的组成部分,漕运是运河的基本功能。解读仪征运河离不开大运河和漕运,离不开历代运河和漕运的大形势,离不开历史发展的大趋势。本书在分篇叙述时力求从历代运河和漕运形势入手,特别是对历史重大事件如隋唐大运河和京杭大运河的建成、漕运制度的形成等作简要的叙述,对历史悬疑问题如“江都故城”、古邗沟“旧江通道”、隋唐时期的著名津渡“扬子津”等也作必要的陈述。主要笔墨则集中于仪征的河、漕、盐。地图以古籍所载为主,主要选自明嘉靖《惟扬志》、隆庆《仪真县志》,清道光《重修仪征县志》、《扬州水道记》,以及《仪征水利志》。借此使读者全面了解仪征运河的前世今生,认识仪征运河的历史作用和地位。照片除注明者外,均选自《仪征市水利志》。

仪征的历史与大运河紧密联系在一起,运河和漕运对仪征的发展有着极其重要的影响。本书在古代各朝篇末专门设置专节叙述仪征发展概况，包括行政建置、经济人文、重大事件、主要景物以及古城建设等，揭示古代仪征运河城市、运河文化和漕盐经济的属性。

但是由于历史久远，仪征运河的相关记载散见于方志史料，特别是隋唐和元代只有零星记载，东晋南北朝更是片言仅存，清末民国期间又出现断档，宋、明、清时期资料也缺乏系统整理，搜集起来十分困难，加上作者水平所限，难免有疏漏不妥之处，恳请批评指正。

本书编写期间，得到来自各方面的鼓励和帮助，扬州市水利及水利史专家徐炳顺先生提供了宝贵的史料。书稿将出版之际，正值仪征市历史研究会成立，万仕国先生和邓贵安先生给予了大力的支持，在此一并表示衷心的感谢！